生态民族学评论

（第二辑）

祁进玉　主编

社会科学文献出版社

SOCIAL SCIENCES ACADEMIC PRESS (CHINA)

本书获中央民族大学 2019 年中央高校建设世界一流大学（学科）和特色发展引导专项资金之民族学一流学科经费支持

《生态民族学评论》编委会

目 录

地方生态文明建设与社会发展

生态移民、民族互嵌聚居
与居民低碳意愿的成长

——基于浙江省龙游县汉畲民族聚居地的案例研究

蒋　尉（中国社会科学院）

摘　要：低碳意愿的成长是低碳城市建设的内在条件，本文以浙江沐尘水库周围的畲族移民与迁入地居民的互嵌聚居为案例，基于对水库移民和迁入地居民的抽样调查开展实验研究，讨论民族聚居是否有助于低碳意愿的成长。本文通过对不同民族在单民族聚居与民族互嵌聚居状态下的低碳意识及其差异进行分析，认为民族互嵌聚居对双方低碳意识的成长有积极作用。笔者认为，少数民族由单民族生活社区迁移至多民族互嵌聚居的社区，不同民族间的交流有助于低碳理念的传播和提升，少数民族的传统地方性知识对于迁入地的低碳发展有溢出效应。

关键词：民族互嵌聚居；低碳城市；低碳意愿

一　文献综述及概念界定

应对气候变化是全球性的公共事务，在此背景下，建设低碳社会、增进全民福祉已是学界共识。低碳社会的基础单元是低碳社区和低碳村镇，[①]因此低碳社会的建设必然要求社区居民低碳意愿和低碳理念的加强。在西部地区、偏远的少数民族地区，绿色低碳发展相对其他地区较落后，更应

---

① 杜祥琬：《气候变化问题的深度：应对气候变化与转型发展》，《中国人口·资源与环境》2013 年第 9 期。

强调公众绿色低碳意识的成长。[①] 现有文献较多地从低碳减贫和低碳脱贫的视角来讨论少数民族地区的低碳发展或少数民族居民的低碳意识。如张琦等认为，绿色低碳减贫理念的创新和行动是我国减贫治理的经验之一；[②] 有学者提到生态脆弱的民族地区在发展低碳经济的过程中面临生态环境的制约与经济利益最大化之间的现实矛盾，要实现"人口—社会—环境"的系统协调发展，低碳模式势必成为处于生态脆弱地区的我国连片特困地区的一个重要路径。[③] 不少学者提出以相关政策措施推动有地区特色的低碳经济发展。如郭京福等提到选择培育适合当地的特色低碳产业发展模式，在提高少数民族群众生活水平的同时，把对生态环境的影响降到最低，[④] 周雪莲提到应依托资源禀赋发展凉山彝族自治州彝族聚居区的低碳特色产业，[⑤] 有的学者提出国家应出台倾斜性的财政制度和产业政策，为少数民族地区发展低碳经济提供资金和政策支持。[⑥] 关于少数民族居民的低碳意识成长以及民族互嵌聚居的作用方面，则仅有少量研究而鲜有文献做深入探讨。然而，平时渗透在生活中的质朴的生态环保意识是少数民族文化的重要组成部分，其蕴含的内容与低碳理念是契合的，[⑦] 如不同民族在互嵌聚居的过程中低碳意识的成长以及对周围居民的影响等方面，很值得做进一步的研究。亚行在越南低碳农业项目报告中提出，少数民族因某些地理原因和观念而不易实施应用低碳技术，信息的交流和传播则应该进一步加强，[⑧] 这其实也从侧面反映了民族间交流对低碳意识成长的重要性。

[①] Jiang Wei, "Systemic Research on the Green Development in Western China: A Non-Technological Innovation Perspective," *Chinese Journal of Urban and Environmental Studies*, 2016, 4 (2): 1-25.

[②] 张琦、冯丹萌：《我国减贫实践探索及其理论创新：1978~2016年》，《改革》2016年第4期。

[③] 孔立：《连片特困地区低碳发展研究——基于系统分析与生产效率的视角》，博士学位论文，中国农业科学院，2016。

[④] 郭京福、左莉：《少数民族地区生态文明建设研究》，《商业研究》2011年第10期。

[⑤] 周雪莲：《资源约束条件下民族地区低碳经济发展问题研究——以四川凉山彝族自治州为例》，《贵州民族研究》2015年第5期。

[⑥] 彭倩、吕南：《民族地区低碳经济发展路径研究》，《贵州民族研究》2015年第9期。

[⑦] 张春敏、梁菡：《民族生态文化与民族地区低碳发展的互动关系研究》，《云南社会科学》2016年第1期。

[⑧] ADB, Socialist Republic of Vietnam, Low Carbon Agricultural Support Project, January 2017, pp. 11-14, https://www.adb.org/sites/default/files/project-document/224021/45406-001-smr-01.pdf，最后访问时间：2017年3月5日。

本文以浙江沐尘水库移民涉及的畲族移民与迁入地居民的互嵌聚居为案例，基于对水库移民和迁入地居民的抽样调查开展实验研究。需要指出的是，在本研究中，参照组和实验组研究对象的条件变化，即生活地点和聚居环境的改变，并非本研究活动所人为设置或根据研究需要做出的调整，而是属于事先发生的变化，这为本研究提供了两对可供比较的样本群体。

民族迁徙主要是指一个民族的整体或部分，在某种原因的驱使下，有组织地或自发地离开其原始居住地而较大规模地向其他地区移动的现象，迁徙带来的文化接触和民族融合必然引起社会变迁。[①] 本文的"民族迁徙"特指我国第三批低碳城市浙江衢州市的沐尘乡畲族水库移民；"互嵌聚居"在此界定为：由于民族迁徙（如本文的水库移民），分属不同民族的居民打破原有的单民族聚居的边界，通过各种社会经济活动等交往、交流、交融在一起，形成两个或两个以上民族混居的状态。

二 研究背景、方法及数据来源

（一）研究背景

近几年，浙江省各地加快了低碳城市建设的进程，位于浙江西南山区的衢州市也于 2017 年获批国家第三批低碳城市试点。畲族是该市人口最多的少数民族，其中龙游县沐尘畲族乡便是浙江省的少数民族聚居区之一，该乡深居高山，交通不便，是省扶贫的重点对象，大部分畲族居民已经搬迁。2008 年，因当地要在沐尘乡修建水库，出于安全考虑，同时结合扶贫工作，地方政府组织水库周围的居民（该地区的居民全部为畲族）往外搬迁，主要迁至占家镇的上夫岗村、蒲山村和芝溪家园街道社区，其中有的成为畲族聚居社区，有的穿插融入当地汉族社区，形成不同民族互嵌聚居的状态。在低碳城市建设的进程中，居民低碳意愿的加强是其内在动力。不同民族的互嵌聚居是否有助于低碳意识的成长，促进低碳理念的提升和

---

① 蒲涛：《民族迁徙与中华民族多元一体格局的形成和发展——中国民族史学会第十五次学术研讨会综述》，《原生态民族文化学刊》2012 年第 3 期。

传播？作为该试点城市人口最多的少数民族，畲族朴素的生态文化能否给低碳建设带来积极的影响？本文基于问卷调查和入户访谈获得第一手资料，试图结合实验经济学与社会民族学的研究方法，通过比较分析参照组和实验组的低碳意识，即在水库移民后，单民族聚居与民族互嵌聚居社区的畲族、汉族居民之间低碳意愿的差异，来探讨上述问题。

（二）主要方法及数据来源

本文以我国第三批低碳城市试点衢州市的水库移民所引致的少数民族迁移及其与迁入地居民的互嵌聚居为案例，研究不同聚居方式下居民低碳意愿的差异及居民间的相互影响。在本研究中，实验组的条件变化即样本群体生活地点和聚居环境的变化，并非由本研究活动所预先设定，或是根据研究需要人为调整所致，而是属于事先已经发生的变化，恰好为本研究提供了两组可供比较的居民群体，由此将其纳入实验研究的样本。

本文数据除标注外，全部来源于 2015~2016 年浙江省龙游县低碳城市建设的问卷调查以及入户访谈。在问卷调查对象的选取上，本研究按居民花名册随机抽取当地单民族聚居的汉族 33 户、与畲族聚居的汉族 33 户、移民后单民族聚居的畲族 33 户，以及与汉族聚居的畲族 33 户，共 132 份，回收有效问卷 132 份。实验将研究对象分成四组：A1 组为迁入地单民族聚居的汉族；A2 组为迁入地与畲族互嵌聚居的汉族；B1 组为迁徙后单民族聚居的畲族，B2 组为迁徙后与汉族互嵌聚居的畲族。其中 A1 组、B1 组为参照组，A2 组、B2 组为实验组。

问卷回收整理录入后，主要使用统计软件 SPSS 针对居民对气候变化问题的认知程度、对我国积极推进绿色发展以及低碳城市建设的了解情况、居民对低碳绿色或者环境保护活动的参与状况、为减缓气候变化放弃奢侈消费的意愿度，以及居民平时的低碳生活习惯等问题进行比较，分析水库移民后，单民族聚居与民族互嵌聚居社区的畲族居民与汉族居民的低碳意识及其差异，研究民族互嵌聚居对双方低碳意识的成长是否有积极作用。

三　民族互嵌聚居与低碳意愿的成长

问卷和访谈主要围绕下述变量来研究水库移民后迁入地的不同群体间的低碳意愿差异：一是考察参照组与实验组对气候变化以及当地低碳建设的认知度；二是考察他们的环境意识和低碳意愿，设定在无须付费的公共场合，即在一定程度上消除经济因素的干扰后，测试研究对象的低碳习惯和道德自律问题；三是测试研究对象在低碳消费和攀比消费间的心理权衡；四是测试研究对象的低碳行动意愿；五是测试在互嵌聚居过程中，民族地方性知识是否更容易传播，从而对低碳发展产生促进作用。

（一）参照组与实验组对气候变化以及当地低碳建设的认知度

为考察参照组与实验组对气候变化以及当地低碳建设的认知度，本研究设置了两个问题。问题一："您知道气候变化问题吗，知道人类过度的碳排放会引起气候变化及环境问题吗？"该题预设了四个选项，按程度从低到高依次为"不知道，不关心""不太清楚""知道，但不关心""知道，关心"。问题二："您对本地低碳建设相关政策的看法？"该题预设了四个选项，分别是"低碳措施较多，给百姓带来了好处，满意""低碳措施虽多，但没有给百姓带来好处，不满意""对这些措施看法一般""对政策措施不清楚，不了解"。

如表1所示，A1参照组为阳光小区单民族聚居的汉族居民，他们对气候变化问题表示"不知道，不关心"的人数仅占3.0%，28.2%的人表示"不太清楚"，"知道，但不关心"的占15.2%，"知道，关心"的占53.6%。从比例上看，该社区单民族聚居的汉族对气候变化问题比较了解的达到68.8%。A2实验组为上夫岗村互嵌聚居的汉族，相关的比例与阳光小区单民族聚居的汉族大体相当，比较了解气候变化问题的总共占69.7%，其中"知道，但不关心"的比例较参照组低3.1个百分点，而"知道，关心"的高4个百分点。

B1参照组为在建设沐尘水库时迁至蒲山村单民族聚居的畲族，B2实验组为迁至上夫岗村互嵌聚居的畲族。从问卷上看，参照组与实验组差异显著：对气候变化问题表示"不知道，不关心"的比例分别为12.1%和6.1%，表示"不太清楚"的分别为57.6%和27.3%，实验组较参照组分别低6个百分点和30.3个百分点；相应的，对气候变化问题知道的比例分别为30.3%和66.7%，其中"知道，但不关心"的分别为21.2%和18.2%，"知道，关心"的分别为9.1%和48.5%。从"知道，关心"的比例上看，互嵌聚居较单民族聚居的要高39.4个百分点，同时"知道，但不关心"的要低3个百分点。

表1 参照组和实验组对气候变化问题的认知度

单位：人，%

		您知道气候变化问题吗，知道人类过度的碳排放会引起气候变化及环境问题吗？				
		不知道，不关心	不太清楚	知道，但不关心	知道，关心	渐进Sig.（双侧）
A1组（参照组）阳光小区单民族聚居的汉族	计数	1	6	5	21	
	所占比例	3.0	28.2	15.2	53.6	
B1组（参照组）迁至蒲山村单民族聚居的畲族	计数	4	19	7	3	
	所占比例	12.1	57.6	21.2	9.1	0.00186
A2组（实验组）上夫岗村互嵌聚居的汉族	计数	1	9	4	19	
	所占比例	3.0	27.3	12.1	57.6	
B2组（实验组）迁至上夫岗村互嵌聚居的畲族	计数	2	9	6	16	
	所占比例	6.1	27.3	18.2	48.5	

资料来源：笔者根据调查问卷数据整理。

因这4个选项可以看作定序变量（在选项的1~4值中，数值越高，低碳意识越强），从而进行均值比较发现，A1参照组均值为3.39，A2实验组为3.24；B1参照组为2.27，B2实验组为3.09。由卡方检验结果P值为0.002可知，参照组与实验组在对气候变化问题的认知方面具有显著差异，畲族单民族聚居与互嵌聚居居民间的差异大于汉族单民族聚居与互嵌聚居居民间的差异。这与入户访谈的结果一致：由于蒲山村全部是从沐尘迁移过来的畲族居民，大家在日常生活中都是与本社区本民族的居民进行交流的，与外部交流不频繁，信息量以及获取信息的渠道有限，信息范围相对狭窄，因而参照组的畲族居民对气候变化问题认知度普遍不高；相反，上夫岗村是畲族、汉族互嵌聚居，当地汉族社会活动较频繁，信息量较多且获取渠道较广，畲族迁入上夫岗村后，通过与当地汉族的交流，增加了信息的渠道来源、拓宽了知识面，因而对气候变化的认知度也相应提高。

对于第二个问题，实验组与参照组的反应也具有显著差异。衢州市近年来在低碳发展方面做了不少努力。除了产业政策、能源政策之外，该市在与居民日常生活联系较紧密的低碳社区建设层面也有较具体的政策措施，比如公共自行车、节能路灯的使用和管理，农村垃圾的收集和管理等。

如表2所示，A1参照组的汉族居民中认为"低碳政策措施较多，给百姓带来了好处，满意"的占30.3%；认为"低碳措施虽多，但没有给百姓带来好处，不满意"的占36.4%；而认为"对这些措施看法一般"的占27.3%；另外有少数表示"对政策措施不清楚、不了解"，占6.1%。A2实验组的汉族居民对低碳政策措施都有不同程度的了解，相应的比例分别是36.4%、27.3%、36.4%以及0，差异不显著。而B1参照组和B2实验组差异很明显：B1参照组表示对低碳政策满意、不满意、一般、不了解的分别为12.1%、3.0%、18.2%和66.7%，半数以上的居民对当地的低碳政策措施表示不清楚；而B2实验组相应的比例是39.4%、15.2%、36.4%和9.1%，不了解的人所占比例，与B1参照组对比，差异显著。

在进一步的入户访谈中了解到，参照组的交往主要集中在本民族和小社区内，尽管地方政府的低碳政策和措施通过若干渠道如公共建筑物墙体标语等方式进入社区，但并非每个居民对其中的概念都有足够的了解，有的人会有一些误解，担心低碳建设会对经济发展造成影响，进而影响自己的物质福利。但是实验组的居民在与当地居民的交流中更多地接触到具体的概念，在问到公共自行车的使用方面，他们更能体会到低碳措施带来的现实优势。此外，畲族居民和汉族居民对于政策满意度的起点有所不同：对同一个政策或措施，汉族居民的要求更高一些，在经济便利性和文化生活方面都对政策措施有着较高的预期；畲族居民限于原先相对较低的经济文化条件，当低碳政策措施对其生活条件稍有改善时，就会感到比较满意。

表 2　参照组和实验组对当地低碳建设的认知度

单位：人，%

		您对本地低碳建设相关政策的看法？				
		低碳措施较多，给百姓带来了好处，满意	低碳措施虽多，但没有给百姓带来好处，不满意	对这些措施看法一般	对政策措施不清楚，不了解	渐进 Sig.（双侧）
A1 组（参照组）阳光小区单民族聚居的汉族	计数	10	12	9	2	
	所占比例	30.3	36.4	27.3	6.1	
B1 组（参照组）迁至蒲山村单民族聚居的畲族	计数	4	1	6	22	
	所占比例	12.1	3.0	18.2	66.7	0.000
A2 组（实验组）上夫岗村互嵌聚居的汉族	计数	12	9	12	0	
	所占比例	36.4	27.3	36.4	0	
B2 组（实验组）迁至上夫岗村互嵌聚居的畲族	计数	13	5	12	3	
	所占比例	39.4	15.2	36.4	9.1	

资料来源：笔者根据调查问卷数据整理。

（二）参照组与实验组的环境意识和低碳意愿

低碳生活方式是低碳建设的一个基础组成部分，为了考察研究对象的环境意识和低碳意愿，本文主要选取了几项比较简单易行的行为习惯作为示例，如关水龙头、人走关灯、少用空调等。又由于居民节水节电的出发点不是单一的，可能是出于低碳关切也有可能是出于经济原因，为了尽可能剔除或减少经济变量对选项的干扰，本研究在问卷设计中特别加上"公共场合"即在没有经济约束的条件下，居民是否能够做到随手关灯、关水龙头。因此问题为："在公共场所您平时是否拧好水龙头，人走关灯，少用空调?"可见，该问题实际上测试的是居民的低碳自律。相应的，本研究设置了四个定序选项，程度从高到低分别为"很注意""比较注意，基本能做到""不太注意""不关心"。

如表 3 所示，与前两个问题的测试结果一致，A1 参照组和 A2 实验组的低碳自律差异不太明显，参照组中选择"很注意"、"比较注意，基本能做到"、"不太注意"和"不关心"的分别为30.3%、30.3%、36.4%和3.0%；实验组的相应比例分别为39.4%、33.3%、27.3%和0。但是B1参照组和B2实验组的差异则比较悬殊：参照组中选择"很注意"、"比较注意，基本能做到"、"不太注意"以及"不关心"的所占比例分别是9.1%、9.1%、30.3%和51.5%；而实验组的相应比例分别是39.4%、39.4%、21.2%和0。实验组选择"很注意"和"比较注意，基本能做到"的比例相对于参照组均高三倍多，而选择"不关心"的所占比例低至0。

表3　参照组和实验组的环境意识和低碳意愿

单位：人，%

		在公共场所您平时是否拧好水龙头，人走关灯，少用空调？			
		很注意	比较注意，基本能做到	不太注意	不关心
A1组（参照组）阳光小区单民族聚居的汉族	计数	10	10	12	1
	所占比例	30.3	30.3	36.4	3.0
B1组（参照组）迁至蒲山村单民族聚居的畲族	计数	3	3	10	17
	所占比例	9.1	9.1	30.3	51.5
A2组（实验组）上夫岗村互嵌聚居的汉族	计数	13	11	9	0
	所占比例	39.4	33.3	27.3	0
B2组（实验组）迁至上夫岗村互嵌聚居的畲族	计数	13	13	7	0
	所占比例	39.4	39.4	21.2	0

资料来源：笔者根据调查问卷数据绘制。

同问题一，该4个选项可以看作定序变量（在选项的1~4值中，数值越低，低碳自律性越强），进行均值比较发现，B1参照组均值为3.24，B2实验组均值为1.82，实验组较参照组自律性更强。由卡方检验结果P值为0.001可知，实验组与参照组在低碳自律问题上差异显著。

在后续的入户访谈中，得到了这一现象的部分解释：畲族居民原先住在沐尘山区，那里水资源丰富，生产生活期间没有感受到水、电等资源的约束，很少有"水资源""能源资源"的概念，没有养成随手关水龙头等习惯。整体搬迁至蒲山村后，日常接触的依然是原居住地的群体及其观念，因此他们在迁徙后变化很少，加上在公共场合，没有经济因素限制，因而很少注意。而实验组的情况不同，他们在搬迁后与迁入地的汉族居民互嵌聚居，在日常交往中会接触到更多关于水资源和能源资源稀缺的言论，当他们意识到这一问题后，节水节能的行为倾向就很明显。

（三）参照组和实验组在低碳消费和攀比消费间的心理权衡

这部分主要通过考察不同居民群体的买车动机来测试他们在低碳消费和攀比消费间的心理权衡。所设的问题是："您买车的原因是什么？"设置该问题是鉴于交通运输是碳排放的三大主要来源之一，一辆轿车一年排出的有害废气比自身重量大 3 倍，减少非刚性的轿车需求有助于低碳发展。针对该问题，本研究设置了三个选项即"周围很多人都买了""上班路途远，有车能节省时间""有车方便，可以驾车出去玩"，分别代表攀比消费、刚需消费和休闲消费。

如表 4 所示。A1 组攀比消费、刚需消费和休闲消费的比例分别是 63.6%、9.1% 和 27.3%，攀比消费所占比例接近 2/3；A2 组攀比消费较 A1 组低 39.4 个百分点，差异显著，而刚需消费的比例较 A1 组高，休闲消费大抵相当。而 B1 组和 B2 组的差异则主要体现在刚需消费和休闲消费上，B2 组选择"有车方便，可以驾车出去玩"的所占比例高出 B1 组 6.1 个百分点，而选择"上班路途远，有车能节省时间"的所占比例要低 6 个百分点。

在入户访谈中，调研组对有车户、无车户都做了进一步的了解。与畲族互嵌聚居的汉族居民表示，他们原先一直觉得没有豪华的房子、没有名牌轿车，在社会交往中显得没有面子，但是在和畲族邻居接触的过程中，觉得他们（畲族移民）尽管有不少积蓄（从沐尘水库搬迁过来的畲族，由于政府搬迁补贴，他们都有较多的积蓄），但基本上用于必需品的购置，很少用于面子消费。因而，在长时间的互嵌聚居中，这些汉族居民不由自主地也受到了影响。这种朴素生活的影响也符合一部分居民的心理：他们经济条件一般，然而经常会由于社交环境所迫而进行奢侈消费，但他们内心却是不情愿的，因此他们就需要一种外来的理论依据或者是推动力，能够使他们既不必违心奢侈又能保持"面子"，从而可以将积蓄用于未来可能的刚需。而畲族邻居的"简朴观"恰逢时机，迎合了这一心理需求。可见，畲族相对更加从容简朴的生活方式和消费习惯，能够影响周围的人群，有助于社区实现从奢侈消费到低碳消费的转型，促进低碳城市的建设。

表4　参照组与实验组的消费心理

单位：人，%

		您买车的原因是什么？		
		周围很多人都买了	上班路途远，有车能节省时间	有车方便，可以驾车出去玩
A1组（参照组）阳光小区单民族聚居的汉族	计数	21	3	9
	所占比例	63.6	9.1	27.3
B1组（参照组）迁至浦山村单民族聚居的畲族	计数	4	21	8
	所占比例	12.1	63.6	24.2
A2组（实验组）上夫岗村互嵌聚居的汉族	计数	8	11	14
	所占比例	24.2	33.3	42.4
B2组（实验组）迁至上夫岗村互嵌聚居的畲族	计数	4	19	10
	所占比例	12.1	57.6	30.3

资料来源：笔者根据调查问卷数据整理。

（四）参照组与实验组的低碳行动意愿

针对低碳行动意愿，本研究设置了两个问题。第一个问题是："平时的生活消费习惯能给您带来便利，但有一部分会与环境保护冲突，您愿意放弃吗，比如少开车，少用空调？"相应的选项根据意愿度，从低到高分别为"不愿意，这样做会牺牲现代生活质量与效率""愿意，但是具体落实的时候，还是不容易""愿意放弃"三项。第二个问题是："您经常参加种树、清洁河流、捡扫垃圾等劳动吗？"相应的选项按照意愿度分别为"很愿意，经常参加""偶尔参加""不知道，没参加过""不愿意"四项。

第一个问题通过考察是否愿意改变消费习惯来测试居民的低碳意愿。

上文关于在公共场所的节能节水习惯问题主要是考察居民的公共意识和低碳自律，有别于此，该问题则未剔除经济因素，而侧重于考察居民是否能够为了减少碳排放而放弃更多的生活便利性。如表5所示，A1参照组和A2实验组相应的比例分别为42.4%、48.5%、9.1%和24.2%、48.5%、27.3%。对于实验组在"不愿意，这样做会牺牲现代生活质量与效率""愿意放弃"两个选项上与参照组的显著差异，从问卷数据上难以解释，因此在入户访谈中做了进一步的调研。选择"愿意放弃"的被访者中有95%以上认为，放弃这些非刚性的消费习惯能省钱，但是他们更担心会在社会交往中显得"寒酸"。而在与畲族水库移民的交往中他们发现，畲族邻居很少开空调（由于沐尘水库周围夏季很凉爽，不需要空调，因而他们没有养成进屋就开空调的习惯），在其他方面也很节俭，与上文中的消费心理同理，他们从中找到了放弃某些现代生活习惯的"外来力量"。此外，有5%的被访者表示他们"对气候变化半信半疑，对低碳也不甚了解，但既然政府说了低碳生活，那就对照着做吧"。B1组和B2组在"愿意，但是具体落实的时候，还是不容易""愿意放弃"两个选项上有较显著的差异。

该问题的四个选项可看作定序变量，笔者进行均值比较后发现，A1参照组的均值为1.67，A2实验组的均值为2.03；B1组为2.30，B2组为2.61。实验组均值较参照组更高，卡方检验结果显示P值为0.001，实验组和参照组差异显著。入户访谈的结果可以提供进一步解释：畲族在水库移民后，基本上保留了原来的简朴习惯，而在与汉族的互嵌聚居中，对低碳发展有了更多的了解，因而他们绝大部分选择了"愿意"。值得深思的是，在问卷分析和入户访谈中笔者发现，在对低碳有一定程度的了解之后，畲族较汉族居民对相关政策措施的认同度更高，并且通过日常生活的交流也影响了互嵌聚居的汉族居民。

需要指出的是，居民选择"不愿意，这样做会牺牲现代生活质量与效率"，并非意味着他们对环境和气候变化危机的淡漠，而是由于他们的认识还没有达到一定的程度。访谈中发现，他们从心里是愿意改变的，只是没有直观地看到危机，觉得危机离自己很遥远，因而认为没有必要放弃自己的便利性消费。

表5　参照组与实验组改变消费习惯以减少碳排放的意愿

单位：人，%

		平时的生活消费习惯能给您带来便利，但有一部分会与环境保护冲突，您愿意放弃吗，比如少开车，少用空调？		
		不愿意，这样做会牺牲现代生活质量与效率	愿意，但是具体落实的时候，还是不容易	愿意放弃
A1组（参照组）阳光小区单民族聚居的汉族	计数	14	16	3
	所占比例	42.4	48.5	9.1
B1组（参照组）迁至蒲山村单民族聚居的畲族	计数	3	17	13
	所占比例	9.1	51.5	39.4
A2组（实验组）上夫岗村互嵌聚居的汉族	计数	8	16	9
	所占比例	24.2	48.5	27.3
B2组（实验组）迁至上夫岗村互嵌聚居的畲族	计数	2	9	22
	所占比例	6.1	27.3	66.7

资料来源：笔者根据调查问卷数据整理。

设置第二个问题是为了考察居民是否愿意贡献一部分时间和精力用于社区的低碳建设，本研究选择了与社区建设相关的种树、清洁河流和捡扫垃圾等集体义务劳动。如表6所示，A1参照组和A2实验组在"很愿意，经常参加"选项上差异不显著，在"偶尔参加""不愿意"的选项上差异显著，表明实验组不愿意为低碳社区提供无偿劳动的居民相对更少。B1参照组和B2实验组则在四个选项上的差异都非常显著，相应的比例分别是3.0%、27.3%、60.6%、9.1%和42.4%、45.5%、9.1%、3.0%。

同理，鉴于该问题选项可以视为定序变量，笔者将A1、A2组以及B1、B2组进行均值比较后发现，A1组均值为2.27，A2组均值为1.93；B1组均值为2.76，B2组均值为1.73。卡方检验结果，P值均为0，实验组与参照组的差异显著。对此，入户访谈的结果也给出了进一步的解释：B1参照组由于是单民族聚居，周围交往的对象都是从沐尘水库周围社区集体搬迁而来的邻居，对低碳概念了解得不多，因此有接近2/3的居民都不知道有这些活动，这直接影响了其他选项（都不高）；而B2实验组由于是和当地对低碳建设已经有所了解的汉族居民互嵌聚居，因而在与对方交往的过程中更多地获得了相关的低碳建设信息，访谈中也得知，畲族居民更容易接受政府的低碳政策，因而选择第一、第二选项的比例显著高于参照组。

表 6　参照组与实验组参加低碳社区建设义务劳动的意愿

单位：人，%

		您经常参加种树、清洁河流、捡扫垃圾等劳动吗？			
		很愿意，经常参加	偶尔参加	不知道，没参加过	不愿意
A1 组（参照组）阳光小区单民族聚居的汉族	计数	10	12	3	8
	所占比例	30.3	36.4	9.1	24.2
B1 组（参照组）迁至蒲山村单民族聚居的畲族	计数	1	9	20	3
	所占比例	3.0	27.3	60.6	9.1
A2 组（实验组）上夫岗村互嵌聚居的汉族	计数	11	16	3	3
	所占比例	33.3	48.5	9.1	9.1
B2 组（实验组）迁至上夫岗村互嵌聚居的畲族	计数	14	15	3	1
	所占比例	42.4	45.5	9.1	3.0

资料来源：笔者根据调查问卷数据整理。

（五）民族地方性知识在互嵌聚居过程中的传播

这部分主要考察互嵌聚居是否更易于民族地方性知识的传播，从而对低碳发展产生促进作用。因当地居民大部分保留了农业生产方式，所以本研究设置了生产中普遍遇到的问题："平时在生产种植等农活中，需要除草和菜园杀虫等，对此，您是用化肥农药多，还是使用土办法多？"土办法施肥和防治病虫害在沐尘水库区的畲族居民中非常普及，设置该问题是考察在搬迁后畲族居民是否依然保留了地方性传统知识，并且在多大的程度上影响与之互嵌聚居的汉族居民。相应的备选答案为"完全化肥农药""依靠土办法更多""化肥农药更多""完全土办法"四个选项。

如表 7 所示，A1 参照组和 A2 实验组选择"完全化肥农药"、"依靠土办法更多"、"化肥农药更多"以及"完全土办法"的比例分别为 39.4%、

15.2%、45.5%、0 和 6.1%、45.5%、45.5%、3.0%。可见，在与畲族移民互嵌聚居的社区，汉族居民完全使用化肥农药的比例大大低于单民族聚居的社区；相应的，依靠土办法更多的居民所占比例远远高于参照组，并且出现了少数完全依靠土办法的情况。B1 参照组和 B2 实验组选择"完全化肥农药"、"依靠土办法更多"、"化肥农药更多"以及"完全土办法"的比例分别为 0、69.7%、21.2%、9.1% 和 3.0%、57.6%、24.2%、15.2%。搬迁后单民族聚居的畲族和与汉族互嵌聚居的畲族都不同程度保留了原先的土办法施肥和防治病虫害等地方性传统知识，实验组中出现了个别完全依靠化肥农药的，选择"化肥农药更多"的比例略高于参照组，而"依靠土办法更多"的比例略少于参照组，"完全依靠土办法"的比例也略高于参照组。这说明在互嵌聚居过程中，两个民族在生产生活中互相学习，畲族在保留他们地方性传统知识的同时，生产手段"现代化"程度提高，汉族居民则吸收了畲族居民的传统知识，对自己原来的"现代化"生产手段进行了绿色转型。从比例的差异上看，畲族对汉族的影响要大于汉族对畲族的影响。

表7 实验对象对地方性传统知识的保留和应用情况

单位：人，%

		完全化肥农药	依靠土办法更多	化肥农药更多	完全土办法
A1 组（参照组）阳光小区单民族聚居的汉族	计数	13	5	15	0
	所占比例	39.4	15.2	45.5	0
B1 组（参照组）迁至蒲山村单民族聚居的畲族	计数	0	23	7	3
	所占比例	0.0	69.7	21.2	9.1
A2 组（实验组）上夫岗村互嵌聚居的汉族	计数	2	15	15	1
	所占比例	6.1	45.5	45.5	3.0
B2 组（实验组）迁至上夫岗村互嵌聚居的畲族	计数	1	19	8	5
	所占比例	3.0	57.6	24.2	15.2

资料来源：笔者根据调查问卷数据绘制。

在入户访谈中了解到，居民们对绿色无公害都有所了解，迁入地的汉族居民一直希望用土办法来进行农业生产，但相应的知识储备并不是很多，并且只有周围形成绿色生产的规模，土办法才能奏效（在一个农药防治病虫害占绝大部分的连片土地上，小规模的生物防治病虫害往往是无效的）。而在畲族居民迁入聚居后，使用土办法的规模明显扩大，他们的土办法很快就被周围的汉族效仿；此外，畲族居民也顺势使用了一部分化肥农药。

在访谈中，畲族被访对象提到了地方性传统知识，如以烟草末或者烟丝防治地老虎，用大葱水喷治蚜虫等软体害虫及应对白粉病，用生姜滤液防治叶斑病和防治蚜虫、红蜘蛛和潜叶虫，等等。在他们的常识中，辣椒叶、西红柿叶、苦瓜叶都是防治虫害的生物原料。汉族居民也有不少相关知识，但畲族则更为丰富。最重要的是，汉族居民尽管掌握了某些传统知识，却很少应用，而是习惯性地运用现代杀虫剂和化肥施肥。在互嵌聚居的过程中，畲族频繁使用地方性传统知识来耕作的习惯产生了溢出效应，带动了与之互嵌聚居的汉族居民，这些土办法的使用规模扩大、生物防治病虫害效果增强，有助于生态农业的良性循环。

四　主要发现与对策建议

通过分析参照组和实验组在进行水库移民后，单民族聚居与民族互嵌聚居社区的畲族、汉族居民间的低碳意识及其差异的情况，结合入户访谈的结果，可得出以下结论。

在迁入地，与畲族互嵌聚居的汉族较其参照组（单民族聚居的汉族居民）的奢侈消费水平更低，而传统地方知识的应用程度显著高出参照组；与此同时，与汉族互嵌聚居的畲族，较单民族聚居的畲族掌握的低碳知识相对更多，低碳意愿也更加显著。因此，本研究的民族互嵌聚居对少数民族的低碳意识有提升作用的假设成立。少数民族由单民族生活社区迁移至多民族互嵌聚居的社区，民族间的交流有助于低碳理念的传播和低碳意识的增强；而少数民族传统地方性知识的溢出效应对于迁入地的低碳发展有积极意义。

根据上述结论，结合当地的低碳建设情况，以及入户访谈居民的反馈，本文提出下述建议。

第一，由上述各组研究对象对低碳知识的掌握状况以及对当地低碳城市建设的理解程度可知，当地对居民的低碳知识尚未普及，居民对低碳建设也未能有较深的理解。对此，可以开展定期和不定期的低碳知识和低碳生活小贴士等讲座。一方面，可以进一步加强社区居民的低碳理念；另一方面，可以通过贴近生产生活的低碳知识指导他们的日常实践，使他们从中受益，更多地投身于低碳城市建设的个人和集体行动中。

第二，本研究证实畲族和汉族的互嵌聚居在很大程度上促进了双方低碳意识的成长，以及向善的特性得到了彰显和外溢，如畲族居民勤俭、不攀比等朴素的生活理念带动了一些相对较爱攀比、消费较奢侈的汉族居民趋向简朴生活，而同时与外界交往更多的汉族居民也给畲族居民带来了更多的有益信息。在低碳建设中，这种交流不仅增进了居民们对低碳的了解，而且有助于推动从奢侈消费到低碳消费的转型。可见，加强不同民族、不同群体间的交流对于低碳建设是必要的。在生活方式没有太大差异的民族之间，如畲族和汉族，互嵌聚居是一种有益的聚居方式，因而可以成为政府移民搬迁考虑的一种安置形式。

第三，互嵌聚居中，畲族保持并应用的民族地方性传统知识产生了重要的溢出效应，对当地的低碳城市建设有着积极的贡献。对此，政府机构可以有组织地保护、收集和整理当地不同民族的地方性传统知识，建立数据库，进行推广和应用，这样有助于促进当地的可持续发展和低碳城市建设的本地化。

第四，问卷和入户访谈一致发现，居民的攀比和"面子消费"已是影响低碳生活的一大心理障碍，而少数民族居民相对更多地保留了我国传统文化中的"简朴"观念。这种观念更需要回归至居民的生产和日常的生活起居以及社会交往中，以便使低碳发展和传统文化有机融合，从而更从容地推动低碳城市建设。

额尔古纳河右岸地区俄罗斯族农牧经济文化类型[*]

——一种被忽视的经济文化类型

唐　戈（黑龙江大学政府管理学院）

摘　要： 1958 年，林耀华与切博克沙罗夫在《中国的经济文化类型》一文中对中国及其周边各民族的经济文化类型进行了划分，但他们并没有提到俄罗斯族的农牧经济文化类型。1917 年俄国爆发革命，生活在后贝加尔地区的俄罗斯人开始大规模移民至额尔古纳河右岸地区，特别是这一地区的南部即三河地区，由此俄罗斯人的农牧经济文化类型进入这一地区。20 世纪 50 年代中期，俄侨离开中国，但生活在额尔古纳河右岸地区的俄罗斯族、回族和汉族却将这种经济文化类型传承至今。这种经济文化类型的独特性就在于它是农业和畜牧业的完美结合。农业主要种植小麦、燕麦、荞麦和大麦等粮食作物，并且实行休耕制；俄罗斯族的畜牧业不同于游牧，其受制于农耕，夏季实行定居放牧，冬季实行圈养。

关键词： 经济文化类型；俄罗斯族；定居放牧

一　经济文化类型理论与东北的经济文化类型

经济文化类型是民族学苏维埃学派提出和使用的概念。"所谓'经济

---

* 本成果获得云南大学民族学一流学科建设经费资助（云南大学民族学一流学科委托项目"国家和文明视域下的俄罗斯民族关系——基于后贝加尔地区的调查"）。

文化类型'是指居住在相似的自然地理条件之下，并有一定的社会经济发展水平的各民族在历史上形成的经济和文化特点的综合体。"[1]"因为各民族的经济发展方向和所处的地理环境在很大程度上决定各民族物质文化的特点、它们居住地和住所的类型、交通工具、食物、家具和衣服等等。而这就使具有相近的生产力水平和相似的地理环境的不同民族，可能具有相近的经济生活和相似的物质文化特点，这就构成了相同的'经济文化类型'。"[2]

根据经济发展的水平，人类的经济文化可分为三种基本类型。"第一种以攫取活动（狩猎、捕鱼和采集）为代表。第二种以手工锄耕农业和畜牧业为代表。第三种是联合起来的犁耕农业。"[3]其中每一种基本类型之下还可以划分出不同的亚型。据此，苏维埃学派的民族学家对世界范围内的各民族的经济文化类型进行了划分。由此，经济文化类型的概念和理论被用于民族的划分。民族的划分包括地理分类法、人类学分类法、语言分类法和经济文化分类法等多种方法，但"只有经济文化分类法属于纯粹的民族学分类法"。[4]

1957~1959 年，苏联著名民族学家、苏维埃学派的代表人物切博克沙罗夫前来中国在中央民族学院讲学，其间，1958 年，切博克沙罗夫与中国著名民族学家林耀华合作完成了《中国的经济文化类型》[5] 一文，对中国及其周边各民族的经济文化类型进行了划分。

该文以中国及其周边的各民族为研究对象，并没有把东北作为一个相对独立的区域，但在其所划分的经济文化类型中，有三种亚型为东北地区所独有，其中属于第一种类型的有两种亚型，即鄂伦春族和一部分鄂温克族的森林狩猎亚型以及赫哲族的大河鱼捞亚型。其中，根据交通和运输工具，森林狩猎亚型又可分为两个次一级的亚型，即鄂伦春族和一部分鄂温

① 杨堃：《民族学概论》，中国社会科学出版社，1984，第 138 页。
② 杨堃：《民族学概论》，中国社会科学出版社，1984，第 138~184 页。
③ 〔苏〕Ю. В. 勃罗姆列伊、〔苏〕Г. Е. 马尔科夫主编《民族学基础》，中国社会科学出版社，1988，第 23 页。
④ 〔苏〕Ю. В. 勃罗姆列伊、〔苏〕Г. Е. 马尔科夫主编《民族学基础》，中国社会科学出版社，1988，第 22 页。
⑤ 林耀华、切博克沙罗夫：《中国的经济文化类型》，载林耀华《民族学研究》，中国社会科学出版社，1985。

克族（索伦）的森林骑马狩猎亚型以及另一部分鄂温克族（驯鹿鄂温克）的森林使鹿狩猎亚型。属于第三种类型的有朝鲜族的丘陵稻作经济文化亚型。

关于游牧经济文化类型，该文并没有将东北地区的游牧经济文化类型单列出来，而是放在亚欧内陆草原游牧经济文化类型的整体中来谈的。但东北地区的游牧经济文化类型有其自身的特点。属于这种经济文化类型的除了蒙古族外，尚包括一部分鄂温克族（一部分索伦和通古斯）和一部分达斡尔族，并且在其分布的东部边缘地带呈现向农耕经济文化类型过渡的特点。以往研究游牧经济文化类型和农耕经济文化类型的关系往往将区域锁定在长城两侧，其实亚欧内陆草原的东缘也是研究两者关系的绝佳地带。

1917 年俄国十月革命后，有三个族群从后贝加尔地区移民到中国的呼伦贝尔地区，其中布里亚特和通古斯人移民到呼伦贝尔草原，俄罗斯人移民到呼伦贝尔草原与大兴安岭的过渡地带，即三河地区。这三个族群使呼伦贝尔地区的游牧经济文化发生了改变：他们不仅带来了新的劳动对象——后贝加尔（奶）牛、后贝加尔马和新的劳动工具——马拉割草机、搂草机、集草机、捆草机等，也使当地传统的游牧方式发生了改变，即向定居放牧和圈养的转变。他们还带来了一种先进的生活用具——手摇牛奶分离器，这种器械能分离出一种被称作"西米旦"（俄语）的奶制品。

关于农耕经济文化类型，除了朝鲜族的丘陵稻作经济文化亚型，该文并没有将东北地区的农耕经济文化类型单列出来，而是放在中国北方农耕经济文化类型的整体中来谈的。拉铁摩尔也认为东北的农业是华北农业的向北延伸。[①]

在东北地区，除了汉、回、朝鲜等民族外，从事农耕的尚有满、锡伯、达斡尔、蒙古、鄂温克（索伦）和柯尔克孜等民族。早在华北地区的汉族大规模移民东北（闯关东）前，满族和锡伯族即已从事农耕。他们种植一种十分独特的农作物"黍"，这种作物是黄河流域最早培育的农作物之一，但如今在黄河流域已基本消失，却在东北地区被保留下来。汉族大

---

① 〔美〕拉铁摩尔：《中国的亚洲内陆边疆》，唐晓峰译，江苏人民出版社，2005，第 103 页。

规模移民东北后很快接受了这种作物,称其为"糜子",而称去了壳可食用的部分为"黄米"。黄米最大的特点是黏性十分高,分为两个亚种即"大黄米"和"小黄米"。

汉族有一种仪式性的农作物"糯米",东北不产糯米,于是用黄米代替。其中大黄米用来做饭和粥,(大)黄米粥只在腊八(节)这一天食用。小黄米磨成面可做豆包、豆面卷子(即北京的驴打滚)、黄面饼子和年糕(又称"撒糕")。撒糕还是满族祭祖时的供品。

生活在嫩江流域的达斡尔、蒙古、满、柯尔克孜和汉等民族的农耕经济文化类型也有自己的特点。他们有一种十分独特的农作物"稷",这种作物是黄河流域最早培育的农作物之一,但其在黄河流域早已消失,却在嫩江流域被保留下来。稷在当地汉语中称"稷子",分普通的稷子和红稷子两个亚种,普通的稷子可做饭,称"稷子饭",红稷子只用于祭祀。稷是清前期达斡尔族移民嫩江流域时从黑龙江北岸带来的,向上可追溯到辽代生活在辽河上游地区的契丹族,再向上就应追溯到黄河中上游的民族。

在东北地区,还有一种独特的经济文化类型,即俄罗斯族的农牧经济文化类型。林耀华和切博克沙罗夫合写的《中国的经济文化类型》一文没有提到这种经济文化类型,这是一种被完全忽视的经济文化类型。

二 俄罗斯(族)农牧经济文化类型的历史

在此,本文不想探讨俄罗斯农牧经济文化类型的起源——俄罗斯农牧经济文化与整个欧洲的农牧经济文化有着共同的起源,但俄罗斯农牧经济文化在其发展的过程中受自然和人文双重因素的影响,发展出自己的特点,这在俄罗斯南部地区表现得较为明显。

13世纪,一部分斯拉夫人为逃避蒙古钦察汗国的统治逃往俄罗斯南部地区。16~17世纪,大批不愿做农奴的俄罗斯人和乌克兰人逃亡至这一地区,他们均被称作"哥萨克"。"哥萨克"意为"自由人"。哥萨克人生活在俄罗斯南部地区靠近亚欧内陆草原带,因此在哥萨克人的文化中,与农业相比畜牧业的成分要重一些。这些成分一部分来源于欧洲农牧文化,一部分来源于亚欧内陆草原带的游牧文化。

17 世纪，俄罗斯人越过乌拉尔山，占领了包括后贝加尔地区在内的今俄属亚洲地区，把其农牧文化带到了这一地区。在新的自然和人文环境中，俄罗斯传统的农牧文化也发生了一些改变，特别是在西伯利亚的高寒地区，俄罗斯传统的农牧文化必须做出改变。

17~19 世纪，在沙俄的东扩过程中，哥萨克成为其主要的军事力量。俄罗斯人第一次到达后贝加尔地区是在 1622 年。1639 年，一部分生活在西伯利亚的哥萨克人首次迁到后贝加尔地区。之后不断有哥萨克人移民至这一地区。[①] 与中国的呼伦贝尔地区一样，俄罗斯后贝加尔地区的自然地理环境可分为南北两部分，即南部的草原带（属亚欧内陆草原带的一部分）和北部的针叶林（泰加林）带。在俄罗斯人到来之前，后贝加尔南部草原带有两个游牧的族群——布里亚特和布里亚特化的喀木尼堪（又称"通古斯"，鄂温克人的一部分）。迁移到后贝加尔地区的哥萨克人在生计方式和文化上受到了布里亚特人和喀木尼堪人的影响；反过来，其传统的农牧文化也影响到了布里亚特人和喀木尼堪人的文化，尤其影响了布里亚特人和喀木尼堪人的游牧生计方式。

康熙二十八年（1689 年），中俄两国在尼布楚（涅尔琴斯克）签订了《尼布楚条约》，额尔古纳河成为两国的界河。但此后俄罗斯人不断越过额尔古纳河进入中国境内，为此清政府多次与沙俄政府交涉。1706 年，沙俄政府要求生活在中俄边界地区的边民严格遵守《尼布楚条约》。[②] 雍正五年（1727 年），中俄两国签订《恰克图条约》。根据该条约，中俄两国分别在额尔古纳河沿岸设立了卡伦，其中中国政府在额尔古纳河右岸建立了 12 座卡伦，但卡伦的建立并没有真正阻止俄罗斯人的越界行为。俄罗斯人到额尔古纳河右岸地区带有季节性，通常是春天播种和秋天收割、打草时过来，也有少数人打算长期在中国居住，但都被清政府遣送回国。

1860 年俄罗斯人在黑龙江漠河境内发现了金矿并开始盗采。1861 年，

① 杨素梅：《俄国哥萨克历史解说》，科学出版社，2016，第 141 页。
② ЯнковА.Г.，Тарасов，А.П.，РусскиеТрёхречья：историяиидентичность，8，Чита，Экспрессиздательство，2012.

沙皇俄国废除农奴制，步入资本主义发展的轨道。1882年，一位鄂伦春族①猎人在漠河为其母亲挖掘墓穴时，无意中发现了大量沙金，这个消息被俄罗斯金商谢列特金知道后，即约请矿师列别金那到漠河采金。② 从此，到黑龙江上游和额尔古纳河下游中国一侧开采金矿的俄罗斯人越来越多。对于这些越界采金的俄罗斯人，清政府同样采取了清剿和驱逐出境的办法。1900年中国爆发义和团运动，沙俄政府趁机占领了额尔古纳河右岸各卡伦，从而为俄罗斯人移民额尔古纳河右岸地区打开了方便之门。1911年俄罗斯人再一次占领额尔古纳河右岸各卡伦。

从1860年开始，山东、直隶等中原诸省的人民向包括额尔古纳河右岸地区在内的东北移民，出现了"闯关东"的移民浪潮。这些来自中原诸省的移民有很多是单身男子，他们中有一部分人与俄罗斯妇女结为夫妻，所生子女即混血人。③ 混血人于19世纪中叶最早出现在俄罗斯后贝加尔地区的普里—阿尔贡斯克区。④

1917年俄罗斯爆发十月革命，生活在后贝加尔地区的俄罗斯人开始大规模移民至额尔古纳河右岸地区，特别是这一地区的南部，即三河地区。另有一些人，从俄罗斯各地乘火车沿西伯利亚大铁路移民到中东铁路沿线，特别是西线各地，其中移民到中东铁路西线各地的俄罗斯人有很多辗转到了三河地区。据统计，1922年位于额尔古纳南部地区的室韦县共有俄

---

① 这里所说的鄂伦春族可能指鄂温克人，新中国成立前，在很多有关额尔古纳河右岸地区的地方文献和民族志里提到的鄂伦春族其实指的都是鄂温克人。另外当时鄂伦春族普遍实行风葬，而鄂温克人由于受俄罗斯东正教的影响，已由风葬改为土葬。

② 额尔古纳右旗史志编纂委员会编《额尔古纳右旗志》，内蒙古文化出版社，1993，第262~263页。另据《漠河金矿沿革纪略》记述，这位鄂伦春人发现金矿是在1877年，并且其挖掘墓穴是为了葬马。王树才主编《漠河县志》，中国大百科全书出版社，1993，第169页。

③ "混血人"是这个族群的汉语自称，也是他称，这个族称在内蒙古、黑龙江和新疆都是一致的。1953年民族识别时，这个族群全部被识别为汉族。从20世纪80年代中期到1990年第四次全国人口普查为止，这个族群中的一少部分人将民族成分由汉族改为俄罗斯族。目前，这个族群的绝大多数的法定民族成分都是汉族，只有一少部分人的法定民族成分是俄罗斯族，因此国内学者在谈及俄罗斯族时，通常把法定民族成分为汉族的混血人也包括在内。1990年以后，内蒙古额尔古纳市政府将法定民族成分为汉族的混血人称为"华俄后裔"，但这个族称并不为这个族群所接受，而且这个族称仅限于在额尔古纳市使用，这也就是本文没有使用"华俄后裔"这个族称的原因。

④ ЯнковА.Г., Тарасов, А.П., РусскиеТрёхречья: историяиидентичность, 8, Чита, Экспрессиздательство, 2012.

侨 1703 户 9279 人，位于该地区北部的奇乾县共有俄侨 152 户 604 人。① 这一年整个呼伦贝尔地区共有俄侨 23578 人，占该地区总人口的 39.6%。② 1929~1933 年，苏联在农村全面实行集体化，再一次导致俄罗斯人移民中国，生活在后贝加尔地区的俄罗斯人再一次较大规模地移民到额尔古纳河右岸地区。

关于额尔古纳河右岸地区俄罗斯文化的性质，王建革在《三河：一个欧式农牧文化在中国的复制与变化（1917-1964）》一文中认为：十月革命后，俄罗斯人在额尔古纳河右岸地区南部即三河地区复制了一个欧式农牧文化，"他们盖木屋、开农田、置牧场、养牲畜，在异国他乡，活生生地复制了一个具有欧洲特色的文化区"，"他们不但复制了原有的生活方式和农牧业方式，同时，在与当地政府协商后，将原来帝俄时期后贝加尔湖地区的那一套村落自治制度原封不动地搬到了三河"，"从生产到技术，从政治到社会，几乎完全地复制了原文化"。③ 王进一步认为"这一文化的复制在世界范围内都成了一份独存"，"因为原来帝俄时期的后贝加尔文化在十月革命后被不可逆地改变了"。④ 俄罗斯著名地理学家阿努钦·弗·阿在 1948 年出版的《满洲的地理概况》一书中认为："巴尔虎地区⑤留给苏联人的印象是，它好像是一座博物馆保护区，在那里保留着西伯利亚从前的秩序、习俗和所有的生活方式。"⑥

额尔古纳河右岸地区是俄罗斯文化分布的最东缘，人类学美国历史学派在其文化区（culture area）理论中有一个重要的观点，即认为在一文化分布的边缘地带，即文化边区（culture border area）往往保留着这一文化最古老的元素。

---

① 程廷恒修，张家璠纂《呼伦贝尔志略》，载李兴盛主编《会勘中俄水陆边界图说（外十一种）》，黑龙江人民出版社，2006，第 2166 页。

② Янков А. Г., Тарасов, А. П., Русские Трёхречья: историяидентичность, 10, Чита, Экспрессиздательство, 2012.

③ 王建革：《三河：一个欧式农牧文化在中国的复制与变化（1917-1964）》，《中国经济史研究》2005 年第 2 期。

④ 王建革：《三河：一个欧式农牧文化在中国的复制与变化（1917-1964）》，《中国经济史研究》2005 年第 2 期。

⑤ 指狭义的呼伦贝尔地区，即岭西地区。巴尔虎是蒙古族一个部落的名称。

⑥ Янков А. Г., Тарасов, А. П., Русские Трёхречья: историяидентичность, 5, Чита, Экспрессиздательство, 2012.

从 1953 年开始，中国政府在全国范围内进行民族识别。当年，在新疆进行民族识别时，"归化族"被改称为"俄罗斯族"。[1] 由于生活在额尔古纳河右岸地区的俄侨没有加入中国国籍，不是中国公民，因此 1953 年进行民族识别时并没有对他们进行识别，而生活在该地区的混血人则被识别成了汉族。

1954 年，苏联政府决定召回其在中国的侨民。在额尔古纳河右岸地区，一部分俄侨于 1954 年先期离开了中国；[2] 1955 年 4~6 月共有俄侨 1171 户 6553 人离开了中国；到 1959 年总共有俄侨 1363 户 8171 人离开了中国。[3] 在迁走俄侨的同时，中国政府有计划地从山东和内蒙古昭乌达盟（今赤峰市）等地迁来汉、回移民。1955 年即迁来 782 户 3422 人，[4] 其中有从山东泰安、曹县、定陶、禹城和临沂等地迁来的回族 419 户 1909 人。[5] 至此，额尔古纳河右岸地区族群构成的整体结构发生了根本性变化。俄侨从 1953 年的 1825 户 9799 人下降到 1964 年的 1 户 5 人（不包括那些已经与汉族人或混血人结婚的俄侨女子），汉族由 1947 年的 2902 人上升到 1966 年的 20089 人，[6] 几乎增加了 6 倍。回族在 1947 年只有 7 户 37 人，1955 年移民 419 户 1909 人。

从上述数据可以看出，1954~1955 年，额尔古纳河右岸地区族群结构的确发生了根本性变化。俄侨已不再是主体族群，汉族从从属族群上升为主体族群，且又增加了一个新的族群——回族。族群结构的改变导致了文化环境的变迁。1956 年以后，从整个额尔古纳河右岸地区来看，俄罗斯文化已退居从属地位，汉文化上升至主导地位。但是，这 20089 位汉族（1966 年）中实际上包含有大量的混血人。那么混血人到底有多少？由于

① 黄光学主编《中国的民族识别》，民族出版社，1995，第 148、259 页。
② 额尔古纳右旗史志编纂委员会编《额尔古纳右旗志》，内蒙古文化出版社，1993，第 104 页。
③ 额尔古纳右旗史志编纂委员会编《额尔古纳右旗志》，内蒙古文化出版社，1993，第 666 页。
④ 额尔古纳右旗史志编纂委员会编《额尔古纳右旗志》，内蒙古文化出版社，1993，第 104 页。
⑤ 额尔古纳右旗史志编纂委员会编《额尔古纳右旗志》，内蒙古文化出版社，1993，第 134 页。
⑥ 额尔古纳右旗史志编纂委员会编《额尔古纳右旗志》，内蒙古文化出版社，1993，第 123 页。

1990 年前没有进行过这方面的统计，笔者只能根据现在 8000 余人的数字向前推算即当时应有三四千人。混血人不仅是汉文化的承载者，也是俄罗斯文化的承载者，而且大多数混血人所承载的俄罗斯文化多于其所承载的汉文化，因此 1956 年以后，在额尔古纳河右岸地区，俄罗斯文化并未因俄侨的大规模乃至彻底迁出而完全退出。1956 年后，俄罗斯文化的承载者的主体已不再是俄侨而是混血人。

混血人的文化是汉、俄两种文化的混合体，在其整个文化系统中，汉、俄两种文化可以说是各自占据半壁江山而不分伯仲。但是具体到某一个文化子系统，汉、俄两种文化所占比例可能悬殊。拿语言来说，第一代混血人都会讲汉、俄两种语言，是典型的双语人；但在宗教信仰这个子系统中，则几乎是东正教"一统天下"；在生计方式子系统中，混血人完全继承了俄侨的农牧生计方式。不仅如此，在额尔古纳河右岸地区，20 世纪 50 年代移民该地区的汉、回民族也继承了俄侨的农牧生计方式。

在恢复和更改民族成分的热潮中，额尔古纳右旗（额尔古纳市旧称）政府自 1985 年下半年起开始受理一部分混血人将其民族成分由汉族更改为俄罗斯族的申请，仅 1987 年一年该旗就有 300 余位混血人更改了民族成分。到 1987 年底，该旗的俄罗斯族已由原有的 3 人增加到 1569 人。[①] 到 1990 年第四次人口普查时，在 7012 名混血人中已有 2063 人把民族成分改为俄罗斯族。

额尔古纳河右岸地区的农牧文化在新的自然和人文环境的作用下不可避免地发生了改变，因此笔者认为上文王建革和阿努钦·弗·阿，特别是王建革对该地区农牧文化的判定也值得商榷。在此仅举两例，第一例，额尔古纳河右岸地区是包含在整个呼伦贝尔地区（岭西地区）内的，除额尔古纳市外，生活在其他四个旗的主要是蒙古族，包括巴尔虎人、布里亚特人和厄鲁特人。最初俄侨从老家带来的是后贝加尔牛，后来与蒙古牛杂交，产生出一个独特的品种，称"三河牛"。最初俄侨从老家带来的是后贝加尔马，后来与蒙古马杂交，产生出一个独特的品种，称"三河马"。第二例，额尔古纳河右岸地区在中国属于高纬度地区，

---

① 官桂兰、额尔古纳右旗档案馆编《额尔古纳右旗年鉴（1988）》，内蒙古文化出版社，1989，第 235 页。

无霜期短，只适合小麦等生长期较短的农作物的生长。最近 20 年来，人们发现一种源于中国南方稻作区的农作物——油菜，因其生长期较短比较适合在该地区种植，于是油菜被大面积种植，成为在当地与小麦并驾齐驱的第二大农作物。

三　额尔古纳河右岸俄罗斯族传统农牧文化的性质和特质

与汉族的农耕文化不同，额尔古纳河右岸地区俄罗斯族的文化是一种农牧业相结合的文化。

农耕有多种形态。在中国，农耕主要可分为南方以长江流域为核心的稻作区和北方以黄河流域为核心的大田农作区。除此之外，在西南地区有游耕（刀耕火种）区、在东北有丘陵稻作区（朝鲜族）、在新疆（主要是南疆）有绿洲农作区（维吾尔族）。每一种农耕形态都有自己独特的起源和分布地域：游耕广泛分布于东南亚高地，具有独特的起源；稻作起源于长江下游地区；小麦起源于中东，后传入中国北方；绿洲农业起源和分布于中亚。

畜牧业也一样，有多种形态，有北方亚欧内陆草原带以蒙古族和哈萨克族为代表的以放牧羊、牛、驼等牲畜为主的游牧区，有以藏族为代表的以放牧牦牛为主的青藏高原高海拔游牧区。

额尔古纳河右岸地区俄罗斯族的农牧经济文化类型的独特性就在于它是农耕和畜牧业的完美结合：不同于北方亚欧内陆草原带和青藏高原游牧生计，受制于农耕，这种畜牧业是定居放牧，即夏季放牧、秋季打草和冬季圈养。

下面以村落为核心，介绍这种独特的农牧文化到底有哪些特质。

历史上，俄侨和混血人居住在不同的村落。20 世纪 50 年代中期俄侨撤离以后，俄侨村落一部分为混血人所占据，另一部分为后来的汉族和回族所占据。

无论是俄侨还是俄罗斯族聚居的村落，人们都是以家庭为单位组织自己的经济和生活。每一个家庭都有一个独立的被木栅栏围起的院落——与东北地区的汉族不同，院落和院落之间有一定距离的间隔。位于院落中心的是居室。这种居室大都坐北朝南，呈长方形，大多数居室为圆木结构，俗称"木刻楞"；少数居室为板夹泥结构。屋顶为双坡木瓦顶，木瓦又称"雨淋板"（"鱼鳞板"），是用樟子松劈成的长条形薄片。居室内部通常有半截砖砌的火墙，用于取暖，同时将居室分割为两个相对独立的空间，左侧较大的空间为客厅兼卧室，右侧较小的空间为厨房兼洗漱间。除了居室，通常院落中还有仓房、巴尼亚（桑拿浴室）、工坊、牲畜圈和菜园等。俄侨和俄罗斯族男子大都擅长木工和机械修理，工坊一般兼具这两种功能。牲畜圈按牲畜的品种一般分为牛圈、羊圈和马棚等。

以村落为中心，向外依次分布有牧场、草场、农田和森林等。

牧场一般距离村落 4~5 公里，所放牲畜主要有奶牛、羊和马等。俄侨和俄罗斯族一般只在夏季牧放牲畜，通常是早晨将牲畜赶到牧场，傍晚再赶回家中；冬季则实行圈养，因此秋天要打草，给牲口备下足够的草料。草场一般在距离村落 5~20 公里的范围内。

草场以外是农田，主要种植小麦、燕麦、荞麦和大麦等粮食作物，其中后三种粮食作物是俄侨和俄罗斯族所独有的，是俄侨从俄罗斯带入中国的。与汉族不同，俄罗斯的传统是实行休耕制。新开垦的农田先种小麦，连种三年，之后种两年的燕麦或大麦，最后种荞麦。待地力耗尽后，则弃耕一段时间，让地力恢复。[①]

与汉族相比，俄侨和俄罗斯族农牧业的机械化水平都很高。农业上有播种机、收割机和脱谷机等，牧业上有打草机、搂草机、集草机和捆草机等。

农田之外是森林。森林对俄侨和俄罗斯族来说主要有两个用途。首先，高大的乔木是他们建房以及打造各种农牧工具的原材料；其次，森林也是他们获取食物的重要场所。俄罗斯经济的特点除了上面提到的农牧业结合外，另一个特点就是还保留有相当比例的攫取型经济的成分，包括狩猎和采集。采集主要包括各种浆果和菌类。

俄侨和俄罗斯族的饮食以面食为主，包括各种面包、饼干和蛋糕等。

---

① 原龙三：《兴安北分省三河地方及牙克石附近一般经济调查报告》，1934；满铁经济调查会：《满洲一般经济调查报告》，1935，第 334~335 页。

俄语称圆形面包为"列巴",在额尔古纳河右岸地区乃至整个东北,"列巴"一词泛指所有类型的面包。与汉族不同,俄罗斯人做面包喜欢使用全麦面(麸子面)和燕麦面,而且不喜欢放糖。用全麦面做的面包称"酸列巴",用燕麦面做的面包称"黑列巴"。俄罗斯人每家都建有高大的列巴炉,列巴炉一般建在厨房内,但也有建在庭院中或仓房内的。奶在俄罗斯人的饮食中占有重要的位置,除直接饮用外,俄罗斯人还喜欢用牛奶分离器分离出西米旦,通常俄罗斯人还喜欢将奶和茶汤调制成奶茶饮用。与汉族不同,俄罗斯人喜欢红茶和砖茶,在中东铁路开通前,俄罗斯人主要是通过茶叶之路获得茶叶的。茶叶之路在恰克图分岔,其主线向西北到伊尔库茨克,其支线向东北到尼布楚(涅尔琴斯克),生活在额尔古纳河右岸地区的俄侨和混血人就是通过这条支线获得茶叶的。除此之外,俄罗斯人还喜欢用各种野生浆果做成果酱,还喜欢把蔬菜腌制后食用,如酸蘑菇等。

俄侨和俄罗斯族都信仰东正教。历史上,额尔古纳河右岸地区一共建有 21 座东正教堂,其中 18 座属东正教正统派,3 座属东正教旧礼仪派(简称"旧教")。除了教堂,额尔古纳河右岸地区还有两类东正教活动场所,一类是山顶上的十字架,另一类是墓地。在俄罗斯人村落的最外围是森林,通常森林分布在山上,这些山属于大兴安岭西北坡,一般不是很高。在一些山的顶部通常立有木制的十字架,这些十字架除用于个人目的外,主要用于过东正教的节日,并且不同的十字架用于过不同的节日,特别是主升天节一定要到某一个特定的十字架处举行仪式。通常,在山与耕地相衔接的缓坡处分布有俄罗斯人的墓地。与汉族不同,俄罗斯人的墓地不以家族为单位,而是一个社区共有一块或几块公共墓地。除了个人的活动外,有两个东正教节日是在墓地过的,一个是复活节后第九天的上坟节,另一个是 8 月 28 日的圣母安息节。除了上述这些公共的场所外,额尔古纳河右岸地区的俄罗斯人每一户人家都有属于自己的一处私人活动场所,就是圣像台(或称"红角")。圣像台的主体是一块等腰直角三角形木板,镶嵌于卧室兼客厅的西南角,距顶棚 0.5 米左右。圣像台上摆放有各种圣像,故名"圣像台"。

四 建立额尔古纳河右岸俄罗斯族
传统农牧文化保护区之构想

先来谈谈保护区的范围。额尔古纳河右岸地区的自然地理从南至北大致可以分为三个区域：西南部是呼伦贝尔草原的北部边缘，这一区域狭长且面积不大；南部是呼伦贝尔草原向大兴安岭的过渡地带，历史上称"三河地区"，本文提出的额尔古纳河右岸俄罗斯族农牧文化保护区与这一区域的范围大体相当；北部是大兴安岭西北坡泰加林区。

关于保护的措施，谈三点。

第一是保护。首先是保护这一地区传统农牧文化空间分布的整体格局，即以村落为核心的向外包括牧场、草场、农田和森林的空间分布的整体格局。目前这一空间分布的整体格局基本保存完好，没有遭到较大程度的破坏，这是本文全部运作的基础。其次是保护好这一地区两个独特的牲畜品种——三河牛和三河马，还有传统的打草方式，包括各种机械。最后是把文化保护与生态保护，特别是与森林、湿地、河流和野生动植物的保护结合起来。

第二是恢复。一是恢复种植传统的农作物，比如燕麦、大麦、荞麦等；二是恢复村落的传统风貌。近些年由于旅游业的发展，私建乱建现象普遍，很多村落的传统风貌破坏严重，倒是那些非俄罗斯族聚居的村落保存了较多的传统风貌，比如下护林等。在内蒙古实行的"十个全覆盖"中，传统的"雨淋板"（"鱼鳞板"）换成了彩钢板，非常不和谐，应进行恢复。

第三是传承。关于语言，建议在中小学普遍开设俄语课。在俄罗斯族聚居的村落普遍建立老年文化活动中心，给老年人创造一个用俄语交流的空间；开办俄罗斯民族文化传习学校，让年轻人跟老年人学习民族传统文化。老年文化活动中心和民族文化传习学校在空间上可以是同一个。可以跟旅游结合，让游客到老年文化活动中心和民族文化传习学校跟老年人进行交流和学习。建议建一座博物馆，即"额尔古纳河右岸（俄罗斯族）传统农牧文化博物馆"。

在此，笔者想强调一下本土性。额尔古纳河右岸（俄罗斯族）传统农牧文化不是俄罗斯传统农牧文化的简单复制，而是有它的创造，有它的本土特点，比如三河牛、三河马。中国俄罗斯族的文化不但有本土特点，还有地区间的差异。笔者于 2016 年和 2017 年连续两次到新疆俄罗斯族聚居的地区做田野调查，时间加起来有近 50 天，发现不但新疆俄罗斯族的文化与内蒙古俄罗斯族的文化有差异，就是在新疆的不同地区，比如乌鲁木齐、伊犁、塔城和阿勒泰的俄罗斯族的文化也有差异。我们应当正视并保护这种差异，而没有必要追求整齐划一，更没有必要追求与俄罗斯本土的俄罗斯文化的一致性。

精准扶贫语境下民族地区产业选择失当及对策研究

吴合显（吉首大学）

摘　要：由于我国民族地区文化生态的特殊性和复杂性，扶贫开发往往面临产业选择难以精准的困境。研究表明，要实现民族地区产业精准扶贫，不能盲目引进外面的产业模式，而是要在充分尊重当地文化生态的前提下，大力发展传统优势产业，实行弹性经济和多样化发展。

关键词：民族地区；扶贫开发；产业选择；文化生态

一　引言

我国实施扶贫开发30多年来，凭借社会主义制度的优越性，陆续推出了一系列的扶贫策略，经历了由救济式扶贫到开发式扶贫，由扶持贫困地区向扶持贫困人口的转变，取得了举世瞩目的成绩。但由于我国贫困人口基数大，加上少数民族贫困地区的特殊性和复杂性，扶贫形势依然严峻。我国政府在总结经验和教训的基础上，提出了"精准扶贫"的新概念。

当下学术界关于"精准扶贫"理念的研究和学理性剖析还不足，相关研究还处于起步阶段。为此，本文以湘西土家族苗族自治州凤凰县腊尔山地区为案例，基于精准扶贫的视角，研究我国民族地区产业选择失当的主因与对策。

二 精准扶贫的提出及研究

党的十八大以来，党中央、国务院高度重视扶贫开发工作，在总结、吸取经验和教训的基础上，提出了"精准扶贫"战略。2013 年 11 月，习近平总书记在湖南湘西调研扶贫攻坚时指出：扶贫要实事求是，因地制宜。要精准扶贫，切忌喊口号，也不要定好高骛远的目标。①

为确保我国农村贫困人口到 2020 年如期脱贫，2015 年 6 月 18 日，习近平总书记在贵州召开部分省区市党委主要负责同志座谈会时指出：扶贫开发贵在精准，重在精准，成败之举在于精准。各地都要在扶持对象精准、项目安排精准、资金使用精准、措施到户精准、因村派人（第一书记）精准、脱贫成效精准上想办法、出实招、见真效。要坚持因人因地施策，因贫困原因施策，因贫困类型施策，区别不同情况，做到对症下药、精准滴灌、靶向治疗，不搞大水漫灌、走马观花、大而化之。②2015 年 11 月 27 日，习近平总书记在中央扶贫开发工作会议中指出，要坚持精准扶贫、精准脱贫，重在提高脱贫攻坚成效。关键是要找准路子、构建好的体制机制，在精准施策上出实招、在精准推进上下实功、在精准落地上见实效。③

2017 年 2 月 21 日，中共中央政治局就脱贫攻坚形势和更好实施精准扶贫进行第三十九次集体学习。习近平总书记强调，要坚持精准扶贫、精准脱贫。要打牢精准扶贫基础，通过建档立卡，摸清贫困人口底数，做实做细，实现动态调整。④

2018 年 2 月 14 日，习近平主持召开打好精准脱贫攻坚战座谈会时强调，加强党对脱贫攻坚工作的全面领导，建立各负其责、各司其职的责任体系，精准识别、精准脱贫的工作体系，上下联动、统一协调的政策体

---

① 《习近平赴湘西调研扶贫攻坚》，新华网，http：//news. xinhuanet. com/politics/2013-11/03/c_ 117984236. htm，2013 年 11 月 3 日。

② 《习近平：确保农村贫困人口到 2020 年如期脱贫》，新华网，http：//news. xinhuanet. com/politics/2015-06/19/c_ 1115674737. htm，2015 年 6 月 19 日。

③ 《中共中央 国务院关于打赢脱贫攻坚战的决定》，新华网，http：//www. cpad. gov. cn/art/2015/12/7/art_ 624_ 42387. html，2015 年 12 月 3 日。

④ 《习近平：更好推进精准扶贫精准脱贫 确保如期实现脱贫攻坚目标》，新华网，http：//www. xinhuanet. com/politics/2017-02/22/c_ 1120512040. htm，2017 年 2 月 27 日。

系，保障资金、强化人力的投入体系，因地制宜、因村因户因人施策的帮扶体系，广泛参与、合力攻坚的社会动员体系，多渠道全方位的监督体系和最严格的考核评估体系，形成了中国特色脱贫攻坚制度体系，为脱贫攻坚提供了有力制度保障，为全球减贫事业贡献了中国智慧、中国方案。①

毋庸置疑，"精准扶贫"战略的提出，是对过去众多扶贫模式的反思与改进，更是我国现阶段扶贫开发的重大创新，必将对我国新时期扶贫开发产生重大而深远的影响。

为深入贯彻和推动"精准扶贫"理念，近年来学术界对"精准扶贫"也进行了相关研究。但精准扶贫还没形成一个统一的概念，因此有必要对精准扶贫的各种概念加以梳理，以深化对精准扶贫的理解。

一些学者仅将精准扶贫理解为"到村到户到人"的精准，对识别出来的贫困户实施有针对性的帮扶，实现其脱贫。汪三贵等认为，精准扶贫最基本的定义是扶贫政策和措施要针对真正的贫困家庭和人口，通过对贫困人口有针对性的帮扶，从根本上消除导致贫困的各种因素和障碍，达到可持续脱贫的目标。②

有学者认为，精准扶贫是指针对不同贫困区域环境、不同贫困农户状况，运用合规有效程序对扶贫对象实施精确识别、精确帮扶、精确管理的治贫方式。③ 另有学者提出，精准扶贫的内涵主要体现在以下两个方面：一是扶贫对象要精准，让真正的贫困人口得到帮扶；二是扶贫措施和效果要精准，既要将国家的政策执行到位，又要帮助扶贫对象真正脱贫。④

以上两个概念强调精准扶贫既要做到"到村到户到人"，又要结合实际，因地制宜，这样的观点为本文的研究奠定了一定的理论基础。

还有学者认为，精准扶贫，就是要将项目的选择权和决定权下放到基层。这样的扶贫思路有利于改变过去"一刀切"的扶贫模式，从而避免由

---

① 《习近平主持召开打好精准脱贫攻坚战座谈会并发表重要讲话》，新华网，http://www.xinhuanet.com/photo/2018-02/14/c_ 1122419727. htm，2018 年 2 月 14 日。
② 汪三贵、郭子豪：《论中国的精准扶贫》，《贵州社会科学》2015 年第 5 期。
③ 莫任珍：《喀斯特地区精准扶贫研究——以贵州省毕节市为例》，《农业与技术》2015 年第 2 期。
④ 董家丰：《少数民族地区信贷精准扶贫研究》，《贵州民族研究》2014 年第 7 期。

于项目选择失当而产生的不良后果。[①]

上述论著把精准扶贫与政府实施的扶贫政策联系在一起，重视扶贫干部的作用和力量，但是如果在扶贫行动中只看到扶贫者的力量，而不去关注贫困地区的生态文化，显然是片面的。其实，精准扶贫是一个社会整体理念，不仅要精准到村到户到人，还要精准到生态文化，兼顾绿色发展与生态保护的和谐推进。

三　产业项目选择困境

由于我国少数民族地区的特殊性和复杂性，扶贫开发往往会面临产业选择定位难以精准的困境。本文将分析腊尔山地区扶贫开发产业选择失当的主因，希望从中找出切合实际的、重要的而又关键的精准扶贫创新举措。

腊尔山地区地处凤凰县西北部，属云贵高原武陵山脉延伸地带，海拔800~1117米，俗有"凤凰的西伯利亚"之称。在这块高寒台地上，生活着6.5万人，分布在腊尔山镇、禾库镇、两林乡3个乡镇、65个村、213个自然寨、374个村民小组、14675户中，苗族人口占98.5%。按年收入2300元的贫困标准，2014年该地区共有贫困户9980户4.4万人，占总户数的68%。[②]

凤凰县腊尔山的贫困状况引起了湖南省委、省政府的高度重视。2011年，湖南省专门出台了《关于解决少数民族地区高寒山区生产生活困难的意见》（湘办发〔2011〕26号），正式拉开了腊尔山扶贫攻坚战的大幕。2014年"精准扶贫"战略实施以来，为帮助腊尔山地区贫困群众实现脱贫，当地政府推动了一系列的扶贫举措，主要集中在烤烟种植和蔬菜种植两个方面。

（一）烤烟种植

20世纪80年代以来，烤烟一直是作为我国扶贫项目来推广的，至今

---

① 罗凌：《关于精准扶贫的调查和思考》，《中国乡村发现》2014年第4期。
② 孙沁、王旭：《腊尔山高寒山区乡村旅游扶贫思考》，《农村经济与科技》2014年第11期。

还被认为是一项"利国利民"的举措。2013 年以来，当地政府在腊尔山地区追高鲁村推广烤烟种植项目 1000 亩，将其作为湘西土家族苗族自治州扶贫重点项目加以推广。

种植烤烟能不能助推群众脱贫致富？如果不能，根源又在哪儿？为此，笔者重点走访了 3 家烤烟大户，向他们了解烤烟种植的效益以及所存在的各种问题。

受访人 1：LJB，男，50 岁，追高鲁村板都寨人，家有 5 口人，已有 8 年的烤烟种植经历。

2015 年，在驻村干部和当地政府的鼓励下，LJB 向当地农村信用社贷款近 20 万元，承包了追高鲁村 100 亩土地种植烤烟。

LJB 说，正常情况下，100 亩地能收获烟叶 3 万斤左右，平均每斤 13 元，预计总收入可达 40 万元。但是需要雇人耕地、挖沟、栽苗、打药、除草、施肥和采集烟叶，每天每人 60 元的报酬。烟叶烤干后，还要花钱雇人进行选烟。算下来，种植 100 亩烤烟仅成本就要 30 万元左右。

另外，种植烤烟还易受天气的影响。遇到天灾，虽然当地政府有一定的补贴，但补贴政策不透明，而且补贴评定标准也相当严苛。他认为，烟草公司在收购烟叶时还会压价收购，烤烟的等级和价格基本上都是烟草公司说了算。烟叶的等级评定和价格浮动较大，而且还只能由本县烟草公司收购，不能销售到其他县市。

按照 LJB 的说法，烤烟种植的风险太大。烤烟所得收入基本上被成本给抵消了，而且不能遇到天灾，否则还会亏本。

受访人 2：LJZ，男，45 岁，腊尔山镇叭苟村人，家有 7 口人，已有两年的烤烟种植经历。

2015 年 LJZ 承包了高井坪村 76 亩土地种植烤烟。见到他时，他与家人正往卡车里装载已烤干但严重患有"叶斑病"（见图 1、图 2）的烟叶。

LJZ 说，烟叶之所以患"叶斑病"，主要是因为烟苗的卫生措施不到位，而且这种病的传染性很强。5 月他就发现了这个问题，并向烟草公司反映了情况。烟草公司给他们提供了一些对付"叶斑病"的农药，过后就不再关注此事，也不管这些农药的效果如何。他还说买这些农药就花了7000 多元。

图 1 烤烟"叶斑病"（1）

图 2 烤烟"叶斑病"（2）

LJZ 说，目前他已投入了 20 多万元，包括烟苗费（35 元/亩）、雇工费（耕地、挖沟、栽苗、浇水、除草、摘烟、捆烟、选烟等）、化肥花费（423 元/亩）、地租（300～550 元/亩）、煤电费（600 元/次）以及烤烟房租金 1200 元（外村烟农租迫高鲁村烤烟房，租金会贵 200 元）。由此可见，发展烤烟最低成本也要 3500 元/亩，76 亩则需要 26.6 万元。正常情况下，1 亩地可产 400 斤烤烟，平均 13 元/斤，收入 5200 元，76 亩则是 40 万元左右。按理来说，除去成本，LJZ 2015 年的烤烟纯收入可达 10 万元。

但是，2015 年烤烟染上"叶斑病"，亩产只有 100 多斤。加上烤出来的烟叶等级差，价格低，每斤最多只能卖到 10 元左右，所以可能会亏损 10 多万元，这对于一个普通农民家庭来说，是一个巨大的数字。可见，在扶贫行动中，扶贫产业选择失当不仅无法帮助贫困群众脱贫，在一定程度上还会加深他们的贫困程度。

受访人 3：OLJ，高井坪人，30 岁，家有 3 口人，常年在外打工，父母承包了高井坪 20 多亩土地种植烤烟。

OLJ 说烤烟 1 年最多能烤 5 次，每次烤烟的成本如下：电费 400 元、煤球 800 元、雇工 1000 元/人，这样烤烟每烤 1 次的成本要 2200 多元，加上烤烟房每年租金 1000 元，一年下来，仅成本就差不多 2 万元。2015 年烤烟"黑胫病"（俗称"发地火"）严重。20 多亩烟地有 3 亩"发地火"（见图 3），可以说是完全绝收。

图 3　烤烟大面积"发地火"

OLJ 说，一般情况下，20 亩烤烟 1 年能卖出 4000 斤烟叶，平均 13 元/斤，能赚 3 万元左右，但 2015 年烤烟害病严重，效益非常差。种植烤烟无法实现脱贫致富。

作为一种域外喜温作物，优质烤烟的生物属性与腊尔山地区的土壤、植被、气候等生态环境的匹配性和兼容性都很差。另外，腊尔山地区的村民更缺少应对大面积推广烤烟所引发的病害的知识和技术储备。烤烟种植的选择失当，只会给腊尔山地区带来相应的生态灾变。而这样的产业选择失当又可能在无意中加深了村民的贫困程度。虽然烤烟的推广对缓解腊尔山地区的贫困起到了一定的作用，帮助了一些贫困家庭暂时脱贫。然而，盲目地推广烤烟却会给当地下一步的经济发展和生态环境留下很大的隐患。

（二）蔬菜种植

与推广烤烟一样，由于当地政府、驻村干部的过分介入和不当干预，忽视了产业项目与生态文化的兼容程度，腊尔山的蔬菜种植同样难以达到预期的目标。

为深入了解腊尔山蔬菜的种植和经营状况，笔者重点采访了驻村帮扶干部、村支书、村民、湘西蔬菜办技术员，以及蔬菜公司老板。

访谈中，村支书 WPF 多次提到，追高鲁村蔬菜产业发展的结果非常糟糕。三年来，集中流转的土地全是村里最好的水田，这些水田曾是追高鲁村引以为豪的资本，如今却看不到有助于村民脱贫致富的太多希望。不仅村民们失望了，连村委会干部也失去了信心。2013 年，州委扶贫干部驻村，组织村民大面积种植辣椒，结果那一年遭受了旱灾，大部分辣椒枯死在地里，收效甚微；2014 年又继续组织群众种植辣椒，结果遭受了水灾，很多辣椒被淹死在地里，收益更小；2015 年，驻村干部不但没有总结教训，反而引进新老板来承包田地，大面积种植韩国萝卜和西红柿，结果双双害病，浪费了大量的人力、物力与财力。

针对 2013~2014 年蔬菜基地的发展情况，村支书补充说，2013 年 3 月要播种辣椒种子，但雨水特别多，辣椒种子种不了。后来有人说河沙可以帮助辣椒种子长苗，驻村工作队长 LF 便亲自开车到麻阳县购买河沙，全部用河沙盖，这样辣椒苗就长出来了，但后来又因天旱，气温升高，河沙又烧坏了许多辣椒苗。

驻村干部 WXH 介绍，在追高鲁村蔬菜种植的起步阶段，引进承包商首先得考虑老板的资金实力。2013~2014 年度引进的是花垣县的一位矿老板，这位老板拥有雄厚的资金实力，也希望在蔬菜种植上探索出一条新的路径，但由于缺乏蔬菜种植的现代技术与经验，再加上受到旱涝灾害等天气的影响，2013 年，蔬菜效益只有 10 万元左右，2014 年则只能保本。

笔者还向湘西蔬菜办的陈科长了解了蔬菜基地 2013~2014 年的经营情况。陈科长说由于当地村民没有种植蔬菜的传统和意识，起初在鼓励他们种植蔬菜时没有谁愿意种植经营。于是当地政府在 2013～2014 年就只有引进资金雄厚的花垣矿老板，但是他们对蔬菜市场不了解，加上又缺少选种技术和销售市场，因此有一定的亏损。出现这样的亏损，问题并不在于市场本身，而在于当地老百姓缺乏大规模种植蔬菜的传统，矿老板又不懂蔬菜种植，这才导致产业与文化严重脱节。

陈科长进而介绍，鉴于前两年的教训，2015 年当地政府引进了专业蔬菜公司。该公司在第一季度种植了萝卜和白菜，但是雨水太多导致大量减产。正常情况下亩产在 1 万斤左右的蔬菜，只达到了 7000 斤的产量，除去化肥、农药和工人工资的成本，基本只能保本。于是在第二季度公司更改了蔬菜品种作为应对措施，但是他认为对蔬菜种植影响最大的还是天灾和市场，旱涝灾害会影响蔬菜的产量，市场也会影响蔬菜的价格与销路。

田野调查中，追高鲁村一吴姓老人向笔者倾诉：土地流转后，日子还不如流转前过得好。田地被租给老板种植蔬菜，现在什么都得买，小孙子想吃一个玉米、一个红薯都得到集市购买。2015 年，追高鲁村有 200 多亩韩国萝卜染上"黑心病"，销售不出去，全丢弃在地里；同时，大棚里的西红柿也因染上"青枯病"而大量坏死。由于产业项目屡遭失败，外地老板纷纷放弃继续投资的意向，老百姓的发展积极性也严重受挫，有的觉得受骗上当，甚至闹了情绪，拒绝流转土地。

承包追高鲁村蔬菜基地的蔡总向笔者介绍，他们公司成立于 2011 年，主要经营反季节蔬菜种植和销售，公司在 2015 年承包了追高鲁村的 480 亩田地，每亩投入 1400～1500 元。目前已经种了第二季度，种植的品种主要有白菜、菠菜、萝卜、花菜、莴笋等，蔬菜首先是满足吉首周边地区和城市的需要，如果周边地区消化不了，再销往较远的城市。公司在周边一共承包了 2000 多亩土地，品种的选择对公司的影响较大，主要是根据市场的总体规律和灵活性去预测、选择市场需求较大的品种。他同时提到如果当地村民所种的蔬菜在种子和农药方面都达到要求的话，公司也会收购这些散户的产品。

至于萝卜烂在地里（见图 4）和西红柿枯死在大棚里（见图 5）的问题，蔡总介绍说，萝卜大量烂在地里是市场因素导致蔬菜积压，也有土壤的问题。第一季度种植的萝卜是从韩国引进的"天山雪"品种，这个品种需要蓬松和透气性很强的土壤，而追高鲁村的土壤黏性强，不太符合种植的条件；另外也有肥料的影响，下肥以复合肥为主，施肥越多，土壤板结得越厉害，土地的肥力下降也越厉害。理想的情况是种植完蔬菜后来年再种植一季水稻，进行"水旱轮作"，这样有助于恢复土壤肥力。大棚里的西红柿大片枯死主要是因为"青枯病"，这是一种寄生在茄果类蔬菜上的传染病，只有用高毒、剧毒性的药物给土壤消毒才能避免，但是国家对蔬菜的生物用药有严格的标准，只允许使用低毒高效的农药。解决这一难题的另一个方法是通过移植、嫁接根部，但这明显不易操作。

图 4　大面积萝卜烂在地里

图 5　大棚里的西红柿患上"青枯病"

可见，追高鲁村蔬菜项目的选择失当，主要是因为长期以来的扶贫政策多是用包办替代的办法去解决民族地区经济发展的问题。扶贫者将自己认为"先进"的东西搬到民族地区，意图替代"落后"的或"过时"的东西。将"先进"与"落后"绝对化，遮住了自己的眼睛，无法看到少数民族的创造力和发展的优势。这样的扶贫行动不仅浪费了大量的人力、物力和财力，还严重挫伤了农民的积极性。

四　对策探讨

精准扶贫，除了要对人、对地、对家户做到精准之外，还涉及产业选择问题。"精"就是要力争资源利用方式的创新，所谓"准"就是要体现因地制宜、因人而异的具体化。具体来讲，精准扶贫，就是要立足于生态文化，因地制宜，将贫困群体视为发展利益的主体，通过优化产业结构，让贫困人口依靠其内生动力实现稳定脱贫。

事实证明，当下一些扶贫项目在论证时对客观环境的认识，包括自然环境、经济环境和人文环境仅停留在一般的概念上，并没有真正深入，甚至误以为搞经济建设就是发展符合现代化的工业化、科学化的东西，对当地已有的现实根本无须考虑。其实，实施产业扶贫，应先了解当地生态系统，发现相关各种文化可以相互兼容、可以接轨的环节，找到经营项目的生长点，选择那些已经有生长点的项目进行投资，这样才能找到优化的发展选项，并寻出适合各民族现代化的途径；反之，则不免事与愿违。由于各民族文化作为一个有组织有序的逻辑整体，其中必然包含着大量的生态智慧、技能和技术，这构成该民族地方性生态知识的重要组成部分。只要从现代的科学理论出发，对这样的生态智慧与技能进行再认识，就可以找到应对产业选择中各种难题的有效手段和方法。

杨庭硕在《相际经营原理》一书中提出，相际经营中所涉及的异种经济生活方式，由于是长期与当地自然环境调适的结果，在当地肯定具有顽强的生命力，必须充分加以研究，肯定其长处，以便加以利用；千万不能从感情出发，把这种经济生活视为落后，简单地抛弃或推倒重来。[1] 腊尔山地区的各族乡民与当地生态系统同样保持着高度的稳定性，为此，本文

---

① 杨庭硕：《相际经营原理——跨民族经济活动的理论与实践》，贵州民族出版社，1995，第463页。

提出：探寻新的产业脱贫致富的出路，就是要最大限度地发掘和利用当地民众的传统生计智慧和技能，激活他们潜在的主观能动作用，让他们用自己的办法、按照他们自己对生态环境的理解去开发利用当地的生物资源和无机资源。

迪帕·纳拉扬在《谁倾听我们的声音》一书中强调，当我们能够真正从穷人视角和经验出发来提供帮助的时候，世界的发展状况就会变得截然不同了。[①] 然而，如今腊尔山地区的一些扶贫产业的发展路径却与实际背道而驰，往往是直接照搬外面成功的产业扶贫经验，而不去思考如何从当地的生态文化入手去选择与当地生态文化相兼容的产业。由于产业选择失当，武陵山区贫困群众的精准脱贫至今还存在一定的困难。

调查研究发现，腊尔山地区基本不适宜推广烤烟。腊尔山的气候、水分、土壤与优质烤烟生产所需的条件相比较，明显存在差距。特别是与云南、河南等老烟叶生产基地相比，还存在诸多不足。2015 年，追高鲁村烤烟大面积患有"叶斑病"和"黑胫病"，蔬菜患有"青枯病"全部烂在地里，导致地方产业大面积萎缩。面对这些教训，相关人员却不从产业选择是否合理上找原因，反而把灾害归咎于天灾。由于烤烟和蔬菜一直作为扶贫产业在腊尔山大力推广，产生了当地居民长于经营的有深厚基础的产业项目不能实施，而不善于经营的项目却硬着头皮经营的现象。

2015 年，诺贝尔经济学奖得主安格斯·迪顿（Angus Deaton）在《逃离不平等》一书中提出，一个国家或地区的经济和福利改善应更多依靠内部力量的发挥来解决。[②] 其实，要突破腊尔山地区目前的产业选择困境也并非难事，只要我们的扶贫思路稍做些改变，立足于少数民族的生态文化，将思路转移到腊尔山地区的传统生计、传统产业上来，问题就能迎刃而解。与烤烟和蔬菜相比，武陵山传统经济作物如油茶、桐油、生漆、猕猴桃、药材、葛根、茶叶等则更具有优势。这些产品在汉族地区难以生产，其使用价值在汉族地区更没有可替代者。按照边际效益原理，这些产

---

① 迪帕·纳拉扬等：《谁倾听我们的声音》，付岩梅等译，中国人民大学出版社，2001，第325 页。
② 安格斯·迪顿：《逃离不平等——健康、财富及不平等的起源》，崔传刚译，中信出版社，2014。

品肯定会大大地偏离边际产品，因而出售价可以大幅度提高，很有市场潜力。更为关键的是，腊尔山各族居民早就有经营桐、茶、漆的习惯，具有深厚的文化积淀。

腊尔山地区土壤深厚肥沃，气候温凉湿润，雨量充沛，无霜期长，土地资源和生物资源丰富，经济林传统产品优势明显，具有大力发展经济林的广阔前景和传统文化潜力。加上腊尔山地区各族种群有多作物物种、多牲畜种群混合种养的文化积淀。① 如果用油茶、油桐、生漆、药材、葛根等传统作物代替烤烟、蔬菜等，则原先被烤烟、蔬菜等所挤占的土地就会空闲出来，还可以在产业园里养鸡、养鸭、养兔、养牛、养羊等，除了粪便可以做天然肥料外，鸡鸭可以吃掉林里虫子，减少病虫害，兔和牛羊则可以吃掉林里的杂草，有利于经济林的自然更新。这种经济林和畜牧业兼容的混合经济与单一推广烤烟、蔬菜相比，产值要大得多，还具有较好的生态经济效益。同时这样的产品结构也容易实现弹性调控，足以应对市场价格波动的风险，而这一点，在扶贫工作中的产业选项起步阶段更是珍贵，因为它可以为处于萌芽状态的扶贫产业提供一个难得的市场保护伞，部分产品的市场价格暴跌不会影响总体的扶贫成效。这样的扶贫思路，可以彰显我国少数民族地区的自我特点和生产形式，应成为创新扶贫思路的有利条件。

五　结论与讨论

综上所述，民族地区在某些情况下产业选择失当的主因与当地生态文化的不相兼容有着直接关联性。"精准扶贫"的实质在于找准贫困成因，然后对症下药。因此，在扶贫开发中，对产业选择的取向，要综合考虑所选产业与当地生态环境的匹配和兼容程度，要对外来作物做出生态文化正反两方面的论证。同时，要将这样的思路提升为"生态扶贫"的必备内容之一，因而有必要纳入我国新时期"精准扶贫"战略的规程，作为"精准扶贫"实施的具体化和可操作化的基本步骤。只有这样，才能有力支撑我国脱贫攻坚使命的最终完成。

---

① 吴合显：《民族地区贫困与外来作物推广失误之间的关联性实证》，《云南师范大学学报》（哲学社会科学版）2015年第4期。

从生态移民到再回森林：敖鲁古雅使鹿鄂温克的生存发展*

林　航（杭州师范大学）

摘　要：2003 年的生态移民让敖鲁古雅使鹿鄂温克人离开了长期生活的原始森林，来到根河市郊定居，生活的物质条件有了极大改善。然而这样的搬迁也使得鄂温克人和他们的驯鹿离开了赖以生存的场域环境，加之外来文化的涌入，导致他们的传统社会生活和民族文化传承陷入危机，引发了对其"保人"还是"保文化"的争论，并以此为案例思考规划现代化思维对民族延续和文化传承的深刻影响。

关键词：敖鲁古雅；鄂温克；生态移民；民族文化；规划现代化

敖鲁古雅使鹿鄂温克生活在内蒙古根河市大兴安岭森林中，靠打猎和饲养驯鹿为生，被媒体称为中国最后的"狩猎部落"。在国家"生态移民"政策下，2003 年 8 月，他们整理好物品，拆掉撮罗子，从密林中牵着驯鹿下山，整体搬迁到距旧址 260 公里之外的新居。① 随后，许多国内外媒体也第一时间进行了报道。在关注鄂温克人从游牧走向定居并过起城镇生活的同时，媒体也渐渐察觉，定居后的猎民们产生了极大的负面情绪——抱怨和不满充斥在各群体中，甚至有些猎民带着他们的驯鹿重新回到了森林。②

---

* 本文系杭州市社科规划"人才培育计划"专项课题（2018RCZX11）和杭州师范大学专项研究项目（4065C5121620526）的阶段性成果。

① 吴坤胜、张红杰：《我国最后一个狩猎部落走出大山迁新居》，《人民日报》2003 年 8 月 11 日，第 10 版。

② Wu Nanlan, "Last Hunting Tribe Gives Up Virgin Forest," China. org. cn, 2003. 08. 11, http：//www. china. org. cn/english/2003/Aug/72126. htm; Nick Easen, "China′s last dance with the reindeer", CNN, 2003. 08. 12, http：//edition. cnn. com/2003/WORLD/asiapcf/east/05/21/china. ewenki.

一时间，"敖鲁古雅鄂温克生态移民"吸引了国内外各大媒体的持续关注。

从敖鲁古雅使鹿鄂温克的整个搬迁过程和其后的整体状况来看，此次"生态移民"是一项帮助鄂温克部族走向现代化的工程。在此次"生态移民"中，各级政府表现出了力图改善鄂温克猎民生活的良好意愿，但是为什么出于好心安排的移民搬迁和一系列帮贫扶困的政策却没有达到预期效果？或者说，"生态移民"所带来的物质改善与鄂温克猎民的实际感受间产生了怎样的分歧？本文关注敖鲁古雅使鹿鄂温克"生态移民"个案，结合笔者 2011 年和 2014 年对内蒙古根河敖鲁古雅鄂温克民族乡的探访调查，解析鄂温克猎民群体的变迁与分化，勾勒其对传统生活方式和传统文化的理解，以及他们在新的生活场域中所面临的困难与挑战。在此基础上，通过对敖鲁古雅使鹿鄂温克人在"生态移民"中所折射出的"保人"还是"保文化"的矛盾的研究，尝试探讨如何在实现人口较少民族现代化发展的同时尊重民族传统，保留多元文化。

一 敖鲁古雅鄂温克的历史沿革

"鄂温克"是鄂温克族的自称，其意用鄂温克语解释为"俄格都乌日尼贝"，汉语译为"住在大山林中的人们"。"鄂温克"一词词尾的"克"，在鄂温克语中音"ki"，因而在英语中被表述为 Ewenki 或 Evenki。此处的山林，指的是贝加尔湖以东的伊卡茨基山脉、雅布诺威山脉、维提姆台地、外兴安岭等连绵的群山和森林地区，鄂温克人称之为"俄格登"（亦称"俄格都"）。[1] 鄂温克人的祖先从 1 世纪起逐渐从发源地贝加尔湖地区向外迁徙，其中一支向东迁至黑龙江上游、外兴安岭一带的山林地区游猎生活。随着鄂温克人与我国古代中原王朝越来越多的接触，关于他们的记载逐渐出现在史籍中，但并未以"鄂温克"为名称，而冠之以"室韦""鞠部"等名。从成书于 5 世纪的《梁书》开始，在《魏书》《隋书》《旧唐书》《文献通考》《辽东志》等文献中均记录了鄂温克先民养鹿和乘鹿驮驭的特征，先后记载了鄂温克文化中驯养驯鹿的狩猎经济形式和风俗习惯。

---

[1] 内蒙古自治区编辑组编《鄂温克族社会历史调查》，内蒙古人民出版社，1986，第 129 页。

17 世纪初，我国境内的鄂温克人主要为三支：第一支是居住在贝加尔湖以东赤塔河流域使用马匹的鄂温克人，被俄国人称为"通古斯"人；第二支人数最多，被称为"索伦部"，居住在贝加尔湖以东石勒克河和外兴安岭一带；第三支是原住在贝加尔湖西北的使鹿鄂温克人，于 18 世纪初迁入额尔古纳河河畔，被称为"雅库特"人。[①] 17 世纪初，东北地区的女真族再次兴起，于 1640 年前后连续对鄂温克人展开征讨，之后清朝将大兴安岭东麓的鄂温克人及嫩江上游地区的达斡尔人等纳入八旗制，从 1667 年开始编佐，以佐领制取代氏族首领制，统称为"布特哈部"或"打牲部"。"布特哈"为满语，汉语为"打牲"，因鄂温克等部主要从事狩猎生产而得名。[②] 随着俄罗斯在 17 世纪后期向远东地区扩张，鄂温克人开始从贝加尔湖畔向东迁徙，其中雅库特人的一支于约 1820 年越过黑龙江来到额尔古纳河南岸的大兴安岭北部林区，成为今天内蒙古根河地区敖鲁古雅鄂温克的先民。

1957 年底，党和政府根据鄂温克人的历史传承，决定将"索伦""通古斯""雅库特"统一称为"鄂温克族"，并在额尔古纳河下游右岸的奇乾建立了鄂温克民族乡。1965 年，鄂温克民族乡迁往孟库依河南岸的满归，并与满归镇合并。1973 年再次单设民族乡，迁到敖鲁古雅河畔，更名为敖鲁古雅鄂温克民族乡（俗称老敖乡）。2003 年，老敖乡的 62 户共 162 名鄂温克居民搬迁至根河市西郊 5 公里处，成立了新的敖鲁古雅鄂温克民族乡（俗称新敖乡）。至 2010 年，新敖乡行政区划面积为 1767.2 平方公里，辖 445 户 1390 人，由鄂温克、达斡尔、蒙古、满、回、俄罗斯和汉 7 个民族组成，其中鄂温克族有 232 人（包括居住在外地的）。[③]

鄂温克猎民在解放前经历了艰苦凶险的战争年代，从 1938 年至 1945 年，鄂温克猎民人口从 253 人下降至 170 人，驯鹿亦由 853 头锐减至约 400 头。到了 1979 年，经过多年发展，鄂温克猎民人数增至 191 人（包括在外

---

① 吕光天：《鄂温克族》，民族出版社，1983，第 5~6 页。
② 吕光天：《清代布特哈打牲鄂温克人的八旗结构》，《民族研究》1983 年第 3 期。
③ 谢元媛：《生态移民政策与地方政府实践——以敖鲁古雅鄂温克生态移民为例》，北京大学出版社，2010，第 127 页。

就业、居住的），鹿群总数约 1080 头。[①] 2003 年搬迁后政府曾尝试推广驯鹿圈养，并修建了单个面积为 350 平方米的砖瓦结构鹿舍 48 个，但鹿群总数却逐年下降，1993 年为 904 头，2004 年为 603 头，到 2013 年仅剩 526 头。[②] 这些驯鹿构成了我国现有唯一的驯鹿种群，它们生活在大兴安岭北部，位于东经 121°05′4″~122°53′00″，北纬 51°20′4″~52°30′00″，活动范围大抵东至卡马兰和呼玛河，南至汗马，西至满归，北至敖鲁古雅河畔，活动区域面积约为 70 万公顷。

二 "生态移民"后鄂温克群体的变迁与分化

2003 年 8 月，敖鲁古雅的 62 户 162 名鄂温克人从老敖乡搬迁到了新敖乡，而其余的汉族等其他居民则留在了旧址。有关此次搬迁的媒体报道和政府文件，都使用了"生态移民"的说法。所谓"生态移民"，即政府以保护和改善生态环境为目的，把位于环境脆弱地区的、低密度分散居住的人口集中迁移，安置在环境条件相对较好的地区，形成较集中居住的村镇。[③] 一方面，鉴于鄂温克猎民居住条件恶劣以及其所驯养的驯鹿因种群质量下降而数量逐渐减少，根河市在国家西部大开发和 10 万人口以下少数民族整体脱贫致富等政策的指引下，决定对敖鲁古雅鄂温克猎民实施整体生态移民，并向国家申请了 510 万元专项资金（如算上敬老院和卫生院则为 570 万元）。2007 年，根河市聘请芬兰 Pöyry 公司为新的敖鲁古雅鄂温克族乡策划了《敖鲁古雅旅游区开发总体规划》，并先后投入 1 亿元资金进行整体改造，新的民族乡现已取得国家 3A 级景区认证。2014 年 8 月，根河市与呼伦贝尔市旅游集团签订了合作协议，共同规划打造敖鲁古雅景

---

① Richard Fraser, "Forced Relocation amongst the Reindeer-Evenki of Inner Mongolia," *Inner Asia* 12 (2010): 321.

② 钟立成、朱立夫、卢向东：《我国驯鹿起源、历史变迁与现状》，《经济动物学报》2008 年第 2 期。

③ 孟琳琳、包智明：《生态移民研究综述》，《中央民族大学学报》2004 年第 6 期，第 48~52 页。

区，包括敖鲁古雅国家 4A 级景区建设、圣诞园、驯鹿园等合作项目。① 另一方面，为保护和传播驯鹿文化，2013 年在敖鲁古雅举办了世界驯鹿养殖者代表大会，现已有"驯鹿文化"、"桦树皮手工制作技艺"和"萨满舞"被纳入国家级非物质文化遗产名录。

然而出乎意料的是，移民搬迁后不久就陆续有 40 余名鄂温克猎民带着他们的驯鹿回到了山林中的猎民点。究其原因，主要是驯鹿圈养的尝试并不成功，特别是因为根河附近的山林中苔藓较少、陷阱较多，不适宜驯鹿存活，导致搬迁后一个月内驯鹿死亡数有 90 余头，占迁移驯鹿总数（300头）的近 1/3。搬迁后，猎民们各种各样的抱怨也随着时间的推移不断增多。②

生态移民工程使鄂温克人的生活条件得到了大幅改善，但随着大量鄂温克人开始在城镇生活，新一代鄂温克人逐渐脱离了祖先们世代生活的山林。在新的场域中，鄂温克传统民族文化的传承也面临极大挑战。猎民在新敖乡拥有了自己的住房和各种服务设施，他们的家人作为干部、工人、学生等长期生活在这里，与他们经济生产密切相关的鹿茸加工车间和旅游招待设施也在此，这些使敖鲁古雅成为鄂温克猎民广义的定居点和名副其实的政治、经济、文化中心。然而，远在山林中的猎民点却与这些有着巨大的反差。直到搬迁前，不少猎民的大多数时间仍在山上生产和生活，住撮罗子，食鹿乳，逐鹿迁徙。但随着他们迁往新敖乡定居和媒体关注增加，这种传统生产生活方式的外部环境也发生了巨大变化。如今，除了领导干部和猎业工作人员，来自全国各地的影视摄制组、科学工作者、作家、旅游者等，也频繁上山访问猎民点，在不经意间带来了外界的各种元素。

由此，与之前的两次定居安排相比，2003 年的生态移民产生了以往所不曾出现的后果。究其本质原因，在于尽管多次搬迁，老敖乡仍在大兴安岭深处，而政府安排的定居其实也并没有限制鄂温克猎民的自由活动，反而使他们从原先的只能在山林中游猎，变成了既可以游猎又可以到山下居

---

① 敖鲁古雅使鹿部落景区：《敖鲁古雅景区 AAAA 景区报告申请书》，2018。

② 谢元媛：《生态移民政策与地方政府实践——以敖鲁古雅鄂温克生态移民为例》，北京大学出版社，2010，第 135~176 页。

住，为他们拓宽了选择的范围和空间。但是 2003 年后，新敖乡位于根河市区旁，随着进入森林的外来人口不断增加，他们的生产生活模式发生了巨大变革，致使客观环境在短时间内 "变得近似西方"。[①] 定居生活模式和游猎生活状态之间的脱节，迫使饲养驯鹿的猎民们长期在上百公里以外的山林里生产与生活，而山下定居点的砖瓦房不是空着就是让亲戚或其他人居住。

一方面，国家大量的投资主要集中在山下的行政和生活服务体系上，卫生院、文化站、商店等服务设施很少上山服务，造成山上和山下的差距越来越大。另一方面，新一代鄂温克人已不再狩猎，过去所使用的狩猎工具也少有人再用。兽皮数量的减少和熟皮制作工序的复杂，使得鄂温克人的兽皮文化也受到影响，时尚、方便的现代服装成为鄂温克人的日常穿着用品。驯鹿在过去是鄂温克人最重要的交通工具，而如今在搬家等活动中已被各种汽车和摩托车所取代，训练驯鹿骑乘和驮运东西的技艺也濒临失传。[②] 鄂温克人世代信奉的萨满教也逐渐淡出鄂温克人的生活，特别是随着 1997 年最后一名萨满纽拉的去世，敖鲁古雅鄂温克人再也没有举行过任何萨满活动。[③] 总体来看，猎民中的一部分人接受了现代化而不愿再当猎民，而另一部分却始终希望保留传统生活方式而不肯接受城镇居住方式，这样的分化也使得整个鄂温克族群的内部矛盾和社会问题日益突出。

三　"保人"？ "保文化"？

以生态移民的方式，为了 "保人" 而搬迁就意味着为了 "保人" 而改变其生活方式；但同时，由此带给民族文化的威胁也不言而喻，需要有一系列方式来更好地 "保文化"。就 "人" 而言，从整个人类发展历程来看，

---

① 班努里：《发展与知识的政治——现代化理论在第三世界发展中的社会角色的批判诠释》，载许宝强、汪晖选编《发展的幻象》，中央编译出版社，2001，第 194 页。

② Aurore Dumont, "The Many Faces of Nomadism among the Reindeer Ewenki: Uses of Land, Mobility, and Exchange Networks," *Reclaiming the Forest: The Ewenki Reindeer Herders of Aoluguya*, edited by Ashild Kolas and Yuanyuan Xie, Oxford: Berghahn Books, 2015: 87.

③ F. George Heyne, "The Social Significance of the Shaman among the Chinese Reindeer-Evenki," *Asian Folklore Studies*, 1999 (58): 382-384.

任何一个民族都有自己的发展道路，任何有生命力的民族都会通过与外族通婚而使自己的族群繁衍扩大。[①] 从生物学角度看，这样的外族通婚也有利于族群的繁衍壮大。使鹿鄂温克人也经历了由氏族内（不同支系）通婚向氏族外通婚的演变，与俄罗斯、汉、蒙、鄂伦春等民族通婚已有很长的历史。[②] 所以，以民族为标准来划分要保的"人"，并将他们搬迁和保护，其本身并不符合族群繁衍的要求。事实上，以民族所属作为标准来进行区别性保护，并不能达到"保护"的真正目的，反而会强化人们彼此的族群意识而产生更大隔阂。如果确实需要"保"，那对象也更应该是一个族群整体的健康和活力。相对于族群名称的保留，更重要的是对民族文化的认同感和向心力。

文化一直都作为一个相对宽泛的概念贯穿于社会发展中，似乎生活中的一切现象都可以被称为文化现象。[③] 在人类学视野下，文化特指人们的生活习俗和日常的生活方式，人们可借助一套世代相传的概念来交流、延续并发展有关生活知识和对待生活的态度。[④] 可以说，在涉及少数族群时，其文化与其族群构成和表征深度重合，其文化是一个族群在适应和改造自然环境的过程中，思想意识外化为物质、精神和行为方式的结果。在历史发展中，鄂温克族的文化与其他民族一样，在各个历史时期均受到了其他民族文化的影响，引进和吸纳了其他民族文化的成分。这些外来元素与原有元素的结合，逐渐成为本民族的传统文化的一部分。如果因为被深度保护而失去了与其他民族文化持续交融的渠道，那么这个文化也就失去了存在和演进的最根本动力。

在选择"保人"还是"保文化"的问题上，表面上看的确是只有先"保人"才能"保文化"。从"人"是"文化"的承载者的角度说，确实人的生命存在是文化得以依附的根本基础。但是，从文化相对主义的视角来看，是人与周围环境的共同作用才产生了相应的文化形态，任何文化都

---

① 王明珂：《游牧者的抉择——面对汉帝国的北亚游牧部落》，上海人民出版社，2018，第81页。

② 吕光天：《鄂温克族》，民族出版社，1983，第5~6页。

③ 〔新西兰〕林勇、霍华德·麦克诺顿编《21世纪生活中的文化现象》，林勇、陈远享、姜申译，复旦大学出版社，2011，第3页。

④ 克利福德·格尔茨：《文化的解释》，纳日碧力戈译，上海人民出版社，1999，第69页。

有与之相适应的生存环境。将"保人"和"保文化"对立起来取舍，就是从根本上将"人"与"文化"进行割裂。对于敖鲁古雅使鹿鄂温克而言，当他们（被迫）放弃了原来的生活方式，改变了原来的文化形态（包括精神品质），那么他们就不再是文化意义上的"猎民"了，他们拥有的至多只是一个享受国家特殊待遇的"政治身份"，而丧失了自己真正有特色和价值的文化品质。

四 结语

作为最初生活方式的鄂温克狩猎文化形态，在漫长的历史进程中一直在发生改变。在现代化文明面前，鄂温克文化是相对古老的、固化的。但实际上，它有着自己的生命力，也可以随着时代的变迁、环境的变化而继续生存。这一方面需要其自身的坚守或适应，另一方面也需要全社会各方面的互相尊重、关心与包容。

"保人"或"保文化"的问题，在本质上是"规划现代化"思维模式的产物。而"规划现代化"的背后，乃是对文化形态的固化理解路径使然。在自然界中，生物多样性已广为接受，而在文化领域，这样的多样性亦对整个人类社会有着极其重要的意义。多元文化的真正价值，不仅在于功能主义带来的丰富感官刺激和心灵享受，更重要的是一种互相参照、互相借鉴的氛围及彼此尊重、彼此理解的和谐。与"规划现代化"相反，多元文化不追求一种割裂式的强制性保护，也绝不是一种（主流）文化对另一种（边缘）文化的"规划式"改造，而是通过彼此的平等对话去发现和汲取可供取长补短之处。在具体实践中，文化同人以及环境相伴相生，保留多元文化的实质是保留多元的环境、多元的人和多元的生活方式。除了善意的扶持和帮助，保护民族文化更需要谅解和妥协，以及相互给予的空间和时间。

消费意识与三江源生态文明理念培育初探

文忠祥（青海师范大学）

辛总秀（青海大学）

摘　要：人与自然的和谐，是人与自然之间对立统一、相互协调、互动生成的一种矛盾统一的关系。作为主体的人的消费意识，在一定程度上影响了对环境的友好程度。本文通过考察三江源地区民众的消费意识现状与生态文明理念之间的关系，探讨消费意识对生态文明理念培育的影响。

关键词：消费意识；三江源地区；生态文明理念

面对日益严峻的环境问题，人们逐渐认识到要化解生态环境危机，仅仅依靠政府、依靠环保组织，从经济和法律的途径切入远远不够，还必须依赖于广大民众的参与，树立民众的生态文明理念。其中，消费观念与生态环境保护之间存在密切关联。

一　消费观念与环境关系

"我们每个人都是天然的消费者：消费的历程从我们出生开始，直到我们死亡。但是，我们却不是天然的生产者，我们作为生产者既要等候生理的成熟，也要经过技能的培训；而疾病和衰老又要重新使我们失去生产者的资格。显然，个人作为消费者的历史比作为生产者的历史更长。"[1] 因此，消费既是人的经济活动属性，又是人的生物属性。人的消费模式在社

---

① 王宁：《消费社会学：一个分析的视角》，社会科学文献出版社，2001，第2页。

会化过程中形成，是地方文化适应的结果，是文明积淀的产物，消费反映了人的文明化和社会化程度。

消费分为生产消费和生活消费。生产消费泛指从事物质生产需要耗费的原材料的行为；生活消费指人类为实现人自身的生产和再生产的相关的衣食住行等必须消耗物质的行为。一般意义上的消费即指生活消费，而且多指个人消费，是消费者个人为满足自身正常生活需要而消耗生活资料的行为过程。

消费的自然属性满足了人们的功能尤其是生存性功能的需要，而消费的主观属性则包括消费观念、消费心理和消费决策等。人类的生产生活过程，简言之就是基于人类需求的生产、交换、消费三大行为过程的实施和展现，消费居于中间环节，连接人的需求与社会生产活动，是消费者需要的满足和社会产品价值的实现过程。消费活动的这一基础地位，决定着它必然会对消费者个人、他人、社会以及自然界产生直接影响。1992 年联合国签署的《里约宣言》的 27 项原则中，原则八所宣告的"各国应当减少和消除不能持续的生产和消费方式"，可以具体体现为落后的生产工艺和落后的设备淘汰制度、清洁生产制度等。其中，"不能持续的消费方式"是指在当下，很多消费方式对于环境的危害幅度剧增。需要正视、重视人们消费方式对于环境的危害。

人的消费观，指人们在消费过程中形成的用以指导人们消费行为的观念，是调整人们消费关系的价值观念、道德原则和规范的总和。它是使用一种价值判断来衡量事物、指导消费的观念，在消费者的具体消费行为中得到体现，是人们对商品及消费行为的一种主观评价。消费观是价值观的有机组成，一定的消费观念和规范往往和一定的资源、财富、收入水平及生活目标相联系和相适应。消费观对人们的欲望加以抑制或刺激，使人们的现实消费需求同社会生产及个人经济的总体水平相适应；同时，消费观念也制约和影响着社会的生产活动。

消费观是在特定的自然环境、经济基础及与之相适应的文化背景中形成的。一般来讲，消费观因人而异，不同的消费者具有不同的消费观；即使是同一消费者，随着整个社会经济环境的改变，其消费观也会随之改变。但是，人是环境的动物，消费者个体的消费行为及消费观，与一个地方社会的消费行为与消费观基本一致。一个地方社会的消费构成、消费习俗、消费偏好也与地方生存环境相适应，是地方文化体系中价值观念的积淀和体现。一个地方、一个民族的消费模式，反映了这个地方、这个民族的精神观念，包括消费观与环境观。所以，消费活动不仅是社会个人的行为，也是作为社会文化构成的社会经济活动的一个环节，本质上具有社会性。个体的消费行为，一方面受社会消费模式的影响，另一方面也对他人的消费行为产生一定的影响、诱导和示范作用，尤其是地方精英、地方名人的影响力不可估量。

消费观，实质是对一种恰当的生活方式的选择。消费观的选择，是生活方式的一个重要方面，是对消费品和消费模式的选择，是与自身经济和社会条件相适应的生活方式的选择。经常性的消费期待、消费偏好和消费习惯，使人们逐渐确立起某种生活目标和价值观念，潜移默化地对他们道德观念的形成、发展和变化发生作用，形成一定的消费观。

人类社会的发展经历了采猎文明、农业文明、工业文明和信息文明时期，不同历史阶段的消费文明——采猎文明时期的生存需要消费观、农业文明时期的禁欲主义消费观、工业文明时期的享乐主义消费观、信息文明时期的多元化消费观——使人类的消费行为从根本上摆脱了野蛮消费习惯，进而使消费成为人区别于动物和"野蛮人"的标志之一。

当人类社会发展到信息文明时期，虽然消费观多元化，但作为社会主流的依然是享乐主义的消费观。享乐主义如果盛行下去，消费欲望不断膨胀，势必要求经济过度增长，经济过度增长将造成过度的生产活动，过度的生产活动势必造成自然资源的过度消耗和废弃物的过度排放。因此，经济越是不合理地快速发展，取之于自然的资源消耗也就越多越快，向自然输出的废弃物也就越多越快，造成的生态危机也就越来越严重，它将直接威胁到人类今后的生存与发展。所谓消费问题是环境危机的核心，人类对生物圈的影响正在产生着对环境的压力并威胁着地球支持生命的能力。

生态消费观，是人们对现代消费社会所造成的生态危机进行反思的产物。其特征首先就是以生态思维为本，由人类向自然索取的单向功利型思维方式向人与自然的双向互利型思维方式转变，变革传统的"高生产—高消费—高污染"的发展模式，促进生态系统的良性循环。其次，以适度消费为原则，建立一种质量型、生态型和公正型的消费观念，修正以往的"多多益善"的消费观，摆脱现存消费方式导致的生态危机和人类生存困境，追求人类需求和自然需求相和谐的目标。最后，以人类可持续生存发展为目的，从根本上改变人们急功近利的消费模式，走可持续发展的消费之路。既满足当代人的需要，又不对后代满足其需要的可能构成威胁，使人与自然之间和睦相处、共生共荣、协调发展，最终实现人类的可持续生存与发展。

二 三江源地区传统消费方式蕴含的生态文化

三江源地区除了城镇，大部分地方属于纯牧业性消费类型。这种消费类型多分布在海拔 4000 米以上地区，这些地区气候寒冷，不适宜农业生产，人口稀疏，其消费生活较为单一，衣、食、住、行大都来自畜产品，用品亦较为单一，文化娱乐消费较差，但购买力大，遗憾的是这类地区因多种因素交易场所极少。首先，自然地理的层层屏障，造成三江源地区的自然经济结构呈现随着充当自然屏障的高寒环境的海拔升高，自然经济色彩越加浓厚的特点，"从而安生于生存资料的消费，不求享受，不求发展，社会经济的发展比较缓慢"。[①] 其次，这种自然地理环境使交通不便、信息传递困难、商品不易流通，助长了人们自给自足的自然经济的心理，进而对新生事物接受较慢，在很大程度上限制了其消费经济的发展。最后，这种自然地理环境使民族间难以交往，先进文化得不到吸收，生产力水平极低，自然资源得不到有效的开发，人们难以获得更丰富的物质生活资料。

藏族的消费具有宗教性、保守性、民族性等特点。宗教性，指藏族由于信仰宗教，把大量的钱财奉献给寺院，他们更多进行精神上的消费。保守性，是指藏族在数千年的自然经济发展中，特别是历史上交通闭塞、文化落后、生产力水平低下的情况，导致了其保守思想的延续和相对不易改变传统旧俗的消费方式。这是由消费习俗的排他性所决定的，当一种消费方式被另一种消费方式所代替时，必然受到原有消费方式的抵制。民族

---

① 才让加：《藏族消费经济初探》，《西北民族学院学报》（哲学社会科学版）1988 年第 3 期。

性，指藏族的消费具有鲜明的民族特色，在服饰打扮上表现得更为突出。

三江源地区的州、县政府机构所在地，人口集中，社会资源密集，自然而然成为地方的政治、经济、文化中心。居住在城镇的人口，接受外来消费观念程度较高，享受现代化的物品的机会和程度均高于牧区牧民。在全球经济飞速发展的同时，人们的消费水平也快速提高，正逐渐向消费社会推进，但是消费社会带来的大量物质消费和资源浪费导致了一系列生态环境问题。而影响三江源地区环境保护的牧区的人口，其消费观念仍然比较传统。

三江源地区藏族的生产方式以适应高寒、干旱的生存环境的畜牧生产为主导。畜牧业通过牲畜在人与自然（草原植被）之间建立关系，形成以草原及其植被为基础，以牲畜为纽带，以人为最高消费等级的关系。人、牲畜、草原三者互为依存，人成为生产主体，在三者关系的协调上以人的地方生态意识和生态行为发挥主导作用。"在人与其它生物的关系中，既要维持人类自身的生存权利，同时又要与其它生物共同生存，至少不至于造成其它生物的灭亡和消失。这便产生了人对自身生产、消费的限制和对自然界的有限利用为特征的生产生活方式。"[1]

藏族的"饮食仅仅作为生存的需要，除此之外，不会处心积虑地享受别的东西。……高寒草原的藏族牧人饮食十分简单，基本食物是羊肉、牛肉与青稞炒面。其中酥油糌粑是他们长年食用的主要食物，以牛奶煮成的奶茶则是基本的饮料。……作为游牧民族，牛羊是藏族的主要食物来源。但是，由于与自然融洽的观念，也由于珍惜、爱怜生物之情，游牧民族自己食用牛羊的数量极为有限。拥有300只藏羊的牧户，每年宰杀5~6只羊食用已是很奢侈的了"。[2] 藏族人有意将食物的消耗限制在最低的限度内，对自然资源的珍惜已经成为一种生活习惯，普遍奉行清贫的生活方式。"游牧人常年维持清贫生活。一壶清茶、一碗青稞炒面，是长期的饮食结构；一件羊皮袄，白日当衣穿，夜里作被盖；一顶帐篷是全部家产，成年累月在高寒草原与牛羊为伴。世人认为其苦不堪忍受，而牧人却视为正常生活。而且，这并不是低贱人的生活，它是整个部落社会成员的共同生

① 南文渊：《高原藏族生态文化》，甘肃民族出版社，2002，第109页。
② 南文渊：《高原藏族生态文化》，甘肃民族出版社，2002，第135页。

活，人们心甘情愿维持普遍的清贫生活，并不刻意追求财富，过奢侈生活。这已成为做人的准则，普遍认可的道德规范。"①

三江源地区顾名思义，水资源丰富，但是生活在这里的民众仍然对水倍加珍惜。"人们对水总是小心翼翼地加以保护，丝毫也不敢浪费。洗脸时不用脸盆，而用茶碗盛水，然后一点一点地倒在手上擦脸面。从来也不乱挖河道引水，更不随意污染河湖。"②

此外，当地藏族对于珍贵物品的看法，也有别于其他民族，最珍贵的物品也是最平常的，它们都是自然界所拥有的。山石、水土、植物、动物，这些是藏区常见的，而别的社会视为宝贝的金、银等珍稀物，藏族并没有特别看重。金、银作为一种贵重的金属，主要用途是塑佛像、镀金顶，让佛像闪光，让寺院生辉；另外一种作用是以金银来作祭品，祈祷万物生长，消除自然灾害。"珍贵者于大地珍贵，于万物珍贵，于民众珍贵，于佛法珍贵。如果珍贵者成为个人私有财产，为个人利益而不惜破坏环境谋取利益，那么珍品就成为害人之物了。"③

三　三江源地区无节制的消费趋势的楔入

不过，随着社会的急速发展，外部消费文化楔入三江源藏区，与传统消费观念多元共存，影响着地方消费趋势。其中，将外部消费观念带入三江源地区的人群，依空间范围可以划分为内部人群和外部人群。内部人群就是三江源地区的人口，因为学习、经商、外出旅游等，全面接触外部的与藏区传统消费观念具有很大区别的消费观念，并接收和导入三江源地区。其中，大学生群体是人口数量最大、影响范围最广和活动持续时间最长的群体。

（一）藏族大学生的消费观念及其影响

这里，本文对藏族大学生进行了一个重点考察。他们是家乡的文化精

---

① 南文渊：《高原藏族生态文化》，甘肃民族出版社，2002，第 147 页。
② 南文渊：《高原藏族生态文化》，甘肃民族出版社，2002，第 140 页。
③ 南文渊：《高原藏族生态文化》，甘肃民族出版社，2002，第 150 页。

英，他们的一举一动，对于地方民众潜移默化的示范效应不可估量，这是他们在横向上对周围民众的影响；此外，回归故乡的他们的生态文明理念以及其中的发展观念、消费观念、教育观念等，还会在纵向上影响他们的下一代。如前所述，家长的生态理念直接影响着家庭子女的生态理念。这些大学生学成回到故乡后，成家婚育，生子教育，成为地方生态文明理念建设的重要力量。大学生，在地方上是一个个向外"发射"生态文明理念的"信号源"，以自身为中心，在向纵向、横向不断波及周围的民众。

大学生，是时代前进步伐的跟随者，他们走在消费前沿，与时尚前卫的消费观念"亲密接触"，对从藏区走出来的藏族大学生消费状况的调查具有一定的说服力。从调查结果来看，讲求实际、理性消费仍是当前藏族大学生主要的消费观念，同时，站在时代前沿、追新求异、敏锐地把握时尚、唯恐落后于潮流，也是他们的共同特点。据了解，在购买商品时，藏族大学生们首先考虑的因素是价格和质量。由于消费能力有限，大学生们在花钱时往往十分谨慎，力求"花得值"，他们会尽量搜索那些物美价廉的商品。无论是在校内还是在校外，当今大学生的各种社会活动均比以前增多，加上城市生活氛围、开始谈恋爱等诸多因素的影响，他们不会考虑那些尽管"价廉"但不"物美"的商品，而且，他们比较注重自己的形象，追求品位和档次，虽然不一定买得起名牌，但质量显然是他们非常关注的内容之一。在关注时尚、追求高端等方面，最突出的消费就是使用手机。当代大学生们的消费中普遍增加了手机的消费项目，此外，电脑及相关消费也是他们的消费内容。最后是服装、发型和饰物及生活用品，大学校园中从来都不乏追"新"族。从调查资料所占比例来看，"是否流行"紧随价格、质量之后，成为大学生考虑是否购买的第三大因素。以上结论充分体现了藏族大学生对高品质、高品牌、高品位生活的追求。

但是，当代藏族大学生很多离开家的时间不长，缺乏独立掌管财务的经验，在消费上普遍出现无计划消费、消费结构不合理、攀比、奢侈浪费等现象，这既与社会大环境的负面影响有关，也与家庭、学校的教育及引导有关。

今天的藏族大学生生活在"没有围墙"的校园里，全方位、宽领域地与社会接触，极易受到享乐主义、拜金主义、奢侈浪费等不良社会风气的侵袭，容易形成心理趋同。当家庭条件可以满足较高的消费时，这些影响就会充分体现在他们的消费行为上。藏族大学生的消费心理和行为除了在个人喜好、穿着打扮等方面比较注重突出个性，他们对于时尚品牌、基本生活用品、生活费用的额度等主要消费内容普遍具有从众心理。

（二）外部人群的消费影响

外部人群，是进入三江源地区进行经商、务工、上班、旅游等活动的群体。他们承载着外部的消费观念，进入三江源地区，仍然以他们惯常的消费行为进行生活。他们长期在三江源地区生活，对三江源地方民众产生了一定的影响，在长期的接触过程中，地方民众也会习染外部的消费习惯，并逐步不觉地内化为日常行为。这些行为将影响到三江源地区的生态保护。

（三）现代传播媒介对消费的推波助澜

此外，现代化传播媒介的兴起，如电视上各种消费品的"密集轰炸"，也让大家对于各种环境不友好的物品产生了极大兴趣，引入生活。各种传媒形式借助现代科技手段，打破时空阻隔、民族和地域的限制，轻易跨越高山屏障，将信息以低成本跨文化的方式传播到三江源地区。

在现代传播媒介潜移默化的影响下，消费主义、享乐主义逐渐形成一种异化的消费文化，淡化了环境保护的义务，强化了攀比心态，腐化了社会风气，并对传统消费美德产生了巨大的冲击。其提倡国民消费，认为消费是行之有效的经济增长手段，并引发广告业、商业电视、购物街、分期付款制度和银行借贷制度等纷纷出现。面对日趋激烈的市场竞争，广告合作也就成为连接广告主和现代传播媒介的利益纽带，将两者绑定在一起，形成利益共同体。现代传播媒介在歇斯底里地鼓动消费、帮助广告主实现产品销售的同时，获得了持续的广告收益和经济回报。大众传媒激发了人们的各种消费和欲望，并试图控制人们的消费和欲望。在广告的推动下，部分消费者不再关心商品的使用价值，更关心广告为商品所建构的符号和意义，但与此同时也导致了消费文化在潜移默化中的异化。一方面，现代传播媒介鼓励"超前消费"，使之成为一种异化的文化；另一方面，现代传播媒介鼓励"奢侈消费"，使之成为新的消费文化。它们都强调高消费，而高消费的结果必然是产品资源的低效利用，以及消费剩余物的大量丢弃。当丢弃物产生速度达到一定程度，超出了自然降解速度时，就会造成生态环境的污染，甚至导致恶性循环，造成严重的生态环境破坏，危及人类生活环境、身体健康，甚至生命安全。

为了销售商品，企业家和商人不仅要满足顾客的需求，更要迎合甚至创造顾客的非必要消费的欲望。在三江源地区，拥有私家车的人越来越多，逐步完成了交通工具"牲畜—摩托车—汽车"的更新换代。对于汽车销售，商家在媒体中把拥有汽车渲染为成功人士的标志，香车与美女在广告中的交相辉映更加刺激着人们的物欲，宣传的口号就是"我消费，我存在"。"我欲故我在"的消费态度体现了人的生存态度与存在方式，这种消费中心主义观念的形成在许多经济学家眼里是进步的标志，是社会发展的要义，但在可持续发展的意义上它恰恰是生态危机的病根。

比如，如今三江源地区的水资源的浪费和污染情况十分严重，浪费水资源的现象随处可见。随着现代新兴生活方式的兴起，洗澡桑拿场所、洗衣机的大量出现，公用或建筑工地上的大量用水，是水资源消耗量增大最为直观的表现。在餐饮服务业、洗车行、屠宰加工厂等，水是最廉价、最不值得珍惜而又最离不开的消费品。这不仅体现了第三产业迅猛发展之势，也体现了水的消费量激增和水资源利用控制的滞后。深层次的就是消费理念的问题，即在消费过程中根本没有意识到水资源保护问题，没有意识到环境友好问题。

在州县等城镇中，含磷洗涤剂、洗衣粉的大量使用导致水体变质；由于消费需要，快餐店兴起，快餐垃圾遍地；伴随着电池的大量、大范围使用，大量废弃电池被随意丢弃后污染环境、污染水资源。此外，大量的生活用水不经过任何处理就直接排放，生态系统虽然有自净作用，但是随着排放数量激增和自净要素受损，自然界的自净能力已经变得很差了，甚至部分地区生态系统的自净能力已经完全丧失。上游的污染对下游许多水厂的水质也会产生直接影响，使不符合要求的受污染水源成为生活饮用水水源。即使有污水处理系统，由于水污染主要是有机物和氨氮污染，常规净水系统也难以将这些污染物有效去除，从而降低了当地的饮用水品质，对人体健康构成潜在威胁。

此外，城镇中快餐业及派送业务的大量出现也是危及环境的重要方面。现如今，当外卖业务出现在三江源地区的城镇中时，也会危及脆弱的环境。在外卖服务让人们在家里能够享受去餐厅才能享受到的食品时，另一个问题随之产生，即成倍增长的垃圾、成倍增长的包装废品，还有派送时附带产生的污染，都是环境难以消解的。所以，快餐业在越来越方便人们生活的同时，对环境产生的危害也越来越多。当一种生活方式发生改变的时候，往往在另一个方面又会出现新的问题，对环境产生更严重的污染。

四　倡导绿色消费

"天育物有时，地生财有限，而人之欲无极。"在生态环境逐渐恶化的今天，国民普遍缺乏环保自觉和环保意识，再加上环保制度、经济结构的不完善等因素，实现消费经济与生态环境的均衡发展依然任重道远。在消费社会背景下进行生态文明理念培育，首先需要改变的就是人们的消费理念和行为方式。

最重要的是转变消费价值观，树立正确的利益观并建立社会责任。消费的真正意义在于满足人的基本需要，实现人们对舒适的生活和幸福的追求，实现人类自身的发展。在消费过程中，人们自身与客观自然的利益位置需要调整，不应因片面、自私地追求个人利益而不顾或伤害到自然利益、社会利益。应在通过消费满足自身需求的同时考虑个人消费行为对自然和社会产生的影响，承担保护生态环境的社会责任，适度消费，拒绝消费中的功利主义和享乐主义，减少资源浪费和环境污染，促进"人—自然—社会"协调发展。

推行全民消费教育。消费教育是指对人们进行有目的、有组织、有计划地传授消费知识、消费技能和消费伦理规范的社会文化活动。全民消费教育可以减轻经济生活压力、提升生活质量、保护生态环境、为国家节约经济资本。环境污染和生态破坏直接损害了人自身的利益和生活质量，通过对环境知识的学习和对过度消费弊端的了解，人类能够主动选择那些有利于环境保护的绿色商品并做到对自己的消费行为负责。消费教育让人们知道自己的消费行为对资源的消耗有多少、对环境的影响有多大。通过让消费者了解所消费的物品包含的具体资源消耗量来减少过度消费和其他一些不必要的浪费。另外，给消费者设定具体的资源保护目标并及时将其消耗资源的具体数值反馈给消费者，也能够激发他们的环境保护行为。

消费教育要注重将家庭教育、学校教育和社会教育进行整合，如社区定期发布环保公告，学校集中组织学生学习先进的消费教育理念和方法。

倡导可持续消费。要秉持"天人合一"的传统思想和绿色、适度的消费文化，在发展经济的同时要加强环境保护，在满足当代人需要的同时要考虑代际的利益平衡。绿色消费就是要理性消费，自觉地选择那些耗能低、污染少、生命周期长、可回收再利用的绿色商品，形成对诸如水电的节约、对消费废弃物的回收和再利用。生态社会提倡发展循环经济、鼓励极简生活方式，倡导民众普遍接受良好的环境教育、自发维护生态环境，实现人与自然和谐相处。

最后，提供有效的法律和制度保障。要想缓解生态失衡和环境污染，必须将微观与宏观方法结合：既要增强个体的环保意识和绿色消费意识，提高国民的"绿色情商"，又要综合运用政策、科技、法律和教育等生态循环方法提高环境质量，倡导人们的环境保护这一社会集体行为。

另外，要实现绿色消费，还要协调政府、企业和消费者的利益关系，政府通过税收、宣传等手段引导企业生产绿色可再生产品，鼓励国民购买有绿色标志的有机商品，培养良好的消费习惯。

消费社会的发展，使消费对于环境的压力日益增加。而发挥地方生态文化的积极成分，倡导绿色消费，形成绿色消费的社会风尚是培育三江源地区生态文明理念的主要内容之一。

论旅游业对绿洲生态文化体系的促进作用

——以新疆吐鲁番为例

史映蕊（中国社会科学院）

摘　要：新疆绿洲文化是居住在新疆以维吾尔族为主体的诸多民族在适应自然地理环境和气候条件的过程中创造的以农业生产和生活方式为基础的生态文化类型。在绿洲生态文化类型中，人与生态之间具有高度的耦合性，但随着人口增长以及对生态环境的过度攫取，这种耦合性逐渐不协调，引发了一系列社会经济问题进而威胁当地的社会经济健康发展。自国家将生态文明作为"五位一体"建设战略实施以来，生态环境建设理论与实践研究成为学术界重点关注的课题。尤其在生态脆弱的新疆民族地区，生态与经济发展如何平衡，如何选择合适的产业成为当前面临的现实问题。本文首先以新疆独特的绿洲文化为研究起点，探讨绿洲文化和生态环境的相互作用所形成的新疆绿洲文化系统特点，以吐鲁番为例总结了在绿洲文化系统背景下吐鲁番社会经济体系所呈现的情况，进而发现旅游业对于解决吐鲁番社会体系目前面临的困境所具有的积极作用。

关键词：旅游业；绿洲；生态文化体系

一　新疆绿洲生态文化体系

生活在不同地理环境中的民族，在接触和认识周边环境的生产生活中，都会依据自身的生产方式、经济发展水平、审美艺术和自然环境的特点加工和改造周围的环境，从而使得生态环境反映和表现各自民族的文化特性，也使一定的地域因特定民族的聚居而表现出地域的民族性；与此同时，特定民族由于长期聚居于该地域而受周围环境特点和资源条件的影响，民族文化特征也表现出明显的地域性。这种地域的民族性和民族的地域性在特定的地理空间内组成了一定单元结构的文化系统。[①] 新疆绿洲文化是活跃在新疆以维吾尔族为主体的诸多民族在适应自然地理环境和气候条件的过程中创造的以农业生产和生活方式为基础的生态型文化类型。这种文化吸收融合了西域各民族的文化因素，在该民族适应自然环境的过程中逐渐发生了变化，由草原文化过渡到以农耕文化为主、草原文化为辅的独特绿洲文化，是一种由多元因素构筑而成的开放、动态的文化。[②] 维吾尔族现在是绿洲农耕民族之一，在其民族文化中存在大量的草原和农耕文化基因，这既是历史传统的继承，也有地理条件的限制。[③]

二 吐鲁番绿洲社会体系的特点

吐鲁番位于新疆塔里木盆地的东北部，自古以来就是东西交通的要道，是古代"丝绸之路"的必经之地。该地区北面有天山山脉，博格达主峰终年积雪，融化的雪水给盆地提供了充足的水源，加之土地肥沃，早在公元前 2 世纪就已是一个农业发达、人口众多的绿洲。[④] 但近年来，随着经济发展和人口增加，当地加大了对绿洲生态系统的开发利用，致使生态环境遭受破坏的事件越来越多。

（一）脆弱的生态环境

吐鲁番盆地属于特殊的暖温带干旱性沙漠气候。气候干燥、多风且高温。全区雨少，蒸发速度很快，全年蒸发量最为旺盛的时间发生于春季末和夏季，4~8 月的蒸发量可占全年的 75% 以上。区域内水资源短缺问题很严重，全年降水无规律，多年平均降水量仅为 16.5 毫米。许多村落的饮用

---

① 伍家平：《论民族文化地理系统的特点、结构和功能——以侗文化为例》，《经济地理》1991 年第 1 期。
② 徐文海：《草原文学论稿》，中央民族大学出版社，2012，第 30 页。
③ 王继青、杨绍固：《新疆绿洲文化变迁述论》，《学术界》2016 年第 2 期。
④ 尚衍斌：《吐鲁番绿洲文化的特点及其形成原因》，《中央民族大学学报》2002 年第 5 期。

水主要靠天山冰雪融水补给，属于新疆典型的绿洲生态系统。绿洲系统比一般的干旱区生态系统更为脆弱，生态环境造成的绿洲沙化、土地分散、耕地贫瘠和生存空间狭小是吐鲁番经济社会发展最大的制约因素，影响了村落的生产、生活和生存，最终限制了整个地区的经济发展水平。

（二）有限的经济发展路径

吐鲁番地区可耕土地稀少，水资源匮乏，需水量大的农作物在当地无法大面积种植。而葡萄种植以耐旱、需水量小、经济价值高且栽培技术成熟成为许多地方最主要的经济来源。但是，近些年新疆各地大规模种植葡萄，造成疆内葡萄价格波动较大，葡萄收入下滑趋势明显。对于吐鲁番许多地区而言，由于既缺乏矿产资源，近些年国家对矿产资源开发又实施严格的管控，地方政府和农民经济收入的渠道进一步减少。吐鲁番农村地区的维吾尔族大多不会讲汉语，这降低了他们去城市打工的可能性，人口增长更进一步加剧了对土地的需求，而当地又没有经济产业支柱，维吾尔族不懂汉语限制了他们外出打工的机会，致使整个地区的贫困村落和贫困人口增加。

三 旅游业对吐鲁番社会体系的作用

近年来，吐鲁番地区各经济产业都取得了巨大的发展。第一产业的发展为地区经济的整体发展奠定了基础，第二产业则肩负着带动区域宏观经济发展的重任。吐鲁番的农业虽然发达，但由于其经济贡献率低，又缺乏服务业的有效支撑，因此并没有创造显著的经济效益。长期以来，吐鲁番的经济产业将发展目光主要集中在对整体经济具有支撑作用的第二产业上，但在国家经济快速发展的大背景下，其在富民方面的作用并不明显。在这样的背景和形势下，为吐鲁番的农业发展找到支撑并进一步激活特色农业，依托优势资源积极在第三产业中寻找发展路径，使产业的发展切实惠民富民，对吐鲁番未来发展意义重大。

综合吐鲁番生态、地域、资源、文化等特殊条件，旅游业成为促进地区发展、切实惠农富民的突破点与抓手。作为关联度高、综合带动作用强的绿色产业，旅游业既可以与吐鲁番特色农业结合发展，互补互促，又可以带动地区其他关联产业的发展，促进文化的交流，属于典型的内生外向型产业。当前，吐鲁番旅游业的巨大潜力未被充分挖掘，其亲民、富民、惠民的作用尚未被最大水平地发挥，仍存在空缺需要填补。旅游业对拉动吐鲁番经济、富惠疆域人民具有不可小觑的作用，因此，发展旅游业成为吐鲁番未来发展的必然选择。

（一）有效缓解生态压力

吐鲁番绿洲文化体系有很多特殊性。一方面，它地处边疆地区，受自然生态因素制约，经济发展面临人口与资源环境的张力和矛盾，在寻求经济发展与生态的平衡中，需要找到能够提升发展承载力的新路径；另一方面，吐鲁番本身种植业和畜牧养殖业受自然生态环境限制难有扩展潜力，地区工业基础薄弱，从未成为支柱产业，原有的一些中央重点石油石化企业，随着产油量降低也难以持续发展。面对自然生态的压力，作为"资源节约型和环境友好型"产业的旅游业，能很好地适应区域自然生态平衡的发展要求，为地区发展提供新的选择。

（二）打破绿洲经济体封闭性

吐鲁番作为典型的绿洲经济体，也带有自身的封闭性和自给自足的内向性特征，这既体现在经济结构中，也体现在居民的日常生活和思维中。对吐鲁番来说，推动地区摆脱"贫困陷阱"的核心在于借助外部机制重塑内部体系，通过外向型产业和交流打破绿洲经济体的固有封闭性，带动区域发展。旅游业是内生外向型产业，产业带动性强，通过外来消费和资本进入，能带来新的资源、市场、技术和观念，有助于改变其封闭性特征，打破"贫困陷阱"的循环惯性。同时，旅游业能引入外部消费，拉动经济增长，将吐鲁番地区的旅游资源转化为适应市场需求的旅游产品。现在已经成熟的旅游景区，如葡萄沟、吐峪沟、交河故城、高昌古城等景区正在带来更多的外部游客消费，也引来外来投资，打破了以往的经济内部封闭循环，带动了全区的经济增长。旅游业已然成为推动当地经济发展的动力产业，成为新的经济增长点，经济带动作用凸显。

横向比较来看，经济的快速发展，使得吐鲁番地区也日渐成为整个新疆的经济强市。

（三） 跨越绿洲经济贫困陷阱

吐鲁番是一个多民族聚居的地区，经济发展与民族发展和社会问题等交织在一起。事实上，民族团结和社会稳定的基础在于底层的普通居民是否能够获得现实发展利益，普通居民能否分享更多发展成果，是否能够有更多对外开放和交流的机会。旅游业是外向型产业，富民产业属性突出，有着极强的就业吸纳能力，能为更多普通居民提供发展权益。旅游发展带来的居民就业结构的变化，也使本地居民的收入来源更加多样，这其中既有部分居民通过开办农家乐、制作销售旅游产品、提供餐饮娱乐服务直接参与旅游经营获得经营性收入，又有部分居民通过在景区从事打扫卫生、治安防范等工作获得定期工资性收入，还有部分居民受雇于景区或农家乐从事旅游接待服务，获得劳务性收入。可以说，旅游业打破了以往依靠农业收入单一来源的格局，富民增收效益得到极大释放，实现了以旅游产业化带动居民脱贫致富。国内周庄、平遥、九寨沟、阳朔等地区通过旅游业发展带来的富民效益尤为显著，确实证明了旅游业的发展能为促进民族地区发展、维护社会稳定提供新的基础。

（四） 传承活化民族文化

旅游业使原来被束缚在土地上的农民向非农领域转移，农村生产力得到进一步发展，农村产业结构得到优化和调整，加快了农民脱贫致富的步伐，为家庭收入增收扩展了渠道，提高了村民的劳动技能，提升了民族自尊心，也增强了少数民族群体对本民族文化的自信心。在旅游活动过程中，村民不可避免地要和外地游客接触，村民与游客之间的接触互动日益频繁往往会重新引发村民对自身民族认同和民族文化的强烈关注。借助旅游发展载体，本地特色民族文化获得了新的展示平台和载体，这有助于更好地展示其民族文化魅力，也帮助其获得新的文化传承渠道，促进了民族文化在新时代的发展与保护，探索了文化旅游新模式。一方面，这为旅游活动增添了活力，成为游客喜爱的新亮点；另一方面，这也为少数民族非物质文化遗产找到了新的价值和传承方式，提供了新的展示平台，有助于弘扬民族文化。在旅游过程中，维吾尔族的文艺、特色手工艺、土夯传统建筑、装饰、节庆、音乐、体育等民族文化遗产资源都得到了活化利用。

生物资源保护与可持续利用

气候与乾隆朝金川战役的关系及清廷的应对[*]

——基于清代档案史料的考察

王惠敏（陕西师范大学）

摘　要：乾隆朝清军两征金川殊为不易，在军事进攻和军需供应等方面，除了饱受该地"尺寸皆山""跬步皆山"的地形和战碉的阻遏外，还频遭这一地区迥异于内地的气候之掣肘。本文欲以《金川档》《宫中档乾隆朝奏折》《军机处录副奏折》等相关档案史料为基础，具体考察大小金川及其邻司地区迥异于内地的天气状况和气候特点，探讨两金川等地的特殊天气给清军行动造成的多重影响，并揭示乾隆皇帝及前线将领对这种恶劣气候之持久而艰难的应对，从而加深对清军难以攻克两金川的原因之认识，进而对金川战役形成反思性的历史认知。

关键词：气象表现；乾隆朝；金川战役；掣肘

气候对人类的生产、生活具有不容忽视的影响。战争作为一种社会现象，且战场往往具有很大的随机性，又多在露天环境中进行，因而同样要受到气候环境的制约。也因此，战争双方如何利用天气和气象条件，趋利避害、克敌制胜尤为关键。① 在某些局部战争中，极端天气甚至会决定战

---

* 本文系 2016 年教育部人文社会科学研究青年基金项目"从化外到化内：乾隆朝金川地区的社会文化变迁"（立项号 16YJC770027）、2018 年国家社科基金后期资助项目"档案文献和田野调查双重视野下的金川战争再研究"（立项号 18FZS035）之阶段性成果。

① 竺可桢：《天时对于战争之影响》，载《竺可桢全集》第 2 卷，上海科技教育出版社，2004，第 112~116 页；另参见张家诚《气候与人类》，河南科学技术出版社，1988，第 271~279 页。

争的最终走向。① 即使在科学技术高度发达的今天，恶劣的气候在影响人类生存环境的同时，也在挑战着国家的军事安全。因此，在战场上，军事指挥者必须根据天气变化，积极部署并展开有效的军事行动，才有可能避免陷入困境。因耗时久（乾隆朝两次金川战役分别发生在 1747~1749 年、1771~1776 年）、费银巨（两次金川战役军费开支分别高达 2000 万两白银、7000 余万两白银之多）、伤亡人数众多著称于世的乾隆朝金川战役，之所以如此艰难，实则与清军进入川西北高原地区后，饱受当地恶劣气候掣肘颇有关系。

一 大小金川及其邻近土司地区的气候特点

现存史料极少涉笔乾隆朝之前大小金川的土司状况，遑论对这一时期当地气候状况的记录。直到清军两征金川，连年深入川西北地区，清军将领不断向朝廷报告当地天气状况，这些内容才以奏折或实录等形式保存至今，让笔者得以深入了解两次金川战争期间该地气候的具体特点。借此，可以更好地理解气候对清军进剿大小金川造成的多重不利影响。

（一）《清高宗实录》所见金川及其周边地区的天气状况

在具体论述金川土司地区的气候特点之前，先以《清高宗实录》为据，将战时两金川及其邻近土司的天气状况做一概述。为简便起见，特以《清高宗实录》中"金川天气状况"为关注点，绘制表 1、表 2。

---

① 兹以二战中的"莫斯科保卫战"为例，该战是苏德战争中的一次著名的会战，即发生于 1941 年 10 月至 1942 年 1 月的苏联军队为保卫首都莫斯科及其后的反击德国的战争。在这次战争中，苏联之所以能够在防御战和反击战中取得胜利，特别是反击战的胜利与莫斯科冬季持续的极端寒冷天气有着巨大关系，因为德军原计划在寒冬到来之前迅速拿下莫斯科，又没有做好冬季作战的各项准备，结果士兵在恶劣天气的阻遏下战斗士气大为受挫，而苏军恰好利用天气对德军的遏制发起绝地反攻，最终获胜。

表 1　清军首征金川期间的天气状况（1747~1749 年）

天气情况 月 年	二月至四月	五月至七月	八月至十月	十一月至次年正月
乾隆十二年 （1747 年）	《清高宗实录》无相关记载	《清高宗实录》无相关记载	九月天已转寒，党坝等处九月中旬连降大雪	十一月、十二月严寒
乾隆十三年 （1748 年）	三月山路积雪泥泞；桃关、保县等处春夏间积雪尚多	五月常有大雨，甚至阴雨连旬；草坡一带有瘴气；六月沃日一带积雪消融；七月暑雨不断；伏天无酷暑，高寒低处暖	入秋近半月，雨雪渐频繁，多阴雨天气；九月即奏天寒多雪	十一月冬雪甚大，冰雪难耐，局部突降大雪，而党坝一路天气晴明无积雪；十二月多雪，甚至连下大雪，偶晴好亦甚寒。十四年正月风雪不断

表 2　清军征两金川期间的天气情况（1771~1776 年）

天气情况 月 年	二月至四月	五月至七月	八月至十月	十一月至次年正月
乾隆三十六年 （1771 年）	《清高宗实录》无相关记载	《清高宗实录》无相关记载	八月连日大雨；九月雨雪交加，雾雨弥漫	十一月冰雪凝结，且雪后冰冻
乾隆三十七年 （1772 年）	二月雪深；三月开始晴暖；冬雪凝积；四月果洲一带连日雨雪；四月、五月间尚有大雪	五月初连阴雨雪；七月下旬，雨雹交作	八月风雪雨雹，天气寒冷，九月、十月有雨雪天气，大雪，石头被雪冻住	十二月晴雾和暖；次年正月连日严寒，积雪深厚
乾隆三十八年 （1773 年）	二月多大雪；三月连日雪雾，闰三月仍风雪雨雾不断；入四月连日雨雪	五月雨雾，偶有天晴，亦会下大雨	八月宜喜山高风大现已下雪	《清高宗实录》无相关记载
乾隆三十九年 （1774 年）	二月冰雪严寒；三月天气晴朗冰雪渐消，但又冰雪弥漫，月底更下大雪；四月初放晴	五月日尔巴碉山阴雪雾时作，是月又雨雪连绵，甚至雨雪大作；六月初一降大雪，后雾气转大，月底有大雨、大雾；七月有大雨、大雾	八月先雪雨连绵，后晴；九月忽风雨大作，阿桂一路天晴，明亮一路却非雨即雪；十月日尔拉大风雪，福德一路连日晴好，凯立叶冰雪严寒	年里晴天月余；第二年正月思觉、凯立叶一带雪深冰滑，该月初二日甚至大雪封山，阿桂处月底天晴；总体看来正月雨雪颇多

续表

天气情况＼月＼年	二月至四月	五月至七月	八月至十月	十一月至次年正月
乾隆四十年（1775年）	三月至四月宜喜大雪；四月初九日放晴；明亮一路四月十六日进兵后遇连日大雪	明亮一路五月初五日突遇大雪，阿桂一路初九日遇风雪；遭雨阻遏，少晴；六月多大雨	八月甲索一带雨雪；先阴雨，自九月初四日午后渐晴，后又风雨交作	秋冬到初春冰雪载途

　　以上两表所反映的两金川及其附近地区气候的季节性变化大体相同，但表2涉及的年份更长，包含的各月份的天气信息更丰富。同时，这两份表格涵盖的时段都缺两次战争初期和扫尾阶段，如表1缺乾隆十二年二月至八月、乾隆十四年二月至三月的相关天气史料，表2缺乾隆三十六年七月至八月的天气资料，集中展现战争中间阶段当地气候的气象表现。之所以出现这种情况，可能存在这样几个方面的原因：其一，从清朝宣战到大兵压境投入实战需要一段时间；其二，官兵认识金川地区的特殊天气状况也有一个过程；其三，两次战争临结束时的中心任务是受降和善后事宜，不像中间阶段无论战、守都密切受制于天气状况，此时清廷对当地阴晴雨雪情况不再特别上心亦在情理之中。

　　据表1内容可以粗略感受到：从乾隆十二年九月至乾隆十三年三月，金川及其周边土司地带天气严寒，党坝等地甚至在乾隆十二年九月中旬已连降大雪；至来年三四月，仍山路积雪泥泞，四五月山间积雪始消融；入夏则多大雨，且盛夏时节山地依旧寒冷难耐；立秋后雨水不断，亦会下雪；冬日多大雪，颇寒冷，偶有晴天；春多雨雪，少晴日。表2内容则为我们提供了金川等地相对长时段里更加丰富的天气史料。除了表1中常见的冬春雨雪频仍、夏秋大雨不断的天气状况外，还频繁出现"大雾""雾雨""连日雪雾""风雪雨雹"等气象记录。

（二）以金川为代表的嘉绒土司地区气候特点

　　在具体论述气候与清军进剿金川土司的关系之前，本部分欲在充分运用表1、表2内容的基础上，紧密结合相关档案、官书，以及地方志、文人笔记等资料，并与国内其他地区的气候状况进行对照，以便深入、仔细地考察两金川及其周围土司地区的气候特点。

1. 寒多暖少且夏无酷暑

在我国，就入冬时间来说，秦岭淮河以南地区多是公历11月中旬才秋尽冬临，浙江丽水、江西贵溪和湖南衡阳一线于公历12月初入冬。① 然而，据表1、表2可知，金川土司等地则早寒，入秋半月即雨雪频繁，有些地方甚至九月中旬便已连下大雪，入冬则冰雪严寒，二月更是雨雪频繁，至三、四月仍会雨雪不止，四、五月许多地方依旧会有很多积雪，局部甚至突降大雪，六月飞雪亦不为怪。面对这种迥异于内地的气候特点，《平定金川方略》中有这样一番总结："（金川）崇山叠障（嶂），雾重风高，山岚瘴气，多寒少暑。"②

台北"故宫博物院"藏《乾隆朝宫中档奏折》中亦有不少有关金川等地早寒且寒冷期长的奏报。乾隆三十八年九月初六日勒尔谨奏称："奉将军阿桂谕令制办长袖短皮袄一万件并套裤、羊皮帽各项，立候需用。"③ 乾隆三十九年三月，贵州巡抚觉罗图思德奏："现在进剿大金川，该地天气尚寒。"④ 乾隆三十九年七月阿桂回复称："塞外天气早寒，初秋已如严冬。"⑤ 乾隆三十九年八月初二日陈祖辉奏："据参赞暨各镇将来文，军士尚需皮衣御寒。"⑥ 同年九月初九日，文绶奏："一交十一月雪大草枯，乌拉归巢，更难挽运。"⑦ 同年十月鄂宝奏："目今时届冬令，冰雪载途。"⑧ 十月二十六日，文绶奏："富勒浑等咨送奏稿内称：'日尔拉山遇风雪交加，不无积滞。'" 又"近日北路滚运稍稀，查系碧雾山雪大风高所致"。⑨ 台北"故宫博物院"藏《金川档》亦载："自二十日子时至二十三等日有密雪，山梁积雪至四五寸"，又"（乾隆四十年闰十月）黄草坪一带

---

① 林之光、张家诚编著《中国的气候》，山西人民出版社，1985，第32页。
② 《西南史地文献·平定金川方略》之《金川图说》，兰州大学出版社，2003，第6页。
③ 《宫中档乾隆朝奏折》第33辑，台北"故宫博物院"印，第190页。
④ 《宫中档乾隆朝奏折》第35辑，第139页。
⑤ 《宫中档乾隆朝奏折》第36辑，第205页。
⑥ 《宫中档乾隆朝奏折》第36辑，第236页。
⑦ 《宫中档乾隆朝奏折》第36辑，第611页。
⑧ 《宫中档乾隆朝奏折》第37辑，第280页。
⑨ 《宫中档乾隆朝奏折》第37辑，第309、405页。

冰雪坚凝，官军皆履险而登"。①

此外，我国幅员辽阔，各地冷热差异很大，季节差别明显，伏天暑热是我国长江中下游及附近地区夏季的重要天气现象，而两金川及其周边地区却"伏天无酷暑"，②五月仍"风雨雪雹交作"。乾隆三十七年金川一带四月间尚有大雪，甚至连阴雨雪。③例如，五月，日尔巴碉所在的凯立叶山梁之山阴处仍"雪雾时作"，罗博瓦山坡一带在该月初二日后"雨雪连绵"，亦会出现大雨天气，及至六月初一甚至"复降大雪"。④李心衡于乾隆四十八年赴金川屯署就任，对当地盛夏亦寒冷的诡异气候感受颇深。他在《金川琐记》中这样写道："控卡山绝顶为崇化（在大金川）、懋功（在小金川）两屯分界处，高出云表，虽盛夏，积雪逾尺"，而"昔岭在绥靖屯治（今金川境内）东一百一十里……积雪袤丈，虽三伏日，山径常封"，"予尝于六月间，因公事路入雪山，至绝顶，密雪乱飘，风冷如刀割，赖身穿重裘，得以无害，然足趾冻裂欲堕"。⑤台湾学者庄吉发曾在《清高宗十全武功研究》中扼要指出："大小金川地方，因地势较高，气候寒多暖少。"⑥据《中国的气候》书中《我国四季类型分区简明示意图》亦可知，两金川及邻司所在地即属"长冬无夏"⑦地区。

事实上，清军征剿两金川的南路大后方，亦是终年寒多暖少。例如，《雅州府志》曰："（木坪土司）春夏温和，秋冬严寒，七八月即降霜雪"。⑧《章谷屯志略》亦云："凡近懋功，山多溪谷，天气极寒，自八九月至二月积雪皑皑无从耕作，清明后积雪渐消，秋初稼事未毕而严霜先

---

① 冯明珠、庄吉发编纂《金川档》，载《金川档》第5册，乾隆四十年闰十月阿桂等奉上谕，台北"故宫博物院"印，第3661、3689页。

② 林之光、张家诚编著《中国的气候》，山西人民出版社，1985，第34页；《清高宗实录》卷321，乾隆十三年闰七月辛未。

③ 《清高宗实录》卷909，乾隆三十七年五月丙辰。

④ 《清高宗实录》卷959，乾隆三十九年五月戊辰、丁丑、《清高宗实录》卷960，乾隆三十九年六月丙申。

⑤ 李心衡：《气候》，载《金川琐记》卷2，中华书局，1985，第12、25、41页。

⑥ 庄吉发：《清高宗十全武功研究》，中华书局，1987，第111页。

⑦ 林之光、张家诚编著《中国的气候》，山西人民出版社，1985，第32、35页。

⑧ 曹抡彬修，曹抡瀚纂《雅州府志》（乾隆四年修，嘉庆十六年补刊本）卷11，《土司》目，载《中国西南文献丛书第一辑·西南稀见方志文献》第48卷，兰州大学出版社，2003，第329页。

损，阳坡尚微暄，阴壑危峰积雪经年不化。寨内番夷履冰蹈冷习以为常，夏多冰雹大如拳石，若遇成熟之时，一经雹击，大损禾稼，竟有颗粒无存者。"① 道光朝《巴塘志略·巴塘竹枝词四十首》曰："四山积雪消融尽，不识边城五月寒。"② 光绪二十年《川督锡良议复川边能否试办垦屯商矿情形折》亦称："徼外地非不广，而树艺不生，草木不长者恒多。间有可耕，仅产稞麦，非番（藩）属之甘荒弃也。冰雪弥望，风沙蔽天，盛夏犹寒，弗利稼穑。"③

2. 咫尺之间天气各异

清人王培荀著《听雨楼随笔》之"四川气候"条载："四川幅员辽阔，气候不齐……省城岁除，或桃花盛开，茂州则六月下雪……登大蓬山者亦六月雨雪。""杨荔裳咏《高日山》云：'冈峦起还伏，时节春徂夏。绝壑声琮琮，冬冰未全化。却从深雪底，时见花朵亚。莹白挂殷红，被径足娇姹。'"④此乃王氏亲历川省及杨氏履步川西后吟咏所记。他们都注意到川西的茂州和大蓬山一带与成都平原的气候相差极大——茂州和大蓬山六月雨雪，成都则甫过春节即有可能桃枝烂漫；还观察到高山地带因气候的垂直变化，在春夏间呈现"山下花开山上雪"的奇异景观。茂州紧邻四土和沃日等土司地区，尚且与内地气候差异如此之大，由是不难想见，地处嘉绒中心地带的大小金川与成都平原的气候差异当更大。

两金川及其邻司地区，亦因峰峦叠起，海拔落差大，一年之中或一日之内沟谷与高山之间天气差异显著。第一次金川战争期间，张广泗夏日过班拦山（即巴朗山）身衣重裘尚觉寒冷。⑤ 清军将领还逐渐认识到，该地伏天无酷暑，高处寒、低处暖，一般而言，各处高山自山腰以下稍低之区秋冬尚和，雪不多积。⑥ 事实上，金川一带高山或背阴沟底积雪多会在四

---

① 吴德熙辑《章谷屯志略》（据同治十三年抄本影印），载《中国西南文献丛书第一辑·西南稀见地方志文献》第48卷，兰州大学出版社，2003，第681页。

② 钱召棠辑《巴塘志略》，载《中国西南文献丛书第一辑·西南稀见方志文献》第36卷，兰州大学出版社，2003，第373页。

③ 四川省民族研究所编《清末川滇边务档案史料》（上）0003号，中华书局，1989，第4页。

④ 王培荀：《听雨楼随笔》，巴蜀书社，1987，第241页。

⑤ 《清高宗实录》卷322，乾隆十三年八月己丑。

⑥ 《清高宗实录》卷321，乾隆十三年闰七月辛未。

月后渐渐融化，局部地区积雪到六月才消融，还有一些高山背阴坡或背阴沟底处积雪终年不化。《宫中档乾隆朝奏折》中有更加细致的记载，如乾隆三十九年二月初四日文绶、刘秉恬奏："臣等率同查礼由楸砥前赴新路……惟中间翻过日尔拉山，气候阴寒，上下数十里，雪深数尺，山顶了口高峰对峙，路出其中，两山积雪时复坠落，压塞路径。询之土蛮，金称需至三月望间，水雪方可渐融。"① 该年三月中旬刘秉恬又奏："臣现与松茂道查礼轮流前赴日尔拉一带，往返查催……惟是日尔拉雪多风大，其气候之寒凉甚于他处，臣往来其间仅止一趟，尚不胜其寒。"② 同年八月底，刘秉恬奏："日内秋雨连绵，日尔拉一带业已积雪。"③《金川档》亦载："据丰升额等奏宜喜山高风大，现在即已下雪"，"欲移驻日旁就暖"。④ 乾隆三十九年二月，上谕曰："据称登古对面高峰而下不十余里即出积雪之地，由此前抵贼巢，只有此层险隘，过此则地势渐平，天气渐暖。"⑤

在多山地区，除海拔高差外，坡向对气温的影响同样不容忽视。第二次金川战争初期，清军大营主事王昶在日记中详细记载了他经行川西北各高山阴坡时的艰险遭遇。乾隆三十六年十一月初八日，王昶"登天舍山，山上下六十里，路本峻，又皆在山阴，为日色所不到，是以冰雪冻结，其坚如铁，光如镜，健马辄仆而下，步行者亦无可置足。余易布鞋踏石罅，援梯枝，或先登者引以手，始得稍蚁附上"，后于"初九日……登纳凹山，细路如线，略通骑……陟山顶则积雪冰层不减天舍山矣。山阴峭险冻滑"，至十二月十七日又"过斑斓山……其阴积雪二三尺，往往没膝，崖陵步步须人扶掖"。⑥ 很多清军将领在行军、作战及军需运输过程中均发现，金川境内高山阴坡和阳坡的天气状况差别很大：其当噶尔拉山阳坡因日照雪不过数寸，但岭下险坡冰雪很厚；⑦ 凯立叶一带山阴积雪冰冻；⑧ 乾日尔拉山

---

① 《宫中档乾隆朝奏折》第 34 辑，第 481 页。
② 《宫中档乾隆朝奏折》第 34 辑，第 865 页。
③ 《宫中档乾隆朝奏折》第 36 辑，第 491 页。
④ 《金川档》第 2 册，乾隆三十八年八月十三日阿桂等奉上谕，第 1305、1306 页。
⑤ 《金川档》第 3 册，乾隆三十九年二月初六日阿桂等奉上谕，第 2073 页。
⑥ 王昶：《蜀徼纪闻》，载张羽新主编《中国西藏及甘青川滇藏区方志汇编》第 43 册，学苑出版社，2003，第 333、335 页。
⑦ 《清高宗实录》卷 924，乾隆三十八年正月庚子。
⑧ 《清高宗实录》卷 951，乾隆三十九年正月己卯。

气候阴寒，雪深数尺；① 日尔巴碉地在山阴，雪雾时作；② 又如刘秉恬奏称："梦笔山系两金川与三杂谷交界之处……臣查看该处山势颇为险要，上下约有山十余里。现在阳坡积雪无多，尚可策马而上，阴坡全系冰雪凝积，非独骑马难下，即彼此扶掖而行，亦时时有扑跌之虞。"③ 清军移驻时亦会考虑到金川等地向阳平展处暖，背阴山高处寒的现实。④ 前引《章谷屯志略》提及"阳坡尚微暄，阴壑危峰积雪经年不化"，亦是坡向不同天气各异的明证。

川西北土司地区纵横不过千里，却咫尺间阴晴雨雪各异。清军在首次征金川期间就常遇到这种天气状况，如表 1 中"党坝等俱九月中旬已连降大雪"，"十一月冬雪甚大，冰雪难耐，局部突降大雪，而党坝一路天气晴明无积雪"。第二次攻打金川时，清军更是屡遇这种天气。乾隆三十九年九月，阿桂奏"初二日后已晴，明亮一路却非雨即雪"，又"日尔拉气候过寒，风雪甚大"时，"富德军营连日晴霁"。⑤ 乾隆皇帝便再也按捺不住满心疑惑，在谕令中诘问："达尔图山梁距阿桂军营不远，何以两处阴晴迥殊若此？ 殊不可解，或晴霁自南而北，亦不可知。"⑥ 曾在绥靖屯任职数年的李心衡对金川地区迥异于内地的天气情况有切身体会。他的《金川四时词》里有"谁知六月荒山里，尚有千年雪未消"和"甲索山空木叶稀，金川水冷雪花飞"⑦ 的诗句，既凸显了金川天气早寒的特点，又指明其河谷和高山天气殊异。他还在《金川琐记》中总结道："金川气候，一日之间，寒暑倏殊，咫尺之地，阴晴各异。严冬天晴时，日中可穿春服，盛夏天阴时，朝晚亦可披裘。四时无大寒大热，然倏忽变化如此。"不必烟瘴为厉，稍不自谨，中之立病。⑧《绥靖屯志》亦曰："大金川地势较省会约

---

① 《清高宗实录》卷 953，乾隆三十九年二月癸丑。

② 《清高宗实录》卷 959，乾隆三十九年五月戊辰。

③ 《宫中档乾隆朝奏折》第 34 辑，第 389 页。

④ 《清高宗实录》卷 301，乾隆十二年十月某条。《清高宗实录》卷 299，乾隆十二年九月丁巳载，乾隆皇帝谕军机大臣："或暂行退驻向阳平旷之地，令得为休息，俟气候融和，再加调官兵。"

⑤ 《清高宗实录》卷 969，乾隆三十九年十月壬寅、乾隆三十九年十月丁未；卷 967，乾隆三十九年九月丙寅。

⑥ 《清高宗实录》卷 967，乾隆三十九年九月丙寅。

⑦ 王培荀：《听雨楼随笔》，巴蜀书社，1987，第 241 页。

⑧ 李心衡：《气候》，载《金川琐记》卷 2，中华书局，1985，第 14 页。

高数万丈，节侯仅差黍累而气机大异。一日之间，寒燠顿殊。咫尺之地，阴晴各别。冬晴日中可著春服，夏阴朝暮亦可披裘。"①

　　大小金川周边地区亦呈现咫尺间天气各异的情况。《章谷屯志略》载："章谷屯所管宅垄及各屯寨寒暖不一。离章谷署（在今丹巴县境内）东三十里之约咱汛数里内地颇平整，气候甚暖，种植黍豆，岁可再获。凡近懋功，山多溪谷，天气极寒，自八九月至二月积雪皑皑无从耕作，清明后积雪渐消，秋初穑事未毕而严霜先损，阳坡尚微暄，阴壑危峰积雪经年不化。寨内番夷履冰蹈冷习以为常，夏多冰雹大如拳石，若遇成熟之时，一经雹击，大损禾稼，竟有颗粒无存者。""章谷所管明正土司地方，天时和暖，平整处无酷暑严寒，峻岭崇山亦有经年积雪。"② 此外，其东邻汶茂地区，《汶川县志·风土》载："县自平沙关以上，多风，常患旱，自映秀湾以下，多雨，常患涝。""旧志云：'天无时不风，地无处宅土。冬春积雪，早晚生云，霾雾弥沦，烟岚横罩，雷生屋角，雨起山腰，怒浪奔涛，扬沙飞石，风土之猛，无异沙漠。'"③ 其西邻康藏地区，《打箭炉志略·土俗》云："口内外气候四时惟泸定桥、咱里及巴塘燠寒与内地无异蔬菜果实应时更新，其余长年多风，夏无盛暑。炉城五六月多雨，南北诸山皆雪。参多晴日，至春雨雪寒沮尤甚，稻穀不生。"④

3. 一年之中雨雪频仍

　　据表1、表2可知，金川及其邻司地区入秋不久便有雪，甚至是连下大雪，不仅冬季天寒冰雪难耐，春间亦雨雪不断，一到四月便进入多雨时节，五月更是阴雨连绵，六、七月多大暴雨，以致河谷地带洪水泛滥，八、九月又阴雨连天，该地长期多雨甚至使清军帐房尽皆破烂。清军第二次征金川的五年间更是频遭雨雪天气，正月里大雪封山，二月仍多雪，三月继续雪雾弥漫，闰三月便连日雨雪，一到四月即连阴雨雪，五月间或是

① 潘时彤主纂，蔡仁政校释《气候》，载《绥靖屯志》卷1，2001，第63页。
② 吴德熙辑《章谷屯志略》，《中国西南文献丛书第一辑·西南稀见方志文献》第48卷，兰州大学出版社，2003，第681、682页。
③ 祝世德《汶川县志》，载张羽新主编《中国西藏及甘青川滇藏区方志汇编》第42册，学苑出版社，2003，第154页。
④ 佚名辑《打箭炉志略·土俗》，载张羽新主编《中国西藏及甘青川滇藏区方志汇编》第40册，学苑出版社，2003，第20页。

大雨或是雨雪连绵，六月多大雨兼有大雾天气，局部地区亦会下雪，七、八月间雨雹交作，八、九月则雨雪交加、雨雾弥漫，甚至连日大雨。清军首征金川期间，前方将领奏报指出："五月阴雨连旬""入夏雨多""入秋雨雪渐频繁"，甚至"（因）长期多雨雪"，导致"军中帐房尽皆破烂"。① 清廷在首征金川草草收场后仍不忘在《平定金川方略》中总结道："（金川一带）春夏雨雪经旬累月，罕有晴时，每雨则霹雳大作，电光中皆有声，至八九月间始得晴霁，隆冬积雪丈余，山谷迷漫，坚冰凝结，道路不通。"②

据《宫中档乾隆朝奏折》可以更清晰地感受大小金川土司及其周边地方雨雪频繁的天气特点。乾隆三十八年九月富勒浑奏："本年五月二十一日夜，桃关口内外山水陡发"③ 乾隆三十九年三月郝硕奏："伏思自春徂夏，雨水渐多……查自桃关至楸底旧路久经开修平坦，但往来日久或因雨水冲塌……将来一入夏令雨水连绵。"④ 乾隆三十九年四月初二日文绶奏曰："其口外桥梁道路现当雨水时行之侯，业经通饬随时修补，以利遄行。"⑤ 同日刘秉恬奏称："因连日雨雪，转运不及，是以积米未得疏通。"⑥ 乾隆三十九年五月富勒浑、郝硕奏："惟近日雨雪过多，山水间发，沿途桥梁道路不无冲损。"⑦ 乾隆三十九年五月十九日，刘秉恬亦奏："口外自春夏以来雨水颇多……立秋始复阴雨连绵。"⑧ 乾隆三十九年六月颜希深奏："两月以来雨水过多。"⑨ 乾隆三十九年七月十一日，张依仁、王宓禀称："各该县境内于六月二十八九日，及七月初一二三等日连日大雨，山水陡发，桥道多被冲损。"⑩ 乾隆三十九年八月十三日，钱錞奏："自入秋以来雨水较多，山路偏桥间有坍损。"⑪ 乾隆三十九年八月十四日鄂宝、颜希深亦奏："时值

① 《清高宗实录》卷329，乾隆十三年十一月丁丑。
② 《西南史地文献·平定金川方略》之《金川图说》，兰州大学出版社，2003，第6页。
③ 《宫中档乾隆朝奏折》第33辑，第201页。
④ 《宫中档乾隆朝奏折》第34辑，第765页。
⑤ 《宫中档乾隆朝奏折》第35辑，第165页。
⑥ 《宫中档乾隆朝奏折》第35辑，第189页。
⑦ 《宫中档乾隆朝奏折》第35辑，第494页。
⑧ 《宫中档乾隆朝奏折》第35辑，第521页。
⑨ 《宫中档乾隆朝奏折》第35辑，第580页。
⑩ 《宫中档乾隆朝奏折》第36辑，第58页。
⑪ 《宫中档乾隆朝奏折》第36辑，第358页。

深秋不时雨雪。"① 乾隆三十九年八月二十七日刘秉恬奏："不意是日夜间大雨，次日仍复连绵未住"，又"日内秋雨连绵，日尔拉一带业已积雪"。②

另据《清宫珍藏海兰察满汉文奏折汇编》中的史料，可窥见金川等地夏季降水强度之大。乾隆四十年六月初二日，阿桂等奏："（五月）二十九、三十两日连夜大雨滂沱，至今尚未开霁。"③ 同年六月十六日，阿桂等又奏："初四、初六、初七等日阴雨……初九、初十日原时雨时晴，而十一、二、三，三日大雨倾盆，入夜更属滂沛，直至十四日方雾雨稍收。"④

《金川档》也记录了金川等地多连日大雨（雪）的信息，如乾隆三十九年秋上谕："据称（八月）十九至二十二雨雪连绵，实觉可恨"，"看来番地气候，春秋雨每甚"。⑤ 乾隆四十年正月阿桂等奉上谕："至番地气候冬令多晴，入春即多雨雪……原虑春令或有雨雪阻滞，今甫交春令即如此，恐愈雨雪愈多。"⑥ 乾隆四十年八月富勒浑奏："（七月）二十四日、五等日连日大雨。"⑦

此外，乾隆皇帝常在上谕中急切盼望前线天气晴好以利进兵，或对当地雨雪不断天气甚是恼怒，也从侧面反映了清军在金川等地作战期间雨雪频繁。⑧

4. 六月雪、雹、雾、大风

农历六月，我国大部分地区气温较高，一般不会下雪。清军征两金川期间却多次遇到六月飞雪天气。⑨《金川琐记》亦称："尝夏日行控卡，正值阴霾密雪，登陟颇艰。及跻山巅，晴日晃耀无织翳。""予尝于六月间，因公事路入雪山，至绝顶，密雪乱飘。"⑩《绥靖屯志》曰："（金川）天阴不雨即雪，六月亦然。"⑪ 两金川所在土司地区主要是以邛崃山脉为脊梁，

① 《宫中档乾隆朝奏折》第 36 辑，第 363 页。
② 《宫中档乾隆朝奏折》第 36 辑，第 490、491 页。
③ 《清宫珍藏海兰察满汉文奏折汇编》，第 333 页。
④ 《清宫珍藏海兰察满汉文奏折汇编》，第 343、344 页。
⑤ 《金川档》第 3 册，乾隆三十九年九月初七日阿桂等奉上谕，第 2606 页。
⑥ 《金川档》第 4 册，乾隆四十年正月二十二日阿桂等奉上谕，第 2989 页。
⑦ 《金川档》第 5 册，乾隆四十年九月初十日阿桂等奉上谕，第 3497 页。
⑧ 《清高宗实录》卷 967，乾隆三十九年九月辛未、乾隆三十九年九月辛未。
⑨ 《清高宗实录》卷 960，乾隆三十九年六月丙申。
⑩ 李心衡：《夏雪》，载《金川琐记》卷 2，中华书局，1985，第 13、25 页。
⑪ 潘时彤主纂，蔡仁政校释《气候》，载《绥靖屯志》卷 1，2001，第 63 页。

支脉四处蔓延构成的山地。邛崃山由北而南，亚克夏山、鹧鸪山、虹桥山、巴郎山等诸峰耸立其间，海拔都在 4200～4700 米。① 若一座山峰相对高差为 4000 米，山顶和山脚的温差可达 24℃，其山顶六月飘雪亦不足为奇。

表 2 中还涉及金川等地降冰雹的天气信息，如乾隆三十七年"七月下旬雨雹交作，天气寒冷""八月风雪雨雹"。乾隆三十八年，从大金川逃出的鄂克什土弁赓噶供称："小的在勒乌围时见日旁以东一带民寨的男妇，纷纷来向土司哭诉说：'我们今年种的田地都被雪弹打得普平，风也大，雪弹子也大，树叶都打落，鸡鸭养只打死的不少。'"② 《金川琐记》亦载："（控卡）山脊凹处有水盈盈，……苟一叩声，风雹立至。"③ 《绥靖屯志》载："（金川冰雹）大如弹丸小如豆，著禽畜辄毙，田禾无收。"④ 《章谷屯志略》云："夏多冰雹大如拳石，若遇成熟之时，一经雹击，大损禾稼，竟有颗粒无存者。"⑤

清军第二次征金川期间还多次遭遇雨雾天气，而且当地大雾或雨雾、雪雾交作天气多出现在每年三月至九月。乾隆三十六年秋，据阿尔泰奏称，土民趁雾雨迷漫之时，蜂屯蚁至毕旺拉一带左右山梁，以致守碉的瓦寺土兵皆惊溃。⑥ 乾隆三十七年七月二十一日，阿桂一路官兵由墨垄沟一路昼夜进兵，于二十二日五更至甲尔木，当是时，山梁间大雾弥漫。⑦ 乾隆三十八年三月，上谕军机大臣等："阿桂等奏用炮轰击贼碉已渐颓毁因连日雪雾稍俟晴霁进剿。"⑧ 阿桂等督兵进剿当噶尔拉山，该处山高雪大，且连日雪雾，兵力难施，随后阿桂一路分攻纳围、纳札木，又一再遇到雪

---

① 《川西北藏族羌族社会调查》，民族出版社，2008，第 14 页。
② 《军机处录副奏折》，档号 165-7963-87。
③ 李心衡：《控卡山海子》，载《金川琐记》卷 2，中华书局，1985，第 12 页。笔者于 2010 年 5 月 6 日采访了出生于金川长海子的女喇嘛卓玛，她告诉笔者当地人至今仍不敢在海子附近大声说话，不然就会冰雹突至。
④ 潘时彤主纂，蔡仁政校释《气候》，载《绥靖屯志》卷 1，2001，第 63 页。
⑤ 吴德熙辑《章谷屯志略》，载《中国西南文献丛书第一辑·西南稀见方志文献》第 48 卷，兰州大学出版社，2003，第 681 页。
⑥ 《清高宗实录》卷 892，乾隆三十六年九月戊申。
⑦ 《清高宗实录》卷 914，乾隆三十七年八月己巳。
⑧ 《清高宗实录》卷 928，乾隆三十八年三月庚寅。

雾天气。① 接着，温福等攻打昔岭又遇雨雾。② 乾隆三十九年春，九百余名金川土民趁雪雾迷漫之际，分为四股，潜来偷劫军营。③ 乾隆三十九年五月，阿桂一路欲攻位于凯立叶一道山梁中的日尔巴碉，该处崖碥陡立，林深菁密，且雪雾时作。④ 乾隆三十九年六月初一日，阿桂一路抬炮轰摧大战碉，雪后雾气转大，土民又趁雨雾将碉座修整好，该路官兵又于六月二十五日早遇大雾迷漫天气；随后，额森特带兵在雨雾中进攻木城。⑤ 乾隆三十九年九月，和隆武带兵携炮摧碉，是日大雾迷蒙。⑥ 乾隆四十年五月，官兵冲雾越险而攻逊克尔宗山梁丫口处碉座；同年深秋，官兵涉险冲泥克取当噶克底等各碉卡时值风雨交作。⑦

多大风也是大小金川等地的一大气候特点。检《清高宗实录》可知：乾隆十四年正月经略傅恒抵达金川土司地界后"兼程赴营，侵冒风雪"；乾隆三十八年八月，"宜喜山高风大，难以进剿"；乾隆三十九年秋"明亮等突遇大风大雨"；乾隆三十九年冬"日尔拉气候过寒，风雪甚大"；乾隆四十年秋官兵正攻碉卡，"（突）值风雨交作"；乾隆四十年十一月，阿桂等奏报"初二三等日，复派调官兵，赴山腿尽处，合力攻打……时及大风……"⑧《金川档》载："外委孙琰开门取药，值狂风暴发。"⑨ 李心衡《金川琐记》曰："金川春日率多大风。风发时，偶一失检，屏障图轴，辄有卷裂患。若懋功、章谷二屯尤甚，每至午后，风声飕飕，彻夜不止，盖山多风穴云。"当地"间有木板盖房，上置碎石压之，衙署处处皆然，陡发狂风，走石飞板，从空击下，剧足怖人"，又"尝因公事赴懋功（小金），坐姜石霞（雯）署中，日亭午，忽同云密布，如欲雪状。稍焉狂风

---

① 《清高宗实录》卷931，乾隆三十八年闰三月己卯；卷932，乾隆三十八年四月己丑。

② 《清高宗实录》卷934，乾隆三十八年五月甲子。

③ 《清高宗实录》卷955，乾隆三十九年三月丙子。

④ 《清高宗实录》卷959，乾隆三十九年五月戊辰。

⑤ 《清高宗实录》卷960，乾隆三十九年六月丙申；卷962，乾隆三十九年己未；卷963，乾隆三十九年七月甲戌。

⑥ 《清高宗实录》卷966，乾隆三十九年九月辛亥。

⑦ 《清高宗实录》卷983，乾隆四十年五月乙亥。

⑧ 《清高宗实录》卷333，乾隆十四年正月己丑；卷940，乾隆三十八年八月庚子；卷966，乾隆三十九年九月庚申；卷969，乾隆三十九年十月壬寅；卷997，乾隆四十年十一月己丑。

⑨ 《金川档》第3册，乾隆三十九年七月初二日阿桂等奉谕，第2330页。

大发，梁椽震震有声，势欲倾压，急走庭院中，风猛不能立焉。坚抱木棚不敢动。久之雨来，风渐息，始得从容"。①《章谷屯志略》则云："屯署附近数十里多东风，四时无少间，怒吼之声通宵达旦，雨后稍息，春间更甚。北风不多作，每岁只三四次，作时则折木颓垣，屋多倾塌，经二三时而止，最为猛烈。"②

综上所述，清军两次征讨金川地区，当地气候呈现"长冬无夏，春秋相连"的季节性特征，并因海拔高差大，一日之内，咫尺间阴晴雨雪不一。此外，该地区终年雨雪频繁，隆冬季节晴日相对较多，亦会出现盛夏飘雪、冰雹及大雾、山风肆虐天气。归根结底，该地区气温偏寒又终年多雨雪的天气状况，势必给清军在"跬步皆山"的地区作战带来诸多不利。

二 迥异于内地的气候对清军征两金川的掣肘

清军首征金川，伤亡惨重，所费不菲，不仅未能速灭金川，反而长期陷入进不能前、退则失已据守之地的困境。大批清军陷入这般狼狈境地，固然有金川地势险恶、碉卡防守严密、枪炮难以攻击，以及将帅对用兵金川的困难估计不足等主客观原因，但清军在金川等地极少遇到天晴、气温适宜、道路坚硬便于官兵攀爬山岭作战的有利天时地利，亦是这次进剿颇为不易的重要原因。至第二次进剿金川，清军在作战心态上远比第一次征讨金川时更坚定、自信，且投入的人力、物力也多得多，但官兵从初定小金川，继而进剿大金川受挫，到再定小金川和最后平定大金川，过程仍极为曲折艰难，数万兵丁和多达几十万的夫役在此五度寒暑，遭到风雪雨雹之摧残比首征金川的人员有过之而无不及。本部分欲借助有关史料，具体考察大小金川地区多雨雪的天气对清军征两金川期间的后勤运输、军事进攻和防御，以及兵丁和夫役的各种影响。

---

① 李心衡：《风穴》《瓦板》《风变》，分别载《金川琐记》卷2和卷5，中华书局，1985，第14、18、51页。
② 吴德熙辑《章谷屯志略》，载《中国西南文献丛书第一辑·西南稀见方志文献》第48卷，兰州大学出版社，2003，第682页。

（一）雨雪频繁导致军需挽运格外艰难

俗话说"兵马未动，粮草先行"，可见后勤运输之重要。还须认识到，大兵压境固然气势逼人，但军需供给的压力贯穿战争始末。[1] 故"善用兵者，役不再籍，粮不三载；取用于国，因粮于敌，故军食可足也"。[2] 这是说，善于用兵的人，兵员不一再征集，粮秣不多次运送；武器装备从国内取用，粮秣在敌国就地解决，这样，军队的粮食就可以充足供应。大小金川等地出产的青稞和圆根等粮食仅够土民果腹之需，数万清军和数十万夫役绝无可能在金川境内就地解决军粮问题，因而只能依靠长距离运输来保障各路军营粮饷不绝。而长期远距离运输又使得国币靡费惊人，广大百姓也不堪役使，疲于奔命。要避免因远道运输使国家财政陷入危机、百姓疲困不堪，就应遵循"兵贵胜，不贵久"[3] 的用兵之道。两次金川战役分别历时两年和五年之久，第二次征金川的后勤压力居乾隆朝"十大武功"之首。[4] 在此，先探讨两次战争期间，金川及其邻司地区早寒且寒冷期长，以及雨雪频繁的天气给清军后勤运输带来的诸多困难。

乾隆十二年三月至乾隆十四年二月，清军首征金川匆促行事，数万名官兵进入"尺寸皆山"的川西土司地带，各项后勤运输始终牵动这次战争的神经。因山地极难行走，清军后勤供给全靠民夫背负和乌拉驮载（然川省缺马严重），加之路途遥远，辛苦异常。不幸的是，此次战时金川等地多在冬日，多雨雪的天气状况使清军本已艰难的后勤运输雪上加霜。事实上，早在乾隆皇帝决意用兵金川前夕，时任川陕总督庆复就明确指出大金川四面环山，馈运困难，不便用兵，但乾隆皇帝未予理会。[5]

该战伊始，清廷虽不把大金川土司放在眼里，但在战术上还是很重视后勤筹备工作的。乾隆十二年四月，军机处议复原川陕提督纪山在川省调

---

① 《孙子兵法·作战篇》："凡用兵之道，驰车千驷，革车千乘，带甲十万，千里馈粮，内外之费。宾客之用，胶漆之材，车甲之奉，日费千金，然后十万之师举矣。"参见陶汉章编著《孙子兵法概论》，解放军出版社，1985，第 80 页。
② 陶汉章编著《孙子兵法概论》，解放军出版社，1985，第 81 页。
③ 陶汉章编著《孙子兵法概论》，解放军出版社，1985，第 83 页。
④ 赖福顺：《乾隆朝重要战争之军需研究》，台北"故宫博物院"，1984，第 433 页。
⑤ 王戎笙主编《清代全史》第 4 卷，方志出版社，2007，第 258 页。

度粮饷，将提督印信交武绳谟。随后军机处又议复纪山条奏粮饷事宜：决议先从金川附近军营及州县筹办军粮，再由成都解到补还；南路于打箭炉现存军米内动支，西路于温江等处动支常平仓谷碾米五千石，并将保、茂二处军糈案内存余青稞办成炒面挽运；为加快粮饷运输，特额设站台，由杂谷闹向西至党坝十二站，又自杂谷闹向南至沃日七站；沃日一路六台七站，地尤险峻，酌设管台文官三员督催粮米，稽查文报；打箭炉、杂谷闹、章谷、沃日、党坝为粮运总处，每处设护粮外委一名，兵十名。① 即便有了较为明确的军需运输安排，乾隆皇帝也一直对如何保证粮运接济无虞忧心不已。不久，残酷的现实证明其担忧绝非多余。

清兵一入大金川腹地便处处受阻，在相当长的时间内战局没有任何转机，粮饷运输亦不断受到当地恶劣天气阻遏。乾隆十二年，党坝等处九月中旬已连降大雪，致使军粮运输堪虞。② 乾隆十三年三月，班第抵达小金川军营，立即奏称西路粮台因山路积雪泥泞，乌拉难行，附近土民出征后所余人数不敷供役，只好从内地增调汉夫。③ 乾隆十三年四月，桃关、保县等处春夏间仍有很多积雪，使得西路运夫往往顿足不前，只好给民夫增加回空粮以示激励。④ 乾隆十三年五月，金川等地常下大雨，草坡一带有瘴气，夫役们多逃亡病故。⑤ 同年五、六月间气温回升，积雪消融，道路难行，且绰斯甲一路粮运遭雪阻，只好将乌拉驮载改用夫役，同时西路沃日等处军需运输亦因雪融受阻滞。⑥ 另据马良柱供称，其率兵驻守曾达时粮运为雪所阻达半月之久。⑦ 此外，负责后勤的官员考虑到草坡一带运路因地近雪山，盛夏亦寒冷不堪，遂将该运路改由南路章谷，后因骡马遭遇大雪大量倒毙，又将运路改回草坡。⑧ 至此，乾隆皇帝逐渐认识到金川等地冬春多雨雪，军需挽运艰难，遂谕令须于十月以前预备好至第二年四月

① 《清高宗实录》卷284，乾隆十二年四月乙丑。
② 《清高宗实录》卷301，乾隆十二年十月癸未。
③ 《清高宗实录》卷311，乾隆十三年三月癸丑。
④ 《清高宗实录》卷313，乾隆十三年四月庚辰。
⑤ 《清高宗实录》卷314，乾隆十三年五月戊子。
⑥ 《清高宗实录》卷317，乾隆十三年六月庚辰。
⑦ 《清高宗实录》卷319，乾隆十三年七月癸卯。
⑧ 《清高宗实录》卷322，乾隆十三年八月己丑。

的兵粮。① 入冬后，金川地区天寒地冻、冰雪难耐，面对这种不利天气情况，乾隆皇帝颇为焦虑，谕令不可因天气恶劣延迟军粮运输。② 乾隆十三年十二月，前线官员奏报一出桃关便雪深结冰，乾隆皇帝终于承认金川等地"艰苦视内地倍甚，挽运军需，全资民力"。③ 乾隆十四年正月，大金川土司投降前夕，乾隆皇帝既无奈又准确地总结道："番境水土恶薄，春雪夏涝""跋履维艰，天时地利，皆非人力所能强违"。④

要言之，首征金川期间，清军后勤运输受到长年雨雪频繁等天气的严酷挑战：一方面，大批夫役于艰难攀爬山路外，还饱受冻馁乏食、风餐露宿、瘟疫之苦；另一方面，战争期间朝廷曾数次更换负责粮务运输管理的官员，他们却无一例外总是奏报军营暂不缺粮，实际上各路粮运十分困难，枪炮、船只等军需物资亦严重不足。⑤ 不难想见，这种恶劣天气也会使运到的大量粮食之储藏和保管颇为不易。而且，正是考虑到金川等地恶劣的天气状况使得后勤转运艰难，乾隆帝欲派出京旗作战的计划也随之流产，前方将领一再提出的增兵请求也被军机大臣否决。⑥

乾隆三十六年，清军第二次征金川。在清廷正式向小金川土司宣战前的几个月时间里，四川总督阿尔泰漫无调度，所奏接运粮石各折不中肯綮。⑦不久，乾隆皇帝谕令紧急办理粮运一事，前线将领自然不敢怠慢，但要保障全军各路粮食无虞绝非易事。据《清高宗实录》乾隆三十六年十月辛卯条可知，桂林于十月十三日抵成都，据称三路共调汉土官兵 16500 名，碾运食米 127300 余石，运送粮米药弹等项共雇用民夫 12200 余名，采买马1532 匹。⑧嗣后清廷还陆续增派官兵，因此粮饷及马匹等跟进任务只会越来越重。实际上，除去马、牛、羊等物资外，笔者据《清高宗实录》、《宫中档乾隆朝奏折》和《乾隆朝上谕档》中相关记载大致统计出乾隆三十六年四月至乾隆四十一年二月，清廷累计调兵 129500 名，共拨国库银

---

① 《清高宗实录》卷 323，乾隆十三年八月丙午。
② 《清高宗实录》卷 329，乾隆十三年十一月戊辰。
③ 《清高宗实录》卷 331，乾隆十三年十二月戊申。
④ 《清高宗实录》卷 332，乾隆十四年正月己未。
⑤ 《清高宗实录》卷 317，乾隆十三年六月乙卯。
⑥ 《清高宗实录》卷 300，乾隆十二年十月辛酉。
⑦ 《清高宗实录》卷 894，乾隆三十六年十月丙子。
⑧ 《清高宗实录》卷 895，乾隆三十六年十月辛卯。

71600000 两，实际支银逾 1 亿两，运米 2963527 石，运火药 4271400 斤，运制铅、铁炮子 3000000 斤，运制铜、铁炮 650 位，雇用民夫 462000 名。这些数字表明，此战清军的后勤运输压力非比寻常。

和首征金川一样，这五年来清军所需军粮、饷银及军用辎重等物资，主要靠驱使夫役在崎岖山地和雨雪不断的恶劣条件下完成。乾隆三十八年秋，南路山险路长、天寒雪早，该处军粮亟须预筹，转运亦尤为吃紧。① 乾隆三十八年十二月阿桂等奏："前此桃关、卧龙关一带水发，运道即阻滞半月，军营及沿途各站若非稍有积储，恐致贻误。"② 乾隆三十九年深秋，日尔拉一带气候过寒，风雪很大，使粮运阻隔。③乾隆四十年正月天气和暖，积雪渐消，粮道泥泞。④ 另据《宫中档乾隆朝奏折》，乾隆三十八年十二月二十日颜希深奏称："丹巴所需米粮距省站远，且多高山险路，时值寒冬，挽运维艰。"为保障军营军粮无虞，只好"将内地运道米石源源滚运，并截留附近丹巴之甲角粮站存贮"。⑤乾隆三十九年七月十一日前线官员合奏："查本年七月初七日，据摄理汶川县事署打箭炉同知张依仁、署灌县事涪州知州王宓禀称各该县境内于六月二十八九日，及七月初一二三等日连日大雨，山水陡发，桥道多被冲损，粮运军火不无阻滞。"⑥

此外，各路粮台不是固定不变的，要随军营移动而变化。大批夫役负重往来各站台之间，于道途险远之外，再遇冰雪冻滑天气，其艰难自不待言。《金川档》载："（乾隆三十九年正月）富勒浑等奏安设粮台随阿桂大营前进，按站接济……至谷噶军营一路树木丛杂，道路险仄，冰凌难行。"⑦ 乾隆三十九年二月，"据阿桂等奏：'新开楸底运路夫粮贻误。'""文绶等折稿称：'山高雪大，须待春深。'"⑧ 乾隆三十九年十一月上谕："据称现准富勒浑等咨送奏稿内称：'日尔拉山风雪交加，（粮运）不无积滞。'""查前据刘秉恬奏至日尔拉督催粮运，见该处气候过寒，风雪甚大。"

① 《清高宗实录》卷 942，乾隆三十八年九月庚申。
② 《宫中档乾隆朝奏折》第 33 辑，第 625 页。
③ 《清高宗实录》卷 969，乾隆三十九年十月壬寅。
④ 《清高宗实录》卷 975，乾隆四十年正月庚午。
⑤ 《宫中档乾隆朝奏折》第 34 辑，第 17 页。
⑥ 《宫中档乾隆朝奏折》第 36 辑，第 58 页。
⑦ 《金川档》第 3 册，乾隆三十九年正月二十八日阿桂、富勒浑等奉上谕，第 2041 页。
⑧ 《金川档》第 3 册，乾隆三十九年正月二十八日阿桂、文绶奉上谕，第 2161 页。

"经奉谕旨令富勒浑等趁此晴霁上紧赶运。"①

各路军营存粮一旦趋紧，军心必然会受到影响，进而便会影响到战事进程。是故，乾隆皇帝和前方将领对金川战役后勤运输一事不敢稍有懈怠。后勤官员唯有不断督促大批夫役栉风沐雨、履冰冒雪赶运，并竭力开拓新运道、修砌因雨雪而受损的道路。以《宫中档乾隆朝奏折》相关记载为例，乾隆三十九年二月初四日文绶、刘秉恬奏："臣等率同查礼由楸砥前赴新路……惟中间翻过日尔拉山，气候阴寒，上下数十里，雪深数尺，山顶了口高峰对峙，路出其中，两山积雪时复坠落，压塞路径。询之土蛮，佥称需至三月望间，水雪方可渐融。"② 是年三月郝硕奏："伏思自春徂夏，雨水渐多，沿途道路桥梁恐有坍损之处，背夫难以跋涉。查自桃关至楸底旧路久经开修平坦，但往来日久或因雨水冲塌，自应及时修砌以利遄行。"③ 同年三月十三日刘秉恬奏："臣现与松茂道查礼轮流前赴日尔拉一带，往返查催，设法鼓励众夫，务使人各踊跃争先将上站滚到米石，随到随运，迅速前进。"④ 该年四月初二日文绶奏："其口外桥梁道路现当雨水时行之候，业经通饬随时修补，以利遄行。"⑤ 又七月十一日奏称："查本年七月初七日，据摄理汶川县事署打箭炉同知张依仁、署灌县事涪州知州王宓禀称：'各该县境内于六月二十八九日，及七月初一二三等日连日大雨，山水陡发，桥道多被冲损，粮运军火不无阻滞，现在赶紧修理，文报溜索过渡等。'"⑥ 这些奏报从侧面反映了清军的各项后勤运输工作，除了要面对路途险远这一不利因素外，其还不时遭遇恶劣天气阻滞。

随着战时拉长，前方官员也不再讳言后勤运输频遭雨雪阻遏的事实。乾隆三十九年九月初九日湖广总督、署四川总督文绶奏："一交十一月雪大草枯，乌拉归巢，更难挽运。"⑦ 乾隆三十九年九月十六日四川总督富勒浑奏："伏查西路军粮本属充裕，缘六月二十八至七月初三等日大雨连绵

---

① 《金川档》第4册，乾隆三十九年十一月初六日谕，第2767、2768页。
② 《宫中档乾隆朝奏折》第34辑，第481页。
③ 《宫中档乾隆朝奏折》第34辑，第765页。
④ 《宫中档乾隆朝奏折》第34辑，第865页。
⑤ 《宫中档乾隆朝奏折》第35辑，第165页。
⑥ 《宫中档乾隆朝奏折》第36辑，第58页。
⑦ 《宫中档乾隆朝奏折》第36辑，第611页。

冲塌桥道，粮运稍稽阻。"① 乾隆三十九年九月十七日湖广总督、署四川总督文绶奏："时已秋杪，口外严冬冰雪载道，挽运倍艰。"② 乾隆三十九年十月二十六日颜希深奏："近日北路滚运稍稀，查系碧雾山雪大风高所致。"③ 还须指出，即便将米面等军需物资运到营地，也未必万事大吉，山地雨雪多，稍不注意，粮食就会因潮湿而霉变。乾隆三十九年四月二十一日富勒浑等奏："现值阴雨连绵而乘时赶运亦足以资接济。第雨水过多，恐存站之米不无霉变之虞。复将续行调到垫席、棕单分拨各站加厚遮盖，俾免潮湿。"④

（二）不利天时对清军军事行动的阻遏

金川多雨雪的气候特点的确给清军的后勤运输带来巨大的困难，甚至一度出现某路军粮储备不足旬日等紧急情况，但清廷还是通过大量征集内地民夫及金川附近诸司擅长负重行山路的土民，同时征用乌拉驮载（很多台站之间无法使用畜力）等措施，基本保障了粮米、银两、军事辎重等物资的供应。也就是说，后勤运输所遭遇的恶劣气候的挑战，清廷最终都以大量人力、物力为代价努力加以克服。而具体到大批清军在两金川等地行军打仗就没有这么顺利了。不利天时使得官兵的多次进攻受阻，防守也更加困难，并且影响了军心和士气，以致上至乾隆皇帝，下至军队统率都为之愤懑不已。

首征金川期间，新任陕甘总督和清军统帅张广泗抵达小金川美诺寨后，于乾隆十二年六月底决计分兵十路进剿大金川。不想，金川土司莎罗奔为避免与清军正面交战，将土兵撤至勒乌围和噶尔崖官寨周围固守。大金川腹地山高碉密，各处要隘防范甚严，以致枪炮俱不能迅速攻破。鉴于以碉逼碉、挖地道之术均无效，张广泗转而改用火攻，即令兵丁砍柴，堆积在碉楼附近，临攻时，用巨木做挡牌迅速将柴木运至城下，点火焚烧，再同时施放枪炮，然则，不是冬春冰雪覆盖便是夏秋阴雨连绵，以致火攻

① 《宫中档乾隆朝奏折》第 36 辑，第 746 页。
② 《宫中档乾隆朝奏折》第 36 辑，第 771 页。
③ 《宫中档乾隆朝奏折》第 37 辑，第 405 页。
④ 《宫中档乾隆朝奏折》第 35 辑，第 367 页。

仍不能奏效。[①] 张广泗竟在奏折中哀叹："攻一碉不啻攻一城。"[②]

首征金川期间，除火攻因天时不利而未能达到预期效果外，清军还因金川等地雨雪不断而长期陷入进退无措的局面。乾隆十二年九月、十月间，鉴于金川地险碉坚，天气转寒，难以速战速决，乾隆皇帝曾考虑是否要派出作战能力更强的旗兵，但也因天寒路远，一路难以料理而作罢。[③]面对清军一时进退无措的现实，乾隆皇帝只好让大军以防守为主，谕令或应暂行退驻向阳平旷之地，同时酌留官兵防守，等春间雪融再进兵。[④] 这样一来，清军顿兵不前，自然要坐费粮饷，并将失去已占据的要隘，待开春再进攻便更困难，还可能造成军心不稳，士兵斗志低迷，是故，张广泗坚持不撤兵，承诺来年二、三月间可以克捷。[⑤] 乾隆十二年年底张兴失事后，战局对清军更为不利。乾隆十三年四、五月间，清军须待山雪充分消融后才能分路攻碉，速战速决亦无从谈起。入夏后又多雨，七月仍因暑雨水不断，进剿金川之事一时难以就绪，无奈之下只好驻待秋晴。[⑥] 然则，入秋近半月，两金川等地又雨雪频繁，以致"官兵将作何行止，尚无计划"。[⑦] 乾隆皇帝对这种坐守战局的状况愤懑不已，抱怨大金川等地夏秋淫雨，冬春冰雪覆途，而官兵则夏秋动辄坐守竟日，冬间不能日事攻战。[⑧]岳钟琪欲带兵做一番努力，于乾隆十三年十一月二十一日兵分五路夜攻塔高山梁，但木城被水冻住。[⑨] 令乾隆皇帝颇为恼火的是，乾隆十三年五月间阴雨连旬，竟使清军原拟在大金川土民收麦时进攻并踩踏、焚烧麦地的计划亦未能实施。[⑩] 他一心盼望清军能趁天晴可进则进，然而转眼冬寒雪大，官兵不能发动进攻，只好修碉日夜固守。[⑪]

金川及其邻司地区雨雪不断的气候使得清军无论进攻还是防守均倍加

① 王戎笙主编《清代全史》第4卷，方志出版社，2007，第259、260页。
② 《清高宗实录》卷300，乾隆十二年十月丙寅。
③ 《清高宗实录》卷299，乾隆十二年九月丁巳。
④ 《清高宗实录》卷299，乾隆十二年九月丁巳。
⑤ 《清高宗实录》卷305，乾隆十二年十二月乙亥、乾隆十二年十二月甲申。
⑥ 《清高宗实录》卷318，乾隆十三年七月乙未。
⑦ 《清高宗实录》卷319，乾隆十三年七月庚戌。
⑧ 《清高宗实录》卷324，乾隆十三年九月己未。
⑨ 《清高宗实录》卷330，乾隆十三年十二月乙未。
⑩ 《清高宗实录》卷321，乾隆十三年闰七月辛未；卷322，乾隆十三年八月戊子。
⑪ 《清高宗实录》卷328，乾隆十三年十一月丙辰。

困难。讷亲作为经略初抵军营，便遭到大金川人昼夜冒雨进攻军营。① 大金川人原本就熟悉地形，善于翻山越岭，还积极利用雨雪、大雾天气向清军营盘发动袭击，只会令官兵更加被动。甚至，清军在无风雪时攻木耳金冈，夺取正酣之际，又因突降大雪，只好待天晴再图进取。② 乾隆十三年五、六月间，清军奋力攻入碉卡前，或因大雨如注火绳尽湿以致难以施战，或因大雪收兵。③ 面对如此难以措手的战局，乾隆皇帝不禁叹曰："至大金川之事，调集如许重兵，不以为崇山密箐，地险难攻，则以暑雨雪寒，天时不利，以致历时久，顿师不前。"④ 乾隆十三年八月，清军进剿阿利山似乎稍有起色，却"正在布置间，适值天雨，迄今数日雨雪昼夜连绵，以致不能攻扑"。⑤ 乾隆十三年冬，因天气寒冷难耐，清军各路进兵无望，几乎是坐待春晴。乾隆十四年正月，乾隆皇帝在上谕里表示深悔"从前不知其难，错误办理"。⑥

由上述史料可知，在很大程度上，金川及其邻司地区雨雪频仍的不利天时，使得清军首次进剿金川的过程非常被动、难堪。从乾隆十二年至乾隆十四年初，当地不是仲夏暑雨，不利进兵，便是冬寒雪大，不能发动进攻。即便是待到晴日发动进攻，也会被突降大雨、大雪或寒冰、融雪所阻，不得不中止行动。由此看来，清军第一次进剿金川，川陕总督张广泗进退维谷，战事难以措手，奏曰："天时地利皆贼所长。"⑦ 经略讷亲被处死前称："番蛮之事，如此难办，后来切不可轻举妄动。"⑧ 当俱是肺腑之言。

二十多年后，乾隆皇帝再次用兵金川，目的是要确立清廷在川西土司地区的绝对权威。清军此次进剿行动几乎重蹈前次用兵金川之覆辙——再次饱受不利天时的多重阻遏。

乾隆三十六年，清军先攻打小金川，但小金川土司在清廷正式进兵之

---

① 《清高宗实录》卷328，乾隆十三年十一月己未。
② 《清高宗实录》卷330，乾隆十三年十二月辛卯。
③ 《西南史地文献·平定金川方略》卷8，兰州大学出版社，2003，第136、138页。
④ 《清高宗实录》卷318，乾隆十三年七月辛卯。
⑤ 《西南史地文献·平定金川方略》卷1，兰州大学出版社，第199页。
⑥ 《清高宗实录》卷322，乾隆十四年正月甲子。
⑦ 《清高宗实录》卷321，乾隆十三年闰七月辛未。
⑧ 《乾隆朝上谕档》第2册，第265页；《清高宗实录》卷330，乾隆十三年十二月壬午。

前，已经占据巴朗拉山要隘，并修筑碉卡据险防守。该年八月十三日至十九日连日大雨，清军正进攻巴朗拉，不得不因之撤回山神沟，又因雨雾迷漫，小金川人趁机蜂拥进攻，守碉的瓦寺土兵受惊溃散。① 随后董天弼奏由山神沟进兵德尔密地方，虽有克获，但该地雨雪交加，使得官兵疲乏，只好分兵毕旺拉一路，待机合攻。② 是年冬，两金川等地冰雪凝结、雪后冰冻，致使福昌所领官兵不能速进，并且巴朗拉一带尤难进兵，然而若巴朗拉不能攻克，官兵进援之路便被隔绝。③ 该年十一月初九日，小金川人趁大雪劫掠董天弼军营，董被迫撤退至甲金达山，牛厂一带再一次被小金川人占据。④

乾隆三十七年初，面对金川地险雪深难以进攻的情况，乾隆帝只得谕令各路将领不可一味催促进兵，免失军心。⑤ 这年三月天气偶有晴暖，但许多地方四、五月间仍有大雪或连阴雨雪，于是寄望夏秋进兵较易，然则，到了七、八月间竟雨雹交作，并因风雪雨雹，天气寒冷，官兵只好放弃已得之甲尔木山梁。⑥ 当地十月大雪，而大雪之后又难以仰攻，于是令官兵修木栅，却因冰冻难掘取石头。⑦ 该年年底出现晴霁和暖天气，军中士气倍扬，这也表明严寒多雨雪天气对士气甚有影响。⑧

乾隆三十八年正月，当噶尔拉山岭下险坡冰雪很厚，清军一时难夺取。⑨ 是年二、三月之际，阿桂一路山高雪大、连日雪雾，兵力实难施展，只有待晴日方能进兵。其中昔岭自二月二十七日后大雪数日，高处积雪二三尺，雨雪不止，冰滑雪深，该处官兵因雪深冰滑，进攻大碉，难于措手，竟至逼挖碉根，亦因雨雪不止而结卡歇息；丰升额一路趁夜进剿却为

---

① 《清高宗实录》卷892，乾隆三十六年九月戊申；卷896，乾隆三十六年十一月丁酉。
② 《清高宗实录》卷892，乾隆三十六年九月辛丑。
③ 《清高宗实录》卷890，乾隆三十六年八月己卯。
④ 王昶：《蜀徼纪闻》，载张羽新主编《中国西藏及甘青川滇藏区方志汇编》。
⑤ 《清高宗实录》卷902，乾隆三十七年二月丙寅。
⑥ 《清高宗实录》卷907，乾隆三十七年四月癸未，乾隆三十七年四月甲午；卷909，乾隆三十七年五月丙辰；卷915，乾隆三十七年八月戊寅。
⑦ 《清高宗实录》卷919，乾隆三十七年十月乙酉。
⑧ 《清高宗实录》卷923，乾隆三十七年十二月丙子。
⑨ 《清高宗实录》卷924，乾隆三十八年正月庚子。

风雪所阻，而且当日噶尔拉山崖下午融冰，于是官兵不得不撤退。① 乾隆皇帝一心盼望从此天时渐暖，冰消雪化，进攻易于得手，② 但是阿桂一路于闰三月初九日进攻遇雪阻，闰三月十八日遇风雪后又连日雪雾，不得不暂时撤兵。③ 四月，乾隆皇帝感慨："近来各路俱为冰雪所阻。"④ 五月，温福等攻打昔岭又遇雨雾，阿桂等分两路进攻，亦因遇大雨撤兵。⑤ 入秋，南路天寒雪早，北路宜喜一带山高风大，七、八月便下大雪，仍难以进剿。⑥

乾隆三十九年正月大雪封山，以致大军不能辨路径，不得不撤回藏格桥，而凯立叶山深、雪大、路滑，官兵未能攀越，日旁、宜喜一带官兵则因山阴积雪冰冻未能前进，伍岱等亦因路险雪滑暂撤兵。自开年以来，两金川等地一直冰雪严寒，乾隆皇帝令阿桂速祈晴，以邀上天眷佑以利进兵，足见当地寒冷天气对清军进剿的阻碍之深。⑦ 然而，三月初七日该地又雪雾迷漫，大金川人乘机偷劫营盘；五月中旬仍雨雪大作，甚至六月初一日下大雪，随后雾气转大，大金川人又趁雾修复石碉；⑧ 秋间，明亮一路正围裹两碉紧要时，突遇大风大雨，只得停止进攻，要等山路微微干燥后，才能督同进剿。⑨ 海兰察一路，因七月初八日寅丑之交忽降阵雨，"胶泥滑溜更甚"，只好撤兵。⑩ 八月廿五日子刻，正当官兵围裹两碉紧要之时，忽然猛雨狂风大作。⑪

乾隆四十年正月，战事已经进入第五个年头，清军的进剿行动受当地

① 《清高宗实录》卷 928，乾隆三十八年三月庚寅、乾隆三十八年三月甲辰；卷 929，乾隆三十八年三月丁未、乾隆三十八年三月己未；卷 930，隆三十八年闰三月辛酉、乾隆三十八年闰三月壬戌。
② 《清高宗实录》卷 930，乾隆三十八年闰三月甲戌。
③ 《清高宗实录》卷 931，乾隆三十八年闰三月己卯；卷 932，乾隆三十八年四月己丑。
④ 《清高宗实录》卷 932，乾隆三十八年四月壬寅。
⑤ 《清高宗实录》卷 934，乾隆三十八年五月甲子；卷 935，乾隆三十八年五月丙子。
⑥ 《清高宗实录》卷 940，乾隆三十八年八月庚子；卷 942，乾隆三十八年九月庚申。
⑦ 《清高宗实录》卷 951，乾隆三十九年正月壬申、乾隆三十九年正月戊寅；卷 952，乾隆三十九年二月甲申。
⑧ 《清高宗实录》卷 955，乾隆三十九年三月丙子；卷 959，乾隆三十九年五月丁丑；卷 960，乾隆三十九年六月丙申。
⑨ 《清高宗实录》卷 966，乾隆三十九年九月庚申、乾隆三十九年九月丙寅。
⑩ 《金川档》第 3 册，乾隆三十九年七月二十三日阿桂等奉上谕，第 2459 页。
⑪ 《金川档》第 3 册，乾隆三十九年九月初十日阿贵等奉上谕，第 2617 页。

雨雪天气制约的状况依旧。该年春间多雨雪，官兵长此坐待晴日，乾隆皇帝屡次催促将军等上紧筹办，不可以雨雪为辞；从三月至四月宜喜沿河一带大雪；四月十六日后连日大雪，明亮一路进兵受阻；五月间仍不时下大雪、大雨，西路、南路进兵均受阻遏；进入六月，清军进剿又遭大雨阻滞，阿桂一路发起进攻未能如计克敌；秋后雨水不断，各路作战计划多受阻，乾隆皇帝只好以"番地冬令天气多晴"① 自我宽解。

《金川档》亦载："（乾隆三十九年正月）据丰升额奏官兵至卡立叶山顶正欲觅路上山，官兵由林内四面仰攻，直扑贼碉，此碉在山峰上，又值雪后路滑，贼人知觉，用枪石抵御，官军不能久驻。"② 乾隆三十九年二月，"上谕：'据称自登古进攻只有一层险隘，实可望其得手，但现在雪深冰冻，难以措足'"。③ 又谕："阿桂正拟于次日派兵进攻，是晚雷雪大作，继复连日大雪，甚为可厌。"④ 不久，又谕曰："惟望其（阿桂）迅速成功以邀茂赏，所嫌番地春月雨雪较多，用兵适当其时，致稍羁阻。"⑤ 此时正值进剿大金川初期，几个月来因连日下雪，清军诸多进剿行动均受到极大制约，没能如期制胜。即便是乾隆四十年清军攻克大金川勒乌围官寨后士气高昂，欲趁势进攻噶喇依，却也遭连日大雨，给西、南两路清军之行动均造成极大阻滞，乾隆皇帝愤而认为是大金川人因情势窘迫，用扎答求雨所致。⑥

总之，清军首征金川，伤亡惨重，所费不菲，不仅未能速灭金川，反而长期陷入进不能前、退则失已据守之地的困境。清军如此狼狈，固然有金川地势险恶、碉卡防守严密、枪炮难以攻击、对困难估计不足等主客观原因，但清军在金川等地极少遇到天晴、气温适宜、道路坚硬便于官兵攀爬山岭作战的有利天时、地利，亦是这次进剿颇为不易的重要原因。至第二次进剿金川，清军在作战心态上远比第一次征讨金川坚定、自信，且投

---

① 《清高宗实录》卷974，乾隆四十年正月庚戌；卷975，乾隆四十年正月庚午；卷981，乾隆四十年四月甲午；卷982，乾隆四十年五月壬子。

② 《金川档》第3册，乾隆三十九年正月二十四日阿桂、丰升额等奉上谕，第2015页。

③ 《金川档》第3册，乾隆三十九年二月十三日阿桂、丰升额等奉上谕，第2113页。

④ 《金川档》第3册，乾隆三十九年二月二十九日阿桂、丰升额等奉上谕，第2200页。

⑤ 《金川档》第3册，乾隆三十九年三月初二日阿桂、丰升额等奉上谕，第2215页。

⑥ 《金川档》第5册，乾隆四十年九月初十、十一、十三日奉上谕，第3497、3501、3505页。

入的人力物力也多得多，但官兵从初定小金川，继而进剿大金川受挫，到再定小金川和最后平定大金川，过程仍极为曲折艰难，遭到当风雪雨雹之阻遏比首征金川有过之而无不及。

（三）大批士兵和丁夫役连年遭雨雪摧残

行军打仗从来都是苦差事。清军经年累月在山高路险、长年多雨雪的露天环境中与大小金川人作战，自然更加辛苦。讷亲以经略身份抵达军营督办军务时，乾隆皇帝不忘在谕令中关照曰："山寒气恶之区，首以保重身体为要。"① 实际上，军中将领有自己的专用大营，各方面的条件比普通军士要好得多，倒是大量兵丁和为其服务的余丁，以及数十万在粮台和塘站之间经年服役的夫役，长期暴露在金川等地雨雪频仍、寒冷难耐的恶劣气候环境中，他们的处境必定相当艰苦。这种糟糕的处境又会影响到清军的后勤运输进度和军心、士气，最终会对战争进程产生诸多不利影响。一些兵丁和夫役不堪忍受这种生存处境的折磨而选择铤而走险，不惜亡命徼外为奴。②

首先具体考察首征金川期间夫役和兵丁所受天气之摧残状况。进兵金川头一年秋天，张广泗奏报川省早寒，部分地方已经连下大雪，乾隆皇帝根据这一奏报，又联想到金川地近雪山，推想前线已经冰霜严寒，担心官兵堕指裂肤，难以取捷；一年之后，乾隆皇帝又据各路奏报逐渐总结出金川所在地为冰雪冱寒、瘴疠暑毒之区，不禁感叹"士卒两年以来重罹锋镝饥寒之苦"。③ 另外，从大小金川地区长期多雨，以致军中帐房尽皆破烂的情形不难想见，数以十万计的士兵宿营时当饱尝风寒雨雪侵袭之苦。④ 张广泗等还奏称马良柱驻兵曾达时，粮运不继，常缺粮二三日及四五日不

---

① 《清高宗实录》卷320，乾隆十三年闰七月己未。
② 笔者目前还没有从相关档案史料或官书的记载中获得这方面的证据，但在田野调查中屡次听到嘉绒藏人谈到有一些清军兵丁和被迫来服役的夫役逃到两金川没有被清军攻打的僻险寨落当"娃子"谋生。笔者以为，这种说法不一定完全没有根据，但更多的人应当是设法逃回内地，毕竟在言语不通、习俗不同的地方当"娃子"与在雨雪中转运军需物资相比并无多大吸引力可言。
③ 《清高宗实录》卷299，乾隆十二年九月丁未、乾隆十二年九月丁巳；卷326，乾隆十三年十月庚寅。
④ 《清高宗实录》卷329，乾隆十三年十一月丁丑。

等，大雪时竟有缺至七八日并十余日。① 乾隆十三年年底，傅恒赴金川途中看见陕西、云南受伤遣回的兵丁，个个弊衣垢面，几无人色，问知其在军营及打仗时亦穿此衣，亦感慨这些士兵甚可怜悯。② 众多士兵不仅要面对强悍善战的金川土兵，还要长期遭受冰雪风雨之摧残，于是不少人不惜冒死当逃兵。③

比之兵丁，那些为保障军需而被强行征调的大批夫役遭到雨雪和大风天气之摧残更厉害。西路粮台，俱峻岭偏坡，其中如天舍山、纳凹山、班兰山最为陡险，积雪泥泞，乌拉难行，不得不用夫负运。南路则向用乌拉，连年乌拉倒毙。近处各司土民半数被调出征，所余土民，即使尽数供役，仍不敷用，以致川省产米丰饶，不患米谷不充，而患运送不继。内地民人，令赴军营，便惮艰险。川西草坡一路，因奔拉雪山，险隘异常，山险兼有瘴气，结果夫役多逃亡病故。④ 赴沃日和党坝两路的夫役甚至被雪光伤及双目。⑤ 须指出的是，一开始夫役们只有背负物资的一面路程才有口粮，回空没有任何补贴，唯有空腹返回转运台站。然而，背负重物爬山涉险非常耗费体力，经年暴露在多雨雪的山地环境中又缺衣少食，无栖身歇息的处所，许多夫役逃走。内地民人则视入川服役为畏途，而巴塘土民为不服因清军征金川而承担的兵役和夫役，不惜毁桥挖路相抗。⑥

为确保后勤供应无虞，乾隆皇帝严令负责军粮运输的官员，须严密监督各台站人夫的运输工作，不得因天寒路远稍有懈怠。起先，面对内地民夫和各司派夫均不堪役使的现实，乾隆皇帝辩称"川省军兴以来，挽粟飞刍，动支正项，并不丝毫扰累闾阎，但一切夫马支应，未免有资民力"，甚至粉饰道："该处小民，踊跃应募，甚属可嘉。"⑦ 为了顺应乾隆皇帝，班第将"极诉民情之疲惫，夫马之艰难"的鹿迈祖罢斥，乾隆皇帝则谕令将鹿氏正法，再次声称："一切供亿。即派之民间。亦分义所当然。况现

① 《清高宗实录》卷321，乾隆十三年闰七月丁丑。
② 《清高宗实录》卷331，乾隆十三年十二月丁酉。
③ 《军机处录副奏折》（缩微胶卷号589—591）中有不少关于金川战役逃兵的奏报。
④ 《清高宗实录》卷314，乾隆十三年五月戊子。
⑤ 《西南史地文献·平定金川方略》卷2，兰州大学出版社，2003，第44页。
⑥ 《清高宗实录》卷318，乾隆十三年七月辛卯。
⑦ 《清高宗实录》卷331，乾隆十三年十二月乙亥。

在俱系发价。丝毫不以累民。"① 最后，乾隆皇帝亦不得不承认挽运军需，全资民力，其艰苦视内地倍甚。②

至清军首征金川受降前夕，乾隆皇帝深恐数万兵丁和所征大批内地民夫因不堪恶劣天气及繁重劳役的摧残，进而铤而走险，引发变乱，因此，1749 年正月乾隆皇帝决意从金川撤出新集聚的包括旗兵在内的数万官兵。③ 不无讽刺的是，为了节省运费，乾隆皇帝不得不谕令将夫役冒雨雪、履寒冰拼死赶运到营地的大批军粮，赏给跟随清军打仗的川西土司和土民。④

二十多年后，清廷又因两金川侵占邻司土地攘夺不已而再次发兵进剿。此番进兵，兵丁和夫役更是长期经受严寒、多降水天气之严酷考验。乾隆三十六年九月，德尔密地方雨雪交加，官兵裹带干粮，已经八日未生火做饭；乾隆三十七年四、五月间尚有大雪，有的地方连阴雨雪，官兵单帐栖身，为之疲困，还要严防小金川人劫营。⑤ 将军温福亦承认："官兵由功噶尔拉翻山而过，冲雪凝冰，颇为不易，兼以山高气冷，扑碉防卡尤属艰苦。"⑥ 乾隆三十八年十月初四日，上谕"询之刘秉恬，据称在木果木军营，见其地气候恶劣，兵丁未免过苦"，"阿桂则称刘秉恬曾向其言木果木兵丁疲困，衣履不堪"。⑦ 此外，因地方办解御寒衣物迟延，以致隆冬季节，大部分兵丁连单夹衣都没有。乾隆三十九年十一月舒赫德具奏："据马尼一路现有楚兵二千三百四十名，衣履御寒之具前于本年三月间即行该省赶办去，后待至九月间仍无来信，该省本年夏间既奏明办解单衣夹物尚未解到，复于八月间又奏解饷来川赶办皮衣等项，直至十月初八日仅止解到单夹衣物四百七十余副，散给尚不及现兵十之二三，时已即单夹衣具与兵丁等毫无所补，必须赶办皮棉衣物以资御寒。"⑧ 攻打大金川碉寨极为不易，官兵经受锋镝之苦外，冲锋陷阵之际还要忍受雨雪天气的折磨，如阿

---

① 《清高宗实录》卷 332，乾隆十四年正月壬子。

② 《清高宗实录》卷 331，乾隆十三年十二月戊申。

③ 《清高宗实录》卷 332，乾隆十四年正月壬子。

④ 《清高宗实录》卷 333，乾隆十四年正月乙丑。

⑤ 《清高宗实录》卷 892，乾隆三十六年九月辛丑；卷 909，乾隆三十七年五月丙辰。

⑥ 《西南史地文献·平定两金川方略》卷 54，乾隆三十八年三月己未，第 177 页。

⑦ 《金川档》第 2 册，乾隆三十八年十月初四日阿桂等奉谕，第 1540~1541 页。

⑧ 《金川档》第 4 册，乾隆三十九年十一月二十四日奉朱批，第 2853 页。

桂率兵"攻克如许碉寨，亦系夜雨泥涂，层层破险而进"。①清军逃兵问题的严重亦表明军行之苦难耐，阿桂曾奏川省逃兵多至八九十名。②

与专事攻剿和防御之兵丁相比，这五年间负重而跋山涉水的众多夫役之境遇更加不堪。乾隆三十九年初，日尔拉山一带气候阴寒，积雪深达数尺，附近夫役歇宿的松棚便搭盖在积雪上；又，乾隆四十年正月，天气稍微和暖，积雪渐消，粮道泥泞，夫役们运送粮草及其他军需物资当十分艰辛；清廷亦不得不承认每遇秋冬初春时节冰雪载途，背运物资的人夫多致失足。③由此，征夫之苦可见一斑。据《金川档》知，"（乾隆三十七年九月负责后勤官员奏报）查各站原设人夫，多有逃亡、疾病者，现在存站之夫甚少，粮米每至停留"，乾隆皇帝览此奏后亦感慨"各夫仆仆于道"。④

另据《宫中档乾隆朝奏折》可以更深入地了解第二次打金川时各站夫役的悲惨遭遇。乾隆三十八年九月十五日富勒浑奏："跟达桥、格节萨二站公被水之店民舒在等二百九十名"，"内有仅存身命之店民李先毓等二十四名"，"又在站被水各县长夫六百五十三名"，"又淹毙在站各县长夫七十二名"。⑤乾隆三十八年十二月初八日富勒浑奏："西路大兵乘胜长驱直抵美诺、鄂克什，粮台随后赶紧安设，夫棚、粮房赶建未及，所有接收滚到粮食暂贮碉楼之内，到站人夫即在碉下栖止。十一月十七日四更时分，碉下站夫因天气严寒向火，一时睡熟，火沿碉内朽木，以致碉楼底板被焚。"⑥乾隆三十九年三月初一日刘秉恬奏："新开道路沿途卖食铺户稀少，商人等所雇背夫到彼买食维艰，夜间又无住宿之所，背过一次之后，或不免生畏阻之心。"⑦乾隆三十九年十月十二日刘秉恬奏："（日尔拉站）气候恶劣，道路险峻，不无疾病跌伤之人。"又奏："该处连日风雪交作，人夫背运维艰，过山之米比前减少。""但闻该站人夫因背米过山冒寒疾者甚多，而逃亡者亦不少。""惟是日尔拉山势本为陡峻，气候更加凛冽，目下

---

① 《金川档》第5册，乾隆四十年九月二十二日阿桂等奉谕，第3546页。
② 《金川档》第3册，乾隆三十九年二月二十三日文绶奉谕，第2223页。
③ 《清高宗实录》卷953，乾隆三十九年二月癸丑；卷975，乾隆四十年正月庚午；卷993，乾隆四十年十月甲午。
④ 《金川档》第3册，乾隆三十九年二月二十三日奉谕，第2177页。
⑤ 《宫中档乾隆朝奏折》第33辑，第201页。
⑥ 《宫中档乾隆朝奏折》第33辑，第673页。
⑦ 《宫中档乾隆朝奏折》第34辑，第747页。

自山脚至山顶，一望遍山皆雪，行至山腰即有非常之风，而粮运道路冰雪凝结，甚为险滑。虽不时开修阶梯，不过半日一经人迹行走，仍复淹没，是以运粮人夫，每每有冒寒成病，并失足跌伤者。"① 甚至"押差夫头亦俱潜逃"。②

因雨雪过多，运输道路或途经之桥梁损坏，一些夫役不得不在空隙时间参加开挖或疏导运路的工程，这势必加大他们的劳动量，侵占其休息时间。刘秉恬奏查看楸底新开饷道一折内称："松茂道查礼亲身督率各员，冲风冒雪领夫役上紧赶办，将八站新道均修理工竣。"③ 乾隆三十九年三月初一日刘秉恬又奏："臣自谷噶前赴楸坻查办新路一切事宜，因日尔拉山下之山脚站地土过于阴湿，拟于站基周围挖壕一道以资宣泄之处。当经奏明在案。嗣即派令弁兵，督同该处夫役于背米之暇上紧开挖。"④ 乾隆三十九年三月郝硕亦奏："惟梭洛栢古前至谷噶一路，中有从沟内行走十数里始抵山坡，其间树木丛杂、溪流曲绕，虽前经拨夫修整，因彼时水雪在途未曾消化，现在晴明日久，天气和暖，两山及沟内雪水渐次消融，不但路多泥泞，亦且水势渐长，将来一入夏令雨水连绵，虑多阻滞。奴才即督率梭洛栢古站员、人夫前往相度形势，砍伐树木，改建高桥，并于山腰逼窄处开削宽平。"⑤ 乾隆三十九年五月十一日富勒浑、郝硕奏："现在大板昭一带后路并无贼人窥伺，臣等仍督饬将弁等昼夜严密巡防以免疏虞。惟近日雨雪过多，山水间发，沿途桥梁道路不无冲损。臣等业经分饬该管道府督率各站员逐段查勘，重加修理，以利递行。"乾隆三十九年六月初二日颜希深奏："两月以来雨水过多，桥梁道路扎饬各站员遇有冲刷即休整。"⑥

无疑，在两征金川的山地持久战中，处境最为悲惨的是数以十万计的处于军队金字塔最底层的兵丁和被迫应征的数十万夫役。前者除了面临战死或负伤致残的危险外，还得连年忍受异乡雨雪频繁天气带来的诸多困难；后者白日里不论风霜雨雪必须在极难行走的密林仄道中负重前行，夜

---

① 《宫中档乾隆朝奏折》第37辑，第233、234页。
② 《金川档》第4册，乾隆三十九年十一月十七日内阁奉，第2799页。
③ 《金川档》第3册，乾隆三十九年二月初十日内阁奉上谕，第2089页。
④ 《宫中档乾隆朝奏折》第34辑，第746页。
⑤ 《宫中档乾隆朝奏折》第34辑，第765页。
⑥ 《宫中档乾隆朝奏折》第35辑，第494、580页。

间只能在松枝搭建的窝棚里歇息，且食不足果腹，衣不足御冷，冒寒得病及跌伤之余，还可能因失足而命丧悬崖。

三　清廷对金川"非时雨雪"的艰难应对

大小金川土司及其邻司僻处川西一隅，清王朝在对两金川进行武力征服并实施"改土归屯"之前，一直将这一带视为"徼外""化外"[1]之地，对该地的自然环境的了解十分有限，甚至相当陌生。正是随着战争的逐步推进，清军慢慢深入大小金川腹地，乾隆皇帝和前线将领才日渐认识到当地气候与内地迥异，即所谓"番地冬三月尚有晴霁之日，交春以后雨雪渐多，至夏不止"，[2]并深刻感受到当地特殊天气状况对清廷征剿行动造成的多重制约。面对当地恶劣天气对两次征服行动的掣肘，乾隆皇帝依靠前线将领奏报中对当地天气的描述，将其与内地气候作比照，并根据已有的统治经验，提出各种应对不利天时的策略。前方将领则根据其亲身经历总结作战地区的天气特点，视当时的情况采取具体措施去应对恶劣天气对后勤、战争进程等造成的不利影响。然而，在两征金川战役中，特别是第二次金川战争期间，乾隆皇帝提出的种种应对当地不利天时（即其谕令中的"非时雨雪"[3]）的措施几乎毫无成效，这也从侧面反映了天气几乎成了清军进剿金川难以克服的障碍。同时，这些"非时雨雪"又成了金川土司和土民对抗清军的有利条件，为其防御和偷袭官兵提供了很好的辅助。

（一）派善扎答者赴军营止雨雪

乾隆皇帝在面对金川等地所谓反常的雨雪天气状况，特别是这种天气阻遏了清兵战绩时，除了倍感愤怒、无奈之余便认定这种邪门天气乃金川人行使邪术所为，即施扎答巫术所致，并从京城派出善扎答术的人员到西、南两路军营施法回阻敌方。《清高宗实录》卷907，乾隆三十七年四月

---

① 《清高宗实录》卷332，乾隆十四年正月辛亥。
② 《金川档》第2册，乾隆三十八年十一月十八日阿桂、丰升额、明亮奉上谕，第1714页。
③ 《清高宗实录》卷959，乾隆三十九年五月丁丑。另见《金川档》第2册，乾隆三十九年某月某日某某等奉上谕。

甲午条曰："……又桂林奏果洲一带山沟，四月初有连日雨雪之事，此必贼番扎答所致。其法在番地山中用之颇效，然亦可用扎答阻回。现派善用扎答之三济扎布、萨哈勒索丕二人，令翼长富虎、章京扎勒桑带领，驰驿分往温福、桂林军营备用。该处番人，及红教喇嘛内，多有习其术者，盖温福、桂林，留心访觅精通扎答之人，随营听用，使贼番技无所施。"显然，在面对金川与内地迥异的气候时，乾隆皇帝只能尝试用自己已经习得的文化认知和熟知的方式去应对。就金川土司地区的所谓"非时雨雪"，他首先能够想到的即这都是巫术所为，应对的办法就是用为朝廷服务的善于祈晴、致雨雪的术士前往军营施法阻回，为清军创造利于进剿的天时条件。

有关扎答祈雨、雪、阴、晴之术，我国正史最早的记载见《北史》卷九七《西域》，曰："其国（悦般国）有大术者，蠕蠕来抄掠，术人能作霖雨、盲风、大雪及行潦，蠕蠕冻死漂亡者十二三。"元人杨瑀在《山居新话》中曰："蒙古人有能祈雨者，辄以石子数枚，浸于水盆中以玩弄，口念咒语，多获应验。石子名曰鲊答，乃走兽腹中之石，大者如鸡子，小者不一，但得牛马者为贵。恐亦是牛黄狗宝贝之类。"①元陶宗仪之《南村辍耕录》亦载："往往见蒙古人之祷雨者，非若方士然，至于印令、旗剑、符图、气诀之类，一无所用，惟取净水一盆，浸石子数枚而已。其大者若鸡卵，小者不等。然后默持密咒。将石子淘漉玩弄，如此良久，辄有雨。岂其静定之功已成，特假此以愚人耶？抑果异物耶？石子名曰鲊答，乃走兽腹中所产，独牛马者最妙，恐亦是牛黄狗宝之属耳。"②椿园在《西域总志》中曾提到喇嘛行鲊答之事，书云："回民及土尔扈特额鲁特人多于暑天长行用以解烈日之酷，谓之下札答。喇嘛下之尤捷。""其札答红色者置水盂中水尽赤，取札答出则依然清水耳。他色皆然。"③霍渥斯在《蒙古史》一书中直接指出这种喇嘛巫术无疑来源于萨满之祷雨。④

---

① 杨瑀：《山居新话》，载《山居随笔（及其他八种）》，中华书局，1991，第23页。
② 陶宗仪：《祷雨》，载《南村辍耕录》卷4，中华书局，2004，第52页。
③ 椿园：《西域总志》卷1，转引自《准噶尔史略》，广西师范大学出版社，2007，第234页。
④ 霍渥斯：《蒙古史》卷4，转引自《准噶尔史略》，广西师范大学出版社，2007，第234页。

一方面，我们不得不承认，金川等地六月飞雪、大雾弥漫、突然风雨大作的诡异天气，以及金川人笃信苯教的现实，的确容易让人联想到扎答祈雨雪之事。况且，早在首征金川时，经略大学士讷亲于乾隆十三年七月曾奏报："查马良柱移营缺粮一案，为雪阻滞属实……又称其人能占卦，弄风雨，遣雷击人。查军中多雨，或诡术所致。至兵被雷击，偶然之事，非其伎俩。"① 虽然当时乾隆皇帝未立即对此做明确批谕，但他已经获得了金川有善致雨雪之人的信息。

乾隆三十八年八月，原在小金川纳尔普寺，后被小金川土司携往金川的喇嘛簇尔齐木拥垄在供词中提到，念经咒人、做扎答是要成了大喇嘛的人才会，现在金川的大喇嘛名叫索诺木甲尔粲，是一只眼，听说他都会这些法术。② 该喇嘛的这番供词必会促使乾隆皇帝坚信所谓"非时雨雪"乃当地会扎答喇嘛为之。于是，前方将领在审讯俘虏时，总不忘问扎答一事并呈奏给乾隆皇帝，如乾隆三十九年九月刑部讯问（萨克甲木）："你该知道并闻金川贼人那里有种咒人、做扎答的喇嘛，你见过没有？"（萨克甲木）供曰："小的住在那里一年见女喇嘛同众喇嘛只是终日念经，也不晓得他们念的是什么经，至害病的喇嘛寺里的人都敬他，不知他有什么本事，并没有见过会做扎答、念咒人经的。"③ 清廷急于知道金川境内到底有哪些喇嘛会扎答，只是没能从这名从金川逃出的杂谷土兵口中获得确切信息。由是可知，乾隆皇帝一再将大小金川等地的"非时雨雪"归结为扎答所为亦在情理之中。事实上，直至乾隆四十年八月，清兵正围攻勒乌围官寨时，刑部才从金川人口中讯知当地堪布喇嘛确实会祈雨之术。④ 笔者在丹巴县和小金县进行田野调查时，曾专门就扎答致雨雪一事询问当地藏民。丹巴县梭坡乡的超武认为，"世间之事，有可解的，有不可解的，苯教高僧祈雨雪很灵验便属于我辈俗人不可解之事，不必大惊小怪"。小金县的杨富刚先生，从小学习苯教经典，当过十四年的喇嘛。他告诉笔者，苯教经典中有专门祈雨雪的经文，但只有造诣甚高之僧人祈雨雪才能成

---

① 《清高宗实录》卷 321，乾隆十三年闰七月丁丑。

② 《金川档》第 2 册，刑部讯问进解到金川番人供词，第 1361 页。

③ 李心衡：《风穴》《瓦板》《风变》，分别载《金川琐记》卷 2 和卷 5，中华书局，1985，第 14、18、51 页。

④ 《金川档》第 5 册，达固拉僧格等人供词，第 3418、3428、3432 页。

功。这表明，迄今大小金川地区的藏民仍相信苯教僧人具有祈雨雪的本事。

另一方面，乾隆皇帝本人对扎答祈雨之事并不陌生，甚至在征两金川之前多次命巴雅尔以扎答术祈雨缓解农业旱情。乾隆十三年（1748年）三月甲午，"上命侍卫巴雅尔驰驿来山东祈雨"。① 蒙古侍卫巴雅尔又于乾隆十九年（1754年）四月奉上谕前往顺德府沙河县、内邱县用扎答术祈雨，成功地缓解了山东、天津、顺德府等处的旱情；此次祈雨事毕，乾隆皇帝更加珍视颁给巴雅尔使用的宫中珍藏的扎答石。② 显然，不论巴雅尔的扎答术是否真如方承观奏文中所言"辄有灵验"③，有一点毋庸置疑，即乾隆皇帝和大臣不仅对扎答祈雨一事有一定了解，还非常敬信扎答石的法力。可以说，乾隆皇帝在第二次攻打金川之前的统治实践中已经采用过扎答祈雨，这为他将金川"非时雨雪"归咎于当地善扎答之人提供了历史经验，也为其坚持派出善扎答人员到军营阻回金川人之扎答术提供了实践依据。

至于乾隆皇帝派遣善扎答者到军营止雨雪这一策略的效果如何，史料阙如。据《清高宗实录》相关记载推测，此举极有可能没有取得实质效果。因为，两年之后乾隆皇帝再次声称大小金川等地五、六月雨雪连绵是邪氛，仍认定此乃金川会扎答者所为，却不再提及用善扎答者施法加以阻止。同样，乾隆三十九年秋明亮一路正围裹两碉时，忽然猛雨狂风大作，乾隆皇帝览奏后，认为这是大金川境内善扎答术者所为，随即，他命令官兵将大金川会扎答者拿获，并重治其罪，还特别指出对抗札达术的办法，即扎答术不过是邪法，将军阿桂等人除了要对此保持镇静外，还应晓谕将佐、弁兵等对其不予理会，从而使大金川人的扎答术自无施。④ 乾隆四十年九月，清军西、南两路进剿行动因连旬大雨而受阻，乾隆皇帝仍认定此乃大金川善扎答术者求雨所致，但不再提到用会扎答者赴营阻回，仅寄希望于九月之后多晴日，以利于清军彻底剿灭金川。⑤

① 《清高宗实录》卷310，乾隆十三年三月甲午。
② 《清高宗实录》卷462，乾隆十九年闰四月壬戌；卷463，乾隆十九年闰四月丁丑。
③ 《清高宗实录》卷463，乾隆十九年闰四月丁丑。
④ 《金川档》第3册，乾隆三十九年九月初十日阿桂等奉上谕，第2616页。
⑤ 《金川档》第5册，乾隆四十年九月阿桂等奉上谕，第3497、3501、3505、3509页。

（二）祈晴、祷祀高山、炮轰雨雪

由前文关于大小金川等地天气状况和特点的分析可知，农历五、六月时大小金川地区的降水强度非常大，除大雨倾盆外，还不时有大雪，但乾隆皇帝坚持认为盛夏时两金川等地大雪始停。乾隆三十八年八月十三日，将军阿桂和副将军丰升额奉上谕曰："向闻番地冬间不甚有雪，必俟正月以后雨雪始多，至夏深始止。"① 因此，乾隆皇帝在得知夏日清军在战事紧要当口屡被雨雪所阻，盛怒之余，为止雨雪以利进兵，先后提出祈晴、祷祀高山以及炮轰雨雪等措施。

乾隆三十九年二月，阿桂等筹度进剿登古，因雪深冰冻难以措手，企盼有两三天晴日使冰雪稍为融化，好秘密发兵抢占大金川人后路，然后长驱直入。乾隆皇帝同意如此办理，但特别指出："此等攻战，胜机全赖上苍鉴佑，以逆酋之罪大孽重，实为天地所不容。""该处正值冰雪凝寒，自当速祈晴霁，阿桂宜秉诚致敬以邀眷佑。惟望阿桂等迅速办妥。"② 八日之后的上谕又称："（阿桂等奏称）此一带岁系雪山，下雪固其常事，而雨雪既久，自必有四五日快晴。一俟冰雪稍消，即使便决机直入，必能迅速摧破。"乾隆皇帝还特别指示："该处既有此情形，自不可不为持重之见，但番地春雪素多，实为可厌，急宜设法求晴，以期遄进。"③ 显然，这次祈晴未见灵验。

乾隆三十九年五月，定西将军尚书阿桂、定边右副将军尚书公丰升额、参赞大臣领侍卫内大臣色布腾巴勒珠尔奏："自本月初二日后，雨雪连绵，官兵靡不愤急。初五日，贼于雨雾之中，在罗博瓦山坡，添建新碉二座。当经海兰察、额森特、福康安、密派兵八百名，直扑碉根，毁墙而入，砍死数贼，余俱逃溃，即将贼碉拆毁。现今已交夏至，此后雨雪稍稀，自当各路合攻，以期迅速集事。"④ 据此奏可知，乾隆三十九年五月初，阿桂一路遭遇连绵雨雪天气，进攻受阻，阿桂等将领深感愤懑

---

① 《金川档》第 2 册，乾隆三十八年八月十三日阿桂等奉上谕，第 1306 页。
② 《金川档》第 3 册，乾隆三十九年二月十三日阿桂等奉上谕，第 2113、2114 页。
③ 《金川档》第 3 册，乾隆三十九年二月二十一日阿桂等奉上谕，第 2155、2156 页。
④ 《清高宗实录》卷 959，乾隆三十九年五月丁丑。

和焦急。

乾隆皇帝阅奏后便谕军机大臣等："连日盼望阿桂进兵之信甚切。今据阿桂等奏，近日军营情形，尚因雨雪，未能深入，实为愤懑，而贼人复乘雨雾，添建新碉，更堪切齿。海兰察、额森特、福康安等，即于大雨中歼戮数贼，拆毁其碉，足以壮我军之气，而破贼人之胆，于军务甚为有益。福康安，正当幼年，藉此练习成人，于彼亦属甚好。计阿桂拜折次日，即交夏至。向后雨雪，谅必渐稀。阿桂自当相机速进，以期迅奏肤功。从前曾谕阿桂等，凡遇经过高山，务当竭诚祷祀，冀山神之默然相佑，利我军行。且以金川用兵情事而论，朕实本无欲办之心，乃逆酋索诺木等，敢于负恩反噬，罪恶贯盈，实有不得不办之势。并非朕黩武穷兵，是曲在贼而直在我。仰邀上天照鉴，自必嘉佑（祐）官军，而潜褫逆贼之魄。至所在山神，代天司化，亦当助顺锄逆，上体昊苍。若非时雨雪，必贼扎答所为，岂有正神转听贼人驱使，为此背（悖）理妄行之事？况将军等，既已虔祷而不应，即属邪氛。从来邪不胜正，或于雨雪来处，用大炮迎击，如韩愈之驱鳄鱼，亦属正理。著阿桂斟酌行之。"①

由该则上谕可知，乾隆皇帝看到阿桂等的奏报后颇为愤懑，但仍希望夏至后金川等地雨雪渐稀，便于各路官兵合攻，并对海兰察等在大雨中歼敌、拆碉的行为大加赞赏，以激励士气。不过，这并不意味着乾隆皇帝内心深处对战事受阻之忧虑得以减轻——他在谕令中喋喋不休地强调此次用兵金川并非穷兵黩武，而是不得已而为之，且清朝占理、罪在两金川，倘若上天明鉴则应保佑官军除金川。实际上，令乾隆皇帝颇为难堪的是，夏至后金川等地仍"非时雨雪"不断，他身为天子不便厉言谴责上苍，只好再次认定当地恶劣天气乃大金川会祈扎答术者所为。同样，阿桂等祈祷山神却不灵验，乾隆皇帝只有将所谓"非时雨雪"归结为邪气，转而极力建议前方将领仿照"韩愈驱鳄"②，用大炮对准下雨雪处的天空加以轰击，以压制邪氛，从而达到止雨雪的目的。

---

① 《清高宗实录》卷959，乾隆三十九年五月丁丑。
② 《旧唐书·韩愈传》载："初，愈至潮阳，既视事，询吏民疾苦，皆曰：'郡西湫水有鳄鱼，卵而化，长数丈，食民畜产将尽，于是民贫。'居数日，愈往视之，令判官秦济炮一豚一羊，投之湫水，咒之，咒之，夕有暴风雪起于湫中。数日，湫水尽涸，徙于旧湫西六十里。自是潮人无鳄患。"

此外，阿桂等虽按乾隆皇帝谕令诚心祷祀路过高山，但当地山神并没因之护佑清军，立止雨雪。乾隆三十九年秋，明亮一路正攻碉紧要时，突然猛雨狂风大作，阻遏了战事进程，乾隆皇帝对此感到万分恼怒，并再次声称："若风雨之故由山神所为，亦属非理。"① 理由是他作为"天下共主"，乃"不得已命将申讨，师直理正"，"且所至之地谕令将军等祭山祈赛，山神有知，自应效灵助顺，早佑藏功，以膺国家秩祀，若转袒护逆酋，甘为邪术驱遣，妄行雨雪，即属违理悖常，必干天谴。昔日韩愈以一州刺史尚能正辞发弩驱除鳄鱼，矧大将奉天子命征剿不庭，岂山神所得相抗乎？将军等设遇非时雨雪，即当视其来处用大炮迎击，总有邪魔亦当退却，此亦代天宣化之正道也"。② 明亮此次进兵途中突遇大风大雨，乾隆皇帝竟不惜对当地山神大加谴责，又提出仿照韩愈驱鳄之事，用大炮轰击雨雪处镇邪氛。实际上，此时乾隆皇帝已经很清楚，祈晴也好，祭山神也罢，甚至是炮轰"非时雨雪"，都不过是尽人事而已。他已经清楚地认识到"番地常时气候大约冬令晴日居多，前岁、昨岁屡次获胜皆以冬月计"。③

（三）请喇嘛赴军营念经止雨雪

当采取祭山神、用擅长扎答术者赴营作法反击、仿韩愈驱鳄而用大炮轰击等方法均没能止雨雪时，主动投顺清军的其他嘉绒的土司的喇嘛成了清廷应对大金川等地雨雪天气的新武器。

乾隆皇帝对金川等地自土司至土民都笃信喇嘛念经之法力早已耳闻，如乾隆三十五年春，小金川土司僧格桑得知沃日土司用喇嘛诅咒他们父子，便与沃日寻衅。④ 正是考虑到大金川人笃信喇嘛，为起到震慑作用，乾隆皇帝对川西北大喇嘛自愿到清军大营念经助灭金川的行为表示欢迎。乾隆三十九年三月，明亮等奏："德尔格特（即德尔格土司）境内斯都胡图克图具禀：'闻促浸、赞拉逆酋造作罪恶，不遵王法，我情愿邀同白玉

---

① 《清高宗实录》卷966，乾隆三十九年九月庚申。
② 《清高宗实录》卷966，乾隆三十九年九月庚申。
③ 《金川档》第3册，乾隆三十九年九月初十日阿桂等奉上谕，第2617、2618页。
④ 《清高宗实录》卷855，乾隆三十五年三月丁未。

寺大喇嘛甘玛扎什（亦写作噶尔玛噶什）等前赴军营念经，这促浸等坏人可以立时咒得灭的。'在南路，番民闻知倍加踊跃。已敕令沿途站弁照料来营。俟南路经事毕，如视其精力尚佳，闻三杂谷土司尤为敬顺，即令其前赴西路念经。"乾隆皇帝见该奏报后以为"此亦甚好"，并马上提出"俟其到营后如何出力再行奏闻，酌加恩赏。其西路军营应否令其前往念经，著阿桂等就近询明酌定"。都斯胡图克图自荐到清军大营念咒经助战，实为"恳求大为施恩"，乾隆皇帝不过是考虑到该喇嘛"为诸番民众所敬信"，希望借助他来清军大营念经的举措，迫使金川"番众听闻，人人隐怀疑惧"，从而达到"以懈其拒守之心"的效果。①

另据《清高宗实录》卷960，乾隆三十九年六月丙申条载：

定西将军尚书阿桂、定边右副将军尚书公丰升额、参赞大臣领侍卫内大臣色布腾巴勒珠尔奏："臣等于二十七日，派兵将炮位运赴炮台，轰毙番众，摧毁贼碉，颇为得力。但天气仍不时阴雨。初一日，复降大雪，即有一半日稍停。而雾气转大，贼复乘雨雾中，将碉座修整。臣等思逊克尔宗之贼，既日加增。喇穆喇穆之贼，复不见少。自应于此二处，一齐攻扑。现又赶铸炮位，设于别斯满丫口轰击。俟贼碉一有摧毁，即乘其未及修补之先，立时攻打……谕军机大臣等：'……又据奏，天气仍不时阴雨，且六月初一日，尚然下雪，虽番地气候异常，亦不应乖舛若此。似系贼人扎答所为。但扎答本非正道，只须众人不以为事，法即不灵。所谓见怪不怪，其怪自灭，亦邪不胜正之定理也。将军等，当谕知营中将领弁兵，使皆明于正理，而不惑于怪异，其技自无所施。至喇嘛噶尔玛噶什，前经明亮等奏，于五月初六日，前赴西路军营念经，距阿桂拜发此折时，已将一月，该喇嘛曾否到营，何以未见阿桂奏及？前曾发往新造利盆铃杵一分，令其看噶尔玛噶什，如道行果好，并能实心出力，即将铃杵赏给。阿桂接奉前旨，必更留心察看。噶尔玛噶什，若实系有道力之人，则令其破贼番扎答邪法，以止雨开雾，自非所难。'"

① 《金川档》第3册，乾隆三十九年三月十三日阿桂等奉上谕，第2255、2256页。

由引文可知，金川等地六月飞雪，使乾隆皇帝更加坚信此系扎答所为。乾隆皇帝为之指出两条破解的办法：第一，在战略上予以藐视，即视其为非正道而不予理会，笃定邪不能胜正，"其技便无可施"；第二，在战术上则积极应对，利用当地有道行的喇嘛到军营念经来破扎答之术，以便止雨开雾气。虽然乾隆三十九年五月初，喇嘛噶尔玛噶什确实赶赴阿桂大营念经，但一个月后乾隆皇帝仍未获得念经灵验与否的消息。

随后，一些相关谕令从侧面告诉我们，当地资深喇嘛到军营念经，亦未能立止雨雪。乾隆三十九年九月庚申，谕曰："明亮等奏，进攻木克什山腿两碉，正当围裹紧要之时，雨风大作，甚为可恨。看此情形，贼中必有善用扎答者。但此等究属邪法，不能胜正，将军等总以镇静处之。并晓谕将佐弁兵，不必视以为事，其术自然无所施。所谓见怪不怪，其怪自败也。若风雨之故，由山神所为，亦属非理。朕奉天承运，为天下共主，兹以金川逆酋，负恩反噬，罪大恶极，为覆载所不容，不得已命将申讨，师直而理正……至番地常时气候，大约冬令晴日居多，前岁昨岁屡次获胜，皆以冬月。计此旨到军营，已是九月下旬，转瞬初冬，天晴气煦，定能扫穴擒渠，克日奏绩，将军等惟当勉力为之。"[1] 这则谕令告诉我们，乾隆三十九年自入夏以来，先是接连雨雪、雨雾天气，随后又迎来了秋日突然风雨大作的"不利天时"，这让自开战以来便日夜盼望清军能够早日奏捷的乾隆皇帝颇为不怿。然而，在这则谕令中乾隆皇帝反复叮嘱应对金川之"非时雨雪"的办法——仍是不予理会，镇静以待，及大炮轰迎击退邪魔天气的老法子，而且，乾隆皇帝在气愤之余，除了再次将这些极其可恨的雨雪天气归为金川善用扎答者所为之外，又对金川等地的山神厉加责怪。须注意，乾隆皇帝在此则谕令中不再提及用当地投顺喇嘛念经来终止雨雪一事，转而寄希望于该地冬日多晴天，以利于进军。据此似可以推断，喇嘛赴营念经之法应无甚实效。

综上可知，乾隆皇帝对金川之役战时天气的关注可谓殚精竭虑，但天时终非人力可违。在当时的社会历史条件下，乾隆皇帝只能根据自身的统治经验，费尽心力地提出祭祀高山、祈晴、大炮轰击、请喇嘛赴营念经等

① 《清高宗实录》卷966，乾隆三十九年九月庚申。

多种措施，以便应对金川及其邻近地区寒多暖少、雨雪频作的天气情况，结果一一失败了。这让乾隆皇帝无比愤恨，却又无可奈何。为了解恨，乾隆皇帝一再要求各路将领务必抓获当地有影响的僧人，并解京严惩。除此之外，乾隆皇帝还提出将当地的一些神山纳入国家祭祀体系，即希望通过神山祭祀国家化来消解神山对当地土司和土民的护佑，转而使其成为国家"正义之战"的助力。相比之下，倒是身处前线的一些官员，在面对大小金川等地恶劣气候给清军造成的种种不利影响时，竭力采取一些具体而务实的措施，反而取得了一定成效，部分解决了当时面临的具体困难。乾隆三十九年三月十三日刘秉恬奏："臣现与松茂道查礼轮流前赴日尔拉一带，往返查催，设法鼓励众夫，务使人各踊跃争先将上站滚到米石，随到随运，迅速前进，惟是日尔拉雪多风大，其气候之寒凉甚于他处。臣往来其间仅止一趟，尚不胜其寒，常住该处之夫尤当善为筹计。前已将站基周围掘堑泄淤，使之栖息得所，复于附近各站采买生姜，每次发给数十斛均匀散与各夫分食，庶可翼御寒祛痰，便于赴公趋事。至新设各站虽已有人夫，尚未充裕，且附近日尔拉粮站间有患病之人，口外亦有蛮夫，可雇为数无多，去来无定。现值耕种之时，茂州一带蛮民多有恳请回籍耕田者。"① 可以说，在很大程度上，正是因为大小金川及其周边土司地区多雨雪、寒冷期长的不利天气极大地影响了清军的各项后勤运输工作，并严重阻碍了清军的进剿行动，才使得清军不仅难以迅速取胜，甚至一再陷入狼狈不堪的境地。

---

① 《宫中档乾隆朝奏折》第 34 辑，第 856 页。另据乾隆三十九年四月二十一日富勒浑、郝硕奏："窃照楸底饷道通行，长运滚运之粮络绎到站，臣福勒浑于本月十四日前赴军营沿途清查米数，并稽查后路各卡隘官兵……查计自大板昭至登古存米一万余石，足供一月有余之需。现值阴雨连绵而乘时赶运亦足以资接济。第雨水过多，恐存站之米不无霉变之虞。复将续行调到垫席、棕单分拨各站加厚遮盖，俾免潮湿。"见《宫中档乾隆朝奏折》第 35 辑，第 367 页。乾隆三十九年九月十六日富勒浑等奏："再查山脚站挽运一切系由日尔拉雪山行走，现在天气严寒，时有雨雪，该站人夫负重跋涉较为寒苦。臣（富勒浑、郝硕）随饬该站员傅世卓设法雇集蛮夫帮同背运，复购买棉衣五百件分赏在站出力人夫，以为御寒之具。并于山顶备办姜汤，召集客民借给资本于山坡稍可驻足之处开设食物铺面数间，俾各夫中途得资温饱。仍另拨夫三十名扫雪斫冰，时加休整，务使道路不至冻结，以利遄行。"见《宫中档乾隆朝奏折》第 36 辑，第 25 页。

四 结语

统观之，乾隆朝两征金川，以暴力方式强势进入川西土司地区，首战两易寒暑，再征五度春秋，均遭到金川及其周边土司地区"寒多暖少""雨雪频仍"的天气带来诸多掣肘，众官兵和夫役亦因之饱尝艰辛。清军第一次金川战争期间，无论是在官兵作战、防守，还是大规模的后勤运输方面均极大受制于当地的恶劣天气，几乎因之陷入战争的泥潭不可自拔。至第二次金川战争，清军几乎重蹈覆辙。在该次战争期间，各路清军的进攻和防御行动屡遭当地多雨雪天气的阻遏。此外，大小金川及其邻司地区迥异于内地的天气状况，常让乾隆皇帝感到无比愤懑，却又没有有效措施加以应对。因此，乾隆皇帝虽长期为如何解决金川地区多雨雪的问题殚精竭虑，但徒劳无功。通过考察大小金川天气的特点及其对清军征剿行动的各种影响，以及清廷对该地天气的艰难应对，我们可以对乾隆朝清军两征金川至为不易的客观原因有更加丰富、细致、深刻的认识。由此亦可知，金川战争蕴含的丰富历史内涵，仍值得继续深挖。不可否认，今天通过相关官书和档案文献看到的金川战争记载，是主导历史记录话语权的一方留下来的，反映的是他们希望我们看到的两次金川战争的样子。即便如此，战争毕竟是作战双方共同推动完成的剧烈政治和军事博弈，因而通过对这些记载加以抽丝剥茧，仍可管窥被记录的一方的诸多面相。就气候对金川战争的阻遏而言，除暴露了清廷对当地自然环境缺乏必要认识，没有行之有效的应对措施外，也表明金川土司和土民具有积极利用恶劣天气展开防御和袭击的军事智慧。土民在世代生活的土地上，早已养成耐寒体质和善于征战的本领，这使得他们在对抗大批清军时，至少在战争初期是占有相当优势的。因此，在关注地形地貌和战碉，以及气候与清军征金川的关系外，还必须充分关注利用这些客观条件与清军开展长期抗战的土民的情况，剖析他们将大批清军拖入持久战泥淖的"人的因素"。

青海和内蒙古牧民对草原政策与管理的认知对比初步研究

彭　奎（永续全球环境研究所）

摘　要： 本文选择了青海三江源的果洛州久治县、班玛县以及内蒙古的锡林郭勒盟阿巴嘎旗三地的共 6 个社区进行调研。通过对牧民人口、家庭、教育、放牧方式、草原管理、牧业经营、草场退化、政策法律和经济行为进行参与式访谈，了解牧民及地方官员对目前草原管理政策的看法和意见。结果显示：（1）两个地区的人口和畜牧结构差异很大；（2）两个地区的牲畜均增加较多，且牲畜养殖向单一化发展的趋势明显，这也部分导致草原生物多样性降低和草原退化；（3）两个地区的草场均有较严重退化，气候变化是草场退化的主要原因；（4）联户放牧和合作放牧能在一定程度上缓解草场退化，可以作为今后的主要放牧形式进行推广；（5）草原奖补政策在实施上均没有与草原质量挂钩，未能达到制度设计的效果。

关键词： 放牧方式；草原政策；生态修复；草场管理；PRA

一　研究背景

我国草原面积约 60 亿亩，占国土面积的 41.7%，其中天然草原有 40 亿亩，是我国面积最大的绿色生态屏障。由于草原的自然条件较为恶劣，生态系统十分脆弱，加上超载过牧等行为（主要牧区超载率为 30%～40%），存在大面积的草原退化和沙化现象。[①] 目前，全国 90% 的可利用天

---

① 陈佐忠、汪诗平等编著《中国典型草原生态系统》，科学出版社，2000。

然草原都有不同程度的退化，其中 12% 严重退化，31% 中度退化，57% 轻度退化，中度及以上退化草原面积占比为 43%，同时以每年 200 万公顷的速度扩展，在 2011 年之前都没有根本性改变。[①] 由于超载过牧，草原质量和生产力不断下降，与 20 世纪 60 年代相比，草原牧草产量下降了30%~60%。[②]

由于我国主要的草原及牧区分布在内蒙古、新疆、西藏、青海和甘肃等地，都是少数民族的聚居区，因此对草原的管理和相关政策的制定不仅影响草原生态系统的发展，也影响当地的经济发展和社会关系，政府、科研机构和牧民都十分关注。最近几十年，分牧分草到户、草原围栏、退牧还草、草原奖补等政策的实施，极大地影响到我国草原生态系统及牧业发展。全球变暖和人为影响使草原生态系统发生了快速变化，对当地畜牧业的发展和农牧民生计产生了严重的负面影响，这成为研究热点。比如在地处青藏高原腹地的三江源地区，在气候变化、超载放牧、乱采滥挖和人口剧增等自然环境变化和人类不合理活动的压力下，生态环境恶化明显，草场退化的范围较大。区内 90% 的草地出现了不同程度的退化，中度退化的草场面积多达 201.9 亩，占可利用草地面积的 58%，约 40% 的草地已沦为次生裸地或利用价值极低的"黑土滩"，这直接导致了草地载畜量的下降。[③] 原始粗放的牧业生产方式与草地的关系不断恶化，对当地农牧民的可持续生计产生负面影响，部分地区已经出现"生态难民"。在内蒙古草原，极端干旱天气频发、地下水位下降、开矿和城市建设等，引起的草地沙化退化等一系列生态问题，也一直是学界讨论的焦点。

目前，对于草原及其影响的研究多数从草原自然生态系统的演变或政策制定的角度出发，而从农牧民角度出发对草原的管理和政策进行认知的研究相对较少。本研究主要以牧民为调查对象，通过调查牧民对草原管理和政策的认知，结合与草原政策相关的其他调研，分析草原的实际经营利用者对草原政策的响应。

---

① 国家林业局：《第四次中国荒漠化和沙化状况公报》，2011 年 1 月 5 日。
② 张新时、唐海萍、董孝斌等：《中国草原的困境及其转型》，《科学通报》2016 年第 2 期。
③ 董锁成、周长进、王海英：《"三江源"地区主要生态环境问题与对策》，《自然资源学报》2002 年第 6 期。

二 研究方法

项目组于 2017 年夏季，分赴青海三江源的果洛州久治县、班玛县以及内蒙古的锡林郭勒盟阿巴嘎旗，采用目前应用广泛的参与式农村评估法（Participatory Rural Appraisal，PRA）中的半结构式访谈（Semi-structured Interview），深入牧户群体进行问卷调查。在问卷调查过程中，围绕事先设定的采访主题和拟定的采访提纲与牧户进行开放式的交流，牧户通过回忆过去发生的事情表达对主题的观点，再由调查人员将获得的信息填写在问卷上。项目组根据调研目标和基本内容，针对牧民设计了具体的问卷表，也针对政府官员和地方草原管理者设计了专门的半结构式调查问卷。调查的内容包括牧民家庭基本情况、草原利用管理的主要模式、利益相关方在草原管理中的角色、牧民对草原政策的了解、草原补贴情况、草原生态现状、牧民牧业经营状况几个方面。

青海省果洛州久治县白玉乡龙格村地处青海班玛、久治和四川阿坝县交界处，是年保玉则保护区的核心区，属于黄河和大渡河源头汇水区，平均海拔 4000 米。青海省果洛州班玛县灯塔乡要什道村和格日则村地处果洛藏族自治州东南部，是青海省最大的原始森林"玛可河森林灌木保护区"的中心区域。内蒙古乌力吉图嘎查在锡林浩特市北 130 公里，位于我国著名的浑善达克沙地北部，属半荒漠草原，盛产乌冉克羊。项目组在青海调查了久治县龙格村 14 户、班玛县要什道村 9 户、格日则村 6 户（以下分析中若无特别说明，青海调查社区统称为"三江源"）；在内蒙古阿巴嘎旗共调查了 18 户（内蒙古调查社区统称为"锡盟"）。

此外，本研究的部分数据，结合了项目组在 2014 年对西藏那曲县 81 户牧民、内蒙古四子王旗和白旗 118 户牧民以及宁夏 50 户牧民进行的有关草原奖补资金的调查，以及 2014 年对青海果洛州达日县的窝塞乡、建设乡和吉迈镇，班玛县的灯塔乡，久治县的白玉乡共 5 个乡镇 197 户的草原调查数据。

三 结果分析与讨论

（一）牧民家庭基本现状

接受调查的三江源 29 位牧民中，有 20 位男性，9 位女性，男性占 69%，是藏族家庭的主导者；而锡盟调查的 18 位村民皆为男性，100% 是男性当家。从户主年龄分布来看，三江源牧民老人较多，占 38%；30~50 岁的中年人居其次，占 34%；而年轻人当家的也有 25%；中老年人家长是主要的。而锡盟 60 岁以上的老年人家长占 22%，30~60 岁的中年人家长占 62%，30 岁以下的仅占 6%。锡盟的户主年龄分布相对合理，中年人较多。

从文化水平上看（见图 1），三江源社区近 80% 的牧民没有接受过任何教育——这是牧区的普遍现象，只有极少部分牧民上过初中或小学，没有一位受访者接受过高中以上的教育；相比而言，锡盟社区牧民中，所有人均接受过小学及以上教育。锡盟牧民中具有小学文化水平的占了 40%，是大多数；接受过初中教育的约占 33%；高中文化水平的占 10%；有 3 个人接受过高中以上教育，占 17%。从中可见，锡盟牧民的文化水平较高，而三江源牧民中文盲是主流。这使其对草原的管理和认知有很大区别，特别体现在对牧区草牧业商品化的认知上，锡盟牧区牧民的认知水平明显高于三江源牧区。

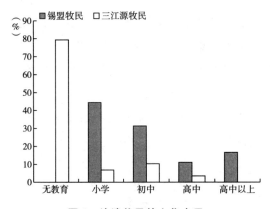

图 1 访谈牧民的文化水平

就家庭人口来看,三江源社区的家庭人口在2~16人,变化幅度极大,其中以5~7人家庭居多,占45%,8人以上的家庭占28%。这与青海藏区保留了紧密的家族和部落关系密切相关,孩子较多也是普遍现象,当地家庭平均人口已达到6.4人。而锡盟社区牧民家庭人口在3~7人,其中以4人家庭居多,占44%,5~7人家庭占40%,平均只有4.4人。家庭人口的多寡往往与资源的分配联系紧密,从后面的调查可知,锡盟社区的草场面积要远远大于三江源社区,由此其利用方式也会存在显著差异。

但有趣的是,尽管三江源家庭人口多于锡盟家庭,但前者的家庭劳动力数量并未相应增加。三江源家庭的平均劳动力只有1.8个,以2人的家庭最多;而锡盟家庭的平均劳动力为2.7个,虽仍以2个为主,但3~4人的家庭也占比较高。若以家庭平均劳动力与平均人口比较作为抚养比,三江源社区家庭抚养比为1:3.6,锡盟的仅为1:1.6。三江源家庭的抚养比远大于锡盟家庭,显示其劳动力负担也极大。

(二)牲畜结构和变化分析

牲畜是牧民家庭最重要的物质资产,一般是家庭财富的象征,也是其生活水平的主要指标。草原牲畜数量和结构的变化,与草原管理和利用密切相关,也与草原的质量有最直接联系。

1. 三江源畜牧结构和变化

调查显示,青海三江源牧民主要饲养的动物为牦牛、奶牛和马。牦牛是三江源主要饲养的家畜,户均拥有牦牛52.7头。调查对象中有23户人家养牦牛,最少的有10头,最多的有200头,大部分集中在20~80头。马匹作为劳动工具,一般家庭拥有1~2匹。但有5户人家已没有任何牲畜,成为无牧户,占调查户数的17%,这些牧户往往是最贫困的群体(见图2)。2014年,项目组对果洛州3个县5个乡镇的197户牧民调查也显示,三江源牧户户均牲畜只有35头,无牧户家庭占10%。牦牛的数量与草场的质量和面积有直接相关性。三江源西部区域的牦牛数量普遍比东部多,主要是由于东部可利用的户均草场面积比西部小很多。

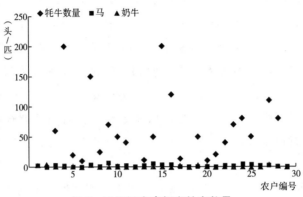

图 2　三江源家庭拥有牲畜数量

对比三江源过去 30~40 年家畜的总体数量，有 2/3 的牧户认为现在家畜数量明显增多，其主要原因在于：（1）刚刚分畜到户时牲畜数量均比较少，经济水平有限，无钱购买更多的牛羊；（2）经过长时间的自我经营，牧民饲养更有经验，牲畜经过长期自我繁育，家畜数量逐渐增加；（3）经济的发展让牧民可以投入更多的资金购买牲畜。

2. 锡盟畜牧结构和变化

锡盟牧民的牲畜饲养情况有显著不同，其牲畜种类比三江源的更多，主要有绵羊、肉牛、山羊，马和骆驼通常作为交通生产工具甚至娱乐工具。绵羊是最主要的草原牲畜和家庭物质资产，户均绵羊数达到 626 只，最多的达 1500 只。绵羊数量直接决定了锡盟家庭的收入状况。此外，有 11 户人家养肉牛，最少的有 2 头，最多的有 100 头，大部分集中在 20~40 头。有 7 户人家养山羊，最少的有 40 只，最多的达 700 只（专业养殖户），其余的有 50~80 只。有 11 户人家养马，有 3 户人家有 50~60 匹马，也将其作为商品进行交易。还有 1 户人家饲养了 7 头骆驼（见图 3）。总体来看，所有的牧户都饲养家畜，没有出现无牧户的情况。

对比过去 30~40 年的家畜数量变化，多数牧民的家畜数量增多，主要是羊的数量大幅度增加，但也有约 45% 的家庭回答家畜数目有所减少或不变，最明显减少的家畜是马和骆驼。

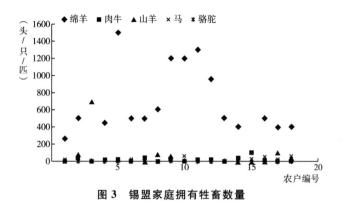

图3 锡盟家庭拥有牲畜数量

3. 畜牧结构变化影响

牲畜向单一化发展是内蒙古牧区和青海牧区的普遍现象，青海地区主要转向单一的牦牛，内蒙古牧区主要转向单一的绵羊。在青藏高原的许多区域，由于草场劳动力的减少和从事其他产业（如采挖虫草）的人增加，以及草场围栏使牲畜的管理更加方便，牧民倾向于饲养方式相对简单的牦牛——无须大量的看护和管理，而传统的绵羊等由于需要人的看护，而且容易因季节或野生动物的侵害而死亡，其养殖数量逐渐减少甚至消失。马匹主要作为日常的放牧工具以及因赛马的需要而有一定数量的保留。

在锡盟地区，除了绵羊是传统的主要家畜之外，山羊、马、骆驼均是草原传统的家畜类型。山羊数量的减少主要源于国家的限制——其过度啃噬容易造成草原的退化和沙化；而马和骆驼原本均是内蒙古草原地区的主要交通运输工具，随着基础设施条件的改善，牧民用汽车代替了牲畜作为主要运输工具，多数牧民饲养骆驼和马作为一种感情的寄托。此外，马本身还可以发挥放牧或节日娱乐的作用，但其保留数量非常少。

许多研究表明，牲畜单一化的倾向对草原的生态平衡不利。一方面，许多种类的牧草和杂草无法被多样的牲畜啃噬和踩踏，导致草原生物多样性降低，部分地方的毒草、杂草代替了优质牧草，草场稳定性降低；另一方面，各种牲畜啃噬相对单一的牧草也使草原面临过度利用的风险。①

---

① 刘伟、周立、王溪:《不同放牧强度对植物及啮齿动物作用的研究》，《生态学报》1999年第3期。罗康隆、杨曾辉:《藏族传统游牧方式与三江源"中华水塔"的安全》，《吉首大学学报》（社会科学版）2011年第1期。

（三） 放牧方式和草场利用及其影响分析

1. 放牧方式和草场利用

在三江源地区，由于海拔关系，草场一般都有冬、夏两季，而且在地理上是分开的。牧民目前的放牧方式主要是游牧和半游牧，分别占45%，仅有3户是定居放牧。在冬草场和夏草场之间转场，是三江源高海拔地区普遍的放牧现象。三江源的草场分布和使用情况也有差别：在龙格村，牧民一般有两季草场，没有任何草场租用情况；而班玛县的牧场范围更小，大多数牧民自家只有一块草场。由于与四川阿坝交界，班玛县许多家庭都有在春、夏、秋去阿坝租用牧场的情况，班玛牧民甚至会租用当地牧民已经用过的草场。

锡盟牧民的草场基本上也是夏、冬两季，个别牧民也分春、秋草场，但界线并不明显，基本上是连片在一起的。调查显示，锡盟牧民目前的放牧方式主要是定居放牧，占牧民家庭的2/3，还有6户是半游牧放牧，即在自家的牧场上转场，这些牧场是连片的，只是在内部按季节利用。

锡盟牧民的家庭草场面积普遍较大，户均在5000亩以上。多数牧民（约占2/3）不会租用草场，有2户人家分别租用夏季、秋季各一季度，有1户人家租用夏、秋草场两季度，租用草场的牧民多数是为了扩大养畜规模。

2. 草场质量分析

调查显示，三江源夏、秋草场质量相对较好，冬、春草场质量较差。对于夏季草场，有55.2%的牧民反映自己草场的草质好，有31.0%的村民反映草质一般，只有13.8%的村民反映草质差。多数牧民反映冬季草场质量一般或较差：有37.9%的村民反映草质一般，有27.6%的村民反映草质较差，只有34.5%的村民反映草质较好。总体来看，只有30%的家庭反映自家草场全年质量均处于良好状态（见图4）。三江源由于海拔高，夏、秋草场面积较大且放牧持续时间较短（约3个月），草场压力较小；而冬、春草场一般位于地势较低的山谷和河滩，面积小而集中，载畜压力很大，普遍存在过牧现象，草场质量较差。

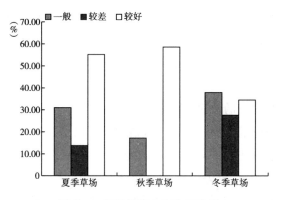

图4 三江源牧民家庭草场质量

锡盟的草场质量全年相对比较均衡。牧民普遍认为草场质量一般，反映夏季草场、秋季草场和冬季草场的质量一般的牧户所占比例分别是61.1%、44.4%、61.1%，较好的分别是22.2%、38.9%、27.8%，较差的分别占16.7%、16.7%、11.1%（见图5）。总体来看，锡盟草场质量全年一般或较差，与季节的关联性不大。

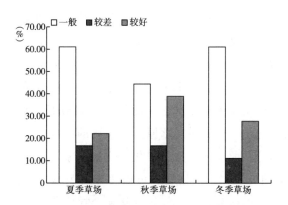

图5 锡盟牧民家庭草场质量

3. 牧民对草场退化的认识及影响

上述调查显示，三江源草场和锡盟草场多数处于一般或较差状态，在三江源的调查中，有一半的牧民表示自己的草场退化严重。草原退化的主要表现是鼠害严重致使草地质量变差，尤其是在冬季牧场，黑土滩已经连片，情况非常严重；此外，夏季草场的鼠兔害也十分厉害。草场的退化导致了牲畜养殖数量的减少和经济收入的降低。三江源牧民认为的草原退化因素非常集中，即均认为鼠害是草原退化的主要原因。此外，2014 年的三江源调查表明，当地的草浅、杂草多、乱石和沙化等，也是部分牧民反映的退化现象。

在锡盟，被调查的牧民 100% 对草场质量评价较低，均为一般或不满意。对于草场退化的现象，牧民反映的主要有以下几种：（1）草原出现沙化，部分牧民家草场出现沙坑，且有越来越扩大的趋势，草地覆盖度下降；（2）牧草质量较差，草的高度不够、营养变差，牲畜无法养膘；（3）牧草种类减少，以前有一两百种牧草，现在感觉很单一，只有二三十种类型；（4）草原水量减少，导致井水越来越不够用。这些退化显然严重影响了牧民的生计和收入，这与诸多研究结论吻合。被调查的牧民均表示，草场退化引起了牲畜饲养的变化，主要是饲养的牲畜数量减少。内蒙古牧民购买草料的支出大大增加，加之人工成本的提高，使得养殖的成本提高；但牧草质量的下降使牛羊肉的品质下降（长膘不好），导致最终的出售价格变低，收入减少。

4. 草原退化的原因

事实上，学界当前已有的关于草原退化及其原因的研究非常多，牧民对草原退化的认识只是基于所见的现象和经验，并不全面。比如三江源牧民见到鼠兔的破坏，便一致认为鼠兔害是草原退化的唯一原因。不过这些直观的认识也给政策制定者带来了有益参考，并非没有价值。学界的研究虽有不少争论，但均认为草原退化主要有两个方面的原因。[1]

一是气候变化。气候变暖对草原生态系统的影响已经达成共识。气候变暖的结果是部分草原地区更加干旱化，比如内蒙古草原，进而使草原沙化和退化。[2] 有研究表明，气候变暖可以解释锡盟草原退化的 60% 以上的原因。肖向明等人的研究显示，气候变暖还会导致草原第一性生产力明显

① 赵新全、周华坤：《三江源区生态环境退化、恢复治理及其可持续发展》，《中国科学院院刊》2005 年第 6 期。
② 尹燕亭、侯向阳、运向军：《气候变化对内蒙古草原生态系统影响的研究进展》，《草业科学》2011 年第 6 期。

下降，植物和土壤有机质含量显著降低，明显影响草原植被的质量。[①]

而青藏高原是对全球气候变化最为敏感的区域，气候变暖不但改变了季节的降雨规律和物候，而且导致冰川冻土融化，土地沙化加剧。据中国科学院青藏高原研究所的研究，近 30 年来青藏高原升温幅度最大的地区，每 10 年升高 $0.60℃$。[②] 随之而来的便是冻土融化、冰川退缩、湖泊和湿地面积扩大。过去 30 年间，青藏高原多年冻土缩减了 24 万平方公里，多年冻土活动层不同程度地增厚，导致冻土病害加剧，土地沙化增强。而随着冰川加速退缩，以冰川融水补给为主的河流特别是中小支流将面临逐渐干涸的威胁。有研究认为，草原鼠兔规模的扩张也许是气候变化的结果之一，而不是系统退化的原因。[③]

二是人为因素。草原退化的人为因素极为复杂，超载过牧一度被认为是草原退化最主要原因，但这一论点没有得到牧民和当地人的认可。牧民多数认为现在的牲畜养殖数量比从前少或者持平，而以前并未发生退化现象。但据农业部遥感应用中心测算，目前我国牧区草原平均超载 36.1%，荒漠化地区的草场牲畜超载率为 50%~120%，有些地区甚至高达 300%。中科院地理所的刘纪远等人的研究表明，青藏高原存在部分地方部分时间的超载过牧现象，即在冬季的河谷地区，牲畜大量集中在小范围，致使超载明显，冬季草原退化严重。此外，王云霞等人的研究表明分草分畜到户及草原围栏政策，使草原生态系统破碎化，改变了原有的游牧和轮牧方式，降低了牧业生态系统的弹性，这也是青藏高原草原退化的重要原因。[④]

而在内蒙古地区，人畜数量的增加导致用水量的急剧增加，现代化机井使抽取地下水更加容易，用水强度加大。目前，内蒙古草原每头家畜所占草场面积不足联合国沙漠化会议规定的临界放牧面积的 1/3。王云霞和曹建民等人的研究认为，内蒙古草原超载率在 70% 以上，其核心问题是草

① 肖向明、王义凤、陈佐忠：《内蒙古锡林河流域典型草原初级生产力和土壤有机质的动态及其对气候变化的反应》，《植物学报》1996 年第 1 期。

② 王宁练、姚檀栋、徐柏青等：《全球变暖背景下青藏高原及周边地区冰川变化的时空格局与趋势及影响》，《中国科学院院刊》2019 年第 11 期。

③ 刘纪远、徐新良、邵全琴：《近 30 年来青海三江源地区草地退化的时空特征》，《地理学报》2008 年第 4 期。

④ 王云霞、曹建民：《内蒙古草原过度放牧的解决途径》，《生态经济》2007 年第 7 期。

原产权问题。此外，随着城市化和工业化的快速发展，草原用水需求极大，这也被认为是草原缺水干旱的主要原因。水是北方草原地区的最关键影响因子，最近越来越多的研究表明，大面积的草原开矿或草原缺水是导致草原退化的另一个重要影响因素。

（四）牧民的草畜经营和管理

1. 放牧经营策略

针对草原现状，牧民根据传统经验和社会经济发展，采取了一系列经营管理措施。牧民对于放牧行为的选择受到人、畜、草等多重因素的影响，同时在生产过程中也能对以上影响因素产生正向或负向的反馈。三江源地区牧户的放牧行为主要分为单户放牧和联户放牧两种。牧民在放牧过程中通过对"人—畜—草"的畜牧业生产系统的全面考量，较多牧户（84%）选择了能够充分发挥家庭人力资源优势、有效利用和保护草场资源、降低畜牧业生产风险的联户放牧方式。2014 年的三江源调查显示，在176 户存在放牧行为的牧民中，联户放牧的牧户有 137 户，占研究区样本总数的 69.54%，最多的联户户数达 9 户；只有 39 户选择单户放牧，仅占样本总数的 19.80%。其中，位于半农半牧区的灯塔乡在乡政府的引导下，全员均实行联户放牧，平均联户数达 26 户。

实地调查表明，这种放牧方式与三江源传统的以部落和家族为单位的放牧方式有很大关系。由于地理条件限制，三江源地区的分草到户并不彻底，牧场是以村社和小组为单位划分的，很多家族并没有细分边界，延续了联户放牧的传统。另外，一些原本单户放牧的家庭，因为家庭劳动力的丧失或外出经商等，将牲畜交给亲戚饲养，也形成了自发的联户结合体。三江源联户放牧基本上是以亲戚关系为纽带的。三江源联户的草地个数也多于单户，主要是因为联户的放牧形式能够降低自然风险、合理利用家庭劳动力、在迁移方面具有优势，从而能够利用偏远地区的草地，降低因为地理原因而放弃某处草地的可能性。此外，联户放牧牧户能够共同承担草场租赁费用，降低承租草地的门槛，激励牧户租入草场。

相反，锡盟的放牧经营以单户放牧为主体，有 78% 的牧户都是单户放牧，仅有 22% 的牧户采用了联户放牧方式。锡盟牧民草场普遍较大，而且草场分户围栏比较彻底，单户放牧已经成为主流模式。少数联户放牧的情况是兄弟之间由于劳动力缺乏而进行了再分工，联户放牧的情况已经非常少见，牧民不得不单独面对自然灾害的冲击和市场的变化（见图6）。

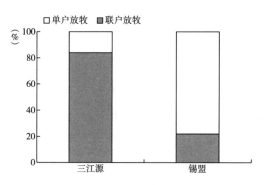

图6　牧民放牧经营方式的选择

2. 牧民合作社和外部协助

在三江源地区，有45%的牧民参加了合作社，55%的牧民没有参加。龙格村的合作社主要是手工艺合作社，同时组织牧民联合进行畜牧管理和经营、共同修复草地等。没有参加合作社的主要是因为村里没有成立合作社，但基本上都加入了联户放牧。在加入合作社的认识上，龙格村牧民认为：（1）最大的好处是合作社使整个社区更加团结了，减少了以前为争抢草场造成的矛盾；（2）合作社开展的环境保护和动物保护深得人心，在三江源牧民全民信教不杀生的环境下，得到了他们的普遍欢迎；（3）合作社能够带动大家一起赚更多的钱。反映的主要不足之处是认为合作社投入较大、经验不足，更缺乏管理和运作的商业人才。

三江源合作社的加入对牧民的草牧经营产生了较大影响。在三江源已经加入合作社的牧民中，47%的牧民回答合作社参与了自家草场或村里草场的修复和管理，起到了一定的作用；还有73%的家庭回答社会组织通过合作社帮助管理和修复草场。合作社的成立，有助于凝聚社区的力量、共同面对外部资源和市场，甚至合理地管理公共事务。此外，联户放牧也让牧民有合作经营管理草原的可能，得到了部分牧民的认可。

在锡盟，被调查牧户中只有11%的牧民加入了合作社，其余89%没有加入任何合作社。在加入合作社的动机上，牧民认为：（1）合作社人多力量大，能够省人工，找到发展经济的方向；（2）能够得到政府的扶持和补贴；（3）带来更多的经济收入。但他们认为不足之处是，基层干部和牧民都对合作社认识不到位，好多合作社都是空架子、管理能力不够，牧民想法不一样，使合作社的运作遇到问题。

3. 牧民对草牧管理问题的认识

牧民对当前草原和牧业管理存在的问题的认识差别很大。在三江源地区，多数牧民觉得现在放牧的方式没有什么大问题，应该还会继续这种经营管理方式。但集中反映的草牧管理具体问题包括：（1）草场有变坏的地方，特别是鼠兔，不知道如何治理；（2）均觉得草场太小了不够用，特别是冬天的草牛不够吃，牧民也会因此产生矛盾；（3）有些草场被租给外来人放牧，会破坏草原，要减少将自家草场租给外来人的情况，保护好草原；（4）野生动物对家畜的损害没有补偿；（5）希望合作社能够卖出更多产品，或者得到政府帮助，赚更多钱，帮助到其他人。

而锡盟牧民对于当前的草牧管理有较多负面看法，主要包括：（1）传统的放牧方式也不行，草地不够用；（2）围栏需要经常更换，材料和人工的花费都大；（3）草料非常贵，牧民花费很大；（4）羊价太低，经济效益很差；①（5）旱灾始终是最大的影响，希望得到更多的补贴。这显示两个地区的牧民对草原经营管理的问题存在清醒的认识。

在问到牧民是否愿意通过减畜、禁牧和休牧等方式来改善草原现状、保障草原质量时，三江源的牧民中有79%表示愿意这么做，前提是不要过多影响家庭牲畜或政府对减少的牲畜给予一定的补偿；仅有21%的牧民不愿意这么做。不太愿意的牧民表示，主要担心这些方式会使牲畜的数量减少，家庭的收入受到影响从而无法维持生计。

被调查的大部分（78%）锡盟牧民表示愿意通过减畜、禁牧、休牧等措施保障草原质量，有22%的人表示不愿意，这与三江源牧民的回答态度所占比例几乎一致。但锡盟多数牧民表示愿意，是因为只有这么做才能保持草场的质量。部分牧民担心家庭经济条件不允许这么做，比如害怕禁牧

---

① 牧民普遍认为是冷库压低价格的原因，此外，他们认为外地圈养羊的竞争、国家大量进口羊肉，都是本地羊肉价格偏低的主要原因。

引起破产，或者自己的态度要取决于补贴的高低。

在学习草原管理知识的意愿方面，三江源的牧民基本上没有接受过关于草原管理、合作经营及动物饲养方面的技术培训。相关信息的获取通常是靠村干部的宣传，包括草原防火方面的宣传教育也是如此。锡盟牧民接受的教育相对更加常见，有 2/3 以上的牧民反映接受过牛羊养殖和繁育方面的培训，主要是由政府主办的，个别农业带头人也参加过政府推荐的专业培训。在问到如果提供草原管理和牲畜管理的技术培训机会时牧民是否愿意参加，90%以上的三江源和锡盟牧民表示非常愿意参加。总体来说，牧民对参与学习培训的兴趣非常浓厚。

4. 草原自然灾害应对

在对自然灾害的认识方面，青海牧民中仅有 14%的牧民认为本地可能有灾害，主要是夏季牧场出现的个别水灾，如洪水和泥石流，其他自然灾害并不经常发生；86%的牧民认为没有任何灾害，包括以前最常见的雪灾。可见，随着冬季牧场基础设施的修建，高原牧民不再认为以前常见的雪灾会是一种自然灾害，他们已经有足够的能力进行应对。

内蒙古的牧民反映的灾害比较多样化，主要有旱灾、沙尘暴、鼠害、虫害、雪灾和雷灾，其中较为严重的是旱灾、雪灾和沙尘暴。100%的牧民反映旱灾是他们面临的最大灾害，也是造成草原草料不足和损失的主要原因。村民一般在灾年会提前出售大部分牲畜减少损失，但会造成收入的降低；此外，减少过冬的牲畜饲养量，购买、储备冬春的草料进行应对，也会额外花费大量的资金。雪灾和沙尘暴虽也被认为是灾害，但牧民普遍认为目前不会对草原和畜牧造成实质的影响，因为有现代的交通工具和较好的圈棚可以抵挡灾害。

（五） 对草原政策的了解和认知

对政府政策的了解有助于牧民调整和适应自己的草牧管理。这里列出了政府在三江源开展的主要草原管理措施，包括人工种草、沙化治理、黑土滩治理、灭鼠、草畜平衡、封育围栏、森林草原防火等。其中，20.7%的被调查村民知道人工种草措施，20.7%的村民知道沙化治理措施，27.6%的村民知道黑土滩治理措施，24.1%的村民知道灭鼠措施，37.9%

的村民知道草畜平衡措施，72.4%的村民知道封育围栏措施；除此以外，还有6.9%的村民知道政府在当地开展的防火措施。围栏涉及家家户户，所以成为牧民最熟悉的一个政策。尽管所有牧民均因为草畜平衡而得到草原奖补，但绝大多数牧民并不知道所得到的资金和草畜平衡有联系，并未意识到奖励和目标的关系。

相比而言，锡盟的牧民对政策的了解程度普遍高于三江源。在所调查的人中，100%的被调查牧民知道草畜平衡措施，88.9的牧民知道封育围栏措施，61.1%的牧民知道人工种草措施，66.7%的牧民知道沙化治理措施，61.1%的牧民知道黑土滩治理措施，77.8%的牧民知道灭鼠措施，对这些措施的知晓度均在60%以上。而且，对于草畜平衡，绝大多数牧民均明白其实际意义，并提出了奖补不合理的质疑（见图7）。

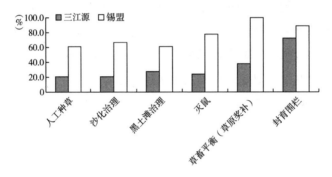

图7　牧民对草原管理措施的了解程度

项目组同时对牧民开展了对生态恢复措施有效性的认识的调查。在三江源地区，79.3%的被调查村民认为人工种草、封育围栏等工程措施对草原生态保护有效，55.2%的村民认为草畜平衡措施有效，69.0%的村民认为严格轮牧措施有效，55.2%的村民认为监测指导措施有效，44.8%的村民认为灭鼠虫害措施（设置招鹰架）有效，10.3%的村民认为人工增雨措施有效。在三江源地区，除了人工增雨被认为没有太大作用以外，牧民对多数生态修复措施持有较高的认同度，特别是对人工种草和轮牧接受度高，但前提是必须对这些内容进行充分解释，传达正确的信息。

在锡盟地区，55.5%的被调查村民认为工程措施有效，61.1%的村民认为草畜平衡措施有效，88.9%的村民认为人工增雨措施有效，77.8%的村民认为灭鼠虫害措施有效，88.9%的村民认为严格轮牧措施有效，55.5%的村民认为监测指导措施有效。可见，锡盟牧民对这些生态措施的认识和接受度更高，特别是对人工增雨、严格轮牧和灭鼠虫害（内蒙古主要是灭虫）认同度很高（见图8）。

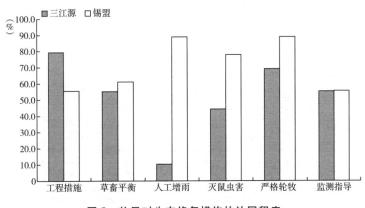

图8　牧民对生态修复措施的认同程度

四　草原奖补与经济收入

牧民的经济收入与草原的质量密切相关，还与区域商品化经营和市场有较大关系。调查显示，被调查的三江源牧民家庭年现金收入普遍很低，户均只有15572元，人均仅为2441元。超过一半的家庭年收入在2000~10000元，10000~30000元的占34%，30000元以上的仅占17%。

从收入结构上看，三江源牧民的现金收入来自几个方面：国家补贴、采挖药材、畜牧业和打工收入。村民的现金收入主要依靠国家补贴，其次为采挖药材收入和畜牧业收入。国家补助占三江源牧民家庭的年现金收入比重高达53%。国家发放补贴的形式是把钱直接发放到牧民的银行卡上，补贴的种类有保护区发放的护林员工资和乡政府发放的草原奖补补贴，草原奖补一般按照人口进行补贴，人均700元左右，并不是按照牧户实际的草原面积进行补贴的。由于草原面积不清，加上宣传的缺乏，牧民并不知道国家补贴是草畜平衡补贴，其发放数额更没有与草场质量进行挂钩，但国家补贴已经成为三江源牧民家庭不可或缺甚至是依赖的重要生活来源。

三江源的畜牧业收入非常有限，平均仅占家庭总收入的约22%，主要来自卖牛和奶酪等牧副产品。由于宗教信仰的因素，三江源地区的牛羊商品交易非常少，仅在特别需要时家庭才会卖牛。调查显示，本地区有高达51%的牧民家庭没有任何畜牧业收入，养畜只是满足家庭的基本食物生活需要（见图9）。

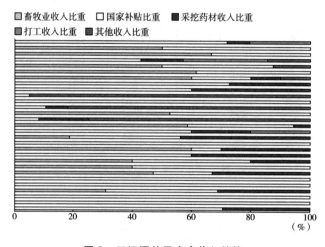

图9　三江源牧民家庭收入结构

此外，本地区约2/3的牧民会外出采挖虫草和其他药材以补贴生计。采挖收入约占家庭年现金收入的23.56%，超过牧业收入成为本区域的主要收入渠道之一。但采挖收入平均只占三江源家庭收入来源的13%，不如外界想象的那样高，而且由于常年过度采挖，虫草和贝母等药材产量逐年下降，许多牧民已经放弃了采挖，重新开始经营放牧，这是值得研究的新课题。

内蒙古牧民的家庭年现金收入也来自畜牧业收入、国家补助、经商收入和打工收入等。锡盟牧民家庭平均年现金收入在5万~40万元，户均达到19.43万元，是三江源地区的12.7倍。广阔的草原、相对较好的牧业生产条件，以及完全商品化的牧业生产，是锡盟牧民收入大大高于三江源的重要因素。

从收入结构上看，锡盟牧民的现金收入主要来自畜牧业，平均占据锡盟家庭总收入的比例为77%，此外约22%和16%的牧民通过经商和打工获得现金收入，其收入平均占锡盟家庭总收入的5%和2%，可见畜牧业是锡盟牧民家庭收入的支撑来源。与三江源牧民几乎不宰杀牛羊卖入市场相比，锡盟牧民每年都会出栏大批牲畜，获取现金收入。国家草原奖补是锡盟牧民的另一个收入来源，平均占家庭总收入的16%。锡盟主要是根据草场面积的大小进行补贴的，一般是1.71元/亩，由于此处草原相对广阔，牧民获得的奖补资金也较多，其获得奖补的条件是按照草畜平衡和禁牧的核定载畜量进行评定，减畜达标者进行奖励补助。一般会在分发前进行牲畜超载评估，超载者不能及时发放补贴，还需要缴纳罚款。在实际操作中，牧民普遍认为政府核定的草畜平衡的单位畜牧的草原面积过大，通常会增加绵羊的饲养数量。在缴纳一定的罚款后，牧民仍然获得奖补资金，草原奖补实际上也未能与草原质量目标结合起来（见图10）。

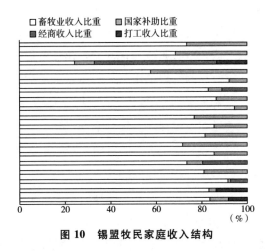

图10　锡盟牧民家庭收入结构

值得注意的是，尽管牧民的现金收入较高，但锡盟许多牧户存在贷款现象，调查中有39%的牧户贷款10万~20万元，主要用于家庭生产基础建设、购置草料、畜牧和租用草场等。多数牧民认为，在市场竞争日益激烈和水资源日益短缺的情况下，经营草场比较困难，实际家庭的纯收入并不多甚至会负债，这种情况在旱灾年尤其严重。锡盟牧民的负债状况及其风险需要更加深入研究。

五　结论和建议

第一，青海三江源牧户人口数远多于内蒙古锡盟牧户，但其家庭的负担更重；锡盟牧民的受教育水平普遍比三江源牧户较高，而三江源牧民中文盲是主流，这对牧民的草场经营管理、生计发展和市场认知都产生了较大影响。对比过去三四十年的变化，两个地区的牲畜数量均增加较多，且牲畜养殖向单一化发展的趋势明显，这也部分导致了草原生物多样性降低和草原退化，降低了草原生态系统的稳定性和保持平衡的能力。

第二，三江源基本上是半游牧方式，夏草场质量相对较好，冬草场退化较为严重，主要表现为鼠害和黑土滩；锡盟主要是定居放牧，草场质量相对均衡，但草场整体质量处于一般和较差的水平，主要表现为沙化、牧草多样性降低、草质下降和杂草增加。气候变化是草场退化的重要原因，但围栏、过牧超载、工矿开采和城市建设等也是引起两个地区草原退化的重要原因。

第三，三江源牧民联户放牧是一种普遍的合作经营形式，这有助于其合理分配劳动力，开展有效率的管理工作和共同面对可能的损失风险；而锡盟牧民基本上是单户放牧和经营，多数牧民需要独立承担自然和市场的风险。联户放牧和合作社放牧能在一定程度上缓解草场退化，可以作为今后的主要放牧形式进行推广，需要政府给予适当的引导、帮助和支持。

第四，三江源牧民对于现在草原的放牧方式普遍表示乐观；而锡盟牧民对当前的放牧和管理方式普遍表示悲观。两地的草原奖补在实施上均没有与草原质量挂钩，而是分别与人口和草地面积挂钩，未能达到制度设计的效果。但两个地区的牧民均表示在不影响家庭生计的情况下，愿意通过减畜、禁牧或休牧等措施来保障草原质量，各界应该加大这方面的投入和培训。

第五，锡盟牧户的现金收入要远高于青海牧户，经济发展水平很高。国家草原奖补成为三江源牧户家庭最重要的生计来源，畜牧业收入极其微薄，这与藏区宗教信仰导致的牧民对市场化认知度较低有着紧密的关系，需要帮助其开拓更多的生计来源；而畜牧业则是锡盟牧户收入的主要来源，但对于其面对市场的风险应该开展更深入的研究。

蒙古族"五畜和谐共生"思想内涵
及其生态价值

张银花　张建华（内蒙古农业大学）

摘　要："五畜和谐共生"是蒙古族传统游牧智慧的核心思想。面对当前经济高质量发展与草原环境保护并重的新时代要求，本文在阐述"五畜和谐共生"思想基本内涵的基础上，分析其在生态文明建设中对现代牧区生产生活的重要价值启示作用。

关键词：蒙古族；传统游牧智慧；五畜和谐共生

游牧，是指随水草生长规律移动放牧的一种粗放草原畜牧业生产方式。经过长期的游牧实践积累，智慧的蒙古族探索出了与草原自然生态环境相适应的生产生活方式、风俗习惯及价值信仰，并经过历史的累积形成了独特的蒙古游牧智慧。这些智慧汇聚于生产生活等领域，其中"五畜和谐共生"是蒙古族传统游牧智慧的核心思想。

一　"五畜和谐共生"的基本思想内涵

所谓"五畜"，在农区指牛、犬、羊、猪、鸡五种动物；在游牧地区，则把牛、马、绵羊、山羊、骆驼称为五畜。"五畜共生"是传统游牧智慧的精髓，"和谐共生"思想体现在畜群结构、五畜与草原共存共处等方面。

（一）"五畜和谐共生"，既是为适应多样的草原植被，又益于保持草原牧草种类的多样性

根据每一种牲畜喜食草类及所需环境的不同，蒙古族流传着"山地的马，沼泽地的牛，平原的绵羊，戈壁的山羊，沙漠的骆驼"的说法，这一

说法非常形象地描述了五种牲畜适于生长的草场及环境的基本特点。

传统的蒙古草原由西向东呈现草甸草原→干旱草原→半荒漠草原→荒漠草原→荒漠的植被景观，不同类型的草原生长的植被也有所差异，蒙古草原上有近千种植物，是草原五畜的天然食库。在草甸草原上，生长的植物多富含碳水化合物，可为乳牛、肉牛的饲养提供得天独厚的条件；干旱草原和荒漠草原上生长着细毛羊喜食的高粗蛋白质植物；半荒漠草原生长的植被恰好适合产毛的绵羊或羔皮羊的放养；荒漠上的植物含灰分高，适合骆驼和山羊的生存。

草原"五畜"在受益于蒙古草原的同时，也为维护草木生长做出了贡献，如果在同一草场上过度放牧，牲畜反复践踏，会造成地表裸露，加速风蚀沙化，而适度的踩食会加速牧草的更新和生长。通过"五畜"种群的平衡搭配进行游牧，能够解决草原类型差异和畜牧业生产之间的矛盾，也有利于维护草原生物的多样性，这是传统游牧智慧的最佳体现。

（二）"五畜和谐共生"，既是为适应牲畜各自独特的生物学特性，又益于达到牧草资源利用的最大化

蒙古游牧先辈将牛、马、绵羊、山羊、骆驼驯化为主要畜牧品种，是经过实践经验累积，在总结各畜种独特的生物学特性与草原的地理环境和牧草生长规律的基础上做出的选择。

牛有着不同于单胃动物的消化系统，其作为反刍动物喜欢采食软而多汁、植株较大的阔叶草类，较少采食灌木类植物。由于行动缓慢，所以较为平坦的草甸草原、典型草原是牛群最好的放牧场地。荒漠草原地带的饲草资源也可满足牛的需要，但由于草株低矮，牛对其利用较差，荒漠区适于养牛的饲草更少。

绵羊皮毛厚、耐严寒、善游走，但又怕湿热，所以能适应较高海拔的草原环境。绵羊喜欢采食比较干燥的葱属植物、蒿类、小禾草以及一些木本类植物上的花、果、枝叶等，不喜采食苔类植物和高大的禾草类植物。在蒙古草原上生长的细嫩、营养高的植物正适合绵羊的采食需要。而对于荒漠草原地区生长的灌木、半灌木等强旱生的灌木植物，绵羊则较少采食。

山羊明显区别于其他畜种的生物特点是强健的骨骼和腿部肌肉，这使其活动更加敏捷，善于跳跃攀登的优势使山羊非常适合在陡峭的山地草原活动。山羊能够适应炎热和潮湿环境，而且山羊的消化能力和咀嚼能力也强于绵羊，一般营养价值较低的饲草也可满足需求，其采食多样化，多偏喜食灌木嫩叶。骨骼强健、善跳跃，加上较低的饲草要求使山羊能够在地势落差较大的草原地区利用灌木的嫩枝、叶及花果，即使在饲草贫瘠的荒漠区，山羊也能拣食强旱生的小灌木和半灌木生存。

相比牛、羊、骆驼，马对饲草要求较高，干燥带有香味的草类是马最喜采食的，而其对杂类草、灌木类植物较为挑剔。由于马的运动灵敏程度不如山羊，对饲草要求又高于骆驼，所以从运动能力和采食习性来看，平坦的典型草原、草甸草原更适合马的放养。

从生物结构来看，骆驼的口腔结构和消化机能强于其他畜种，能够很快消化、吸收粗纤维和木质素较高的植物。骆驼喜食干燥、粗硬、辛辣气味较大且多盐的草本和半灌木类粗饲草，所以骆驼能够利用其他牲畜不能食用的粗硬带刺、木质化、灰分含量大的草木本植物，如骆驼刺、红砂等植物。在植被较少的荒漠草原，驼群经常边走边吃，且只采食植物的小部分枝叶，所以即使在植被稀疏的戈壁，也不会出现植物被吃光的现象。

蒙古游牧先辈通过对"五畜"生物学特性和采食习性的分析，利用不同畜种对饲用植物的采食规律来确定"五畜"的游牧地带。

（三）"五畜和谐共生"，既是为适应畜群结构的合理调整，又益于实现牧草更新和草原生态系统的良性循环

在传统游牧民族的观念里，除了考虑牲畜利用多样植物外，"五畜"的畜种结构及人畜比例，也是保持草原生态系统的良性循环必须考虑的因素。对此，古代蒙古游牧民设立了"五畜"人均最低需要量的标准。在《游牧民族社会经济史的几个问题》一书中提及，一个普通游牧家庭，即五口之家需要 13 头牛、90 只羊、3 峰骆驼和 14 匹马，共 120 头（只、峰、匹）。"五畜"以羊折算，即 260 个羊单位，人均 52 个羊单位。马和羊群之间存在 1∶6 或 1∶7 的自然比例，牛群规模一般和马群规模相当。《蒙达备录》中指出："有一马者，必有六七只羊。"从以上记载可以看出古代游

牧先辈在确定畜群时，非常注重对畜种比例、人均牲畜头数和畜群规模的协调配置。这样既保证了牧民生活的最低牲畜饲养量，又调整了合理的五畜结构适应草原生态承载量。

我们可以将游牧业看作由草原生态发展和畜牧生产组成的复合系统。系统的正常健康运作对牲畜的畜种规模、草原的供给能力都提出了要求，草畜要达到协调共生、系统良性循环的目标，牲畜结构就必须合理且比例适当，在互促互利的环境下，人、畜、草原才能长久共存。在草原与牲畜之间，牲畜从草原获取食物，反过来通过践踏土壤促进植被发育更新，而且牲畜散布的粪便可以为牧草提供生长所需肥料。在人与畜之间，草原"五畜"为牧民提供了多种产品，粗劣羊毛用于制作蒙古包，羊皮可制成抗风保暖的皮衣，羊奶可饮用或制成奶制品，大部分碎骨当作烧火材料，肩胛骨据说用来占卜，羊头和胸叉骨用来祭火；双峰驼是北方戈壁地区运载货物的主要交通工具；牛多用于产肉、产奶和日常交通；马在古代游牧时期多用于骑乘。

二 生态文明建设中"五畜和谐共生"的价值启示

20 世纪中叶以来，牧区"五畜"的整体规模及结构发生了很大变化，人们越来越不重视畜种间的平衡比例，如马和牛的数量呈直线增长趋势，而骆驼因运载功能的减弱数量逐年减少。总体上小畜数量增长明显，尤其山羊数量增长速度较快。究其原因有以下两点。

一方面，市场需求对不同畜种存栏的变化影响越来越明显。市场的自发调控导致了目前畜种的结构变化。在现今畜牧产品中，奶产品、牛羊肉等需求上升，同时人们对山羊绒的需求量也明显增加，但由于进口羊毛的冲击，绵羊毛的市场需求量呈下降趋势。

另一方面，20 世纪后期开始进行的草牧场网围栏建设，划定放牧范围，"五畜"游牧半径受限，牧民被迫放弃马、骆驼等大畜的牧养，同时考虑到与羊相比大畜不能当年出售，从而选择扩大小畜的养殖规模。

目前，牧区畜种结构正逐步呈现"山羊单一化"的趋势。限制范围内的牧场养殖，加上山羊的超高承载量，在牧草食用量无法满足的情况下常常出现山羊刨食草根的情况，影响牧草的再更新，加重了草场退化。"五畜和谐共生"的模式被打破，"五畜"结构及规模的失衡导致了草场的退化，而草原退化迫使牧民更加偏离了"五畜"结构平衡比，失衡的畜群进一步加速了草场退化。最终，形成了"单一畜种—草原退化—被迫选择的失衡'五畜'结构—失衡的结构加速草原退化"的恶性循环状态。

面对破坏情况日益严重的草原，实现草原生态系统的良性循环，无论是国家还是牧民个体都需要认识、借鉴游牧先辈们留下的传统智慧。

首先，在政策层面，在科学限定放牧范围的情况下，应附带提出引导牧民牧业养殖的可行办法，帮助牧民寻找其他途径解决饲草料问题。牧民只有在无须恐慌饲草问题时，才会放弃只顾眼前利益、单纯迎合市场需求的行动，考虑牧场的长远发展，考虑牲畜存栏的"供需平衡"，确定合理的牲畜头数。为此，农业部已于2005年颁布实施的《草畜平衡管理办法》明确规定，根据草原类型制定具体的载畜量标准，同时以多种途径保障饲草料总量供给与牲畜所需饲草总量保持动态平衡。

其次，牧民个体要充分考虑牧草产量、营养成分及年份、季节差异等特点，在有限的草场面积内合理安排牲畜的饲养。根据草原类型和"五畜"习性确定饲养比例，如干旱半干旱荒漠地区应以骆驼和山羊为主，平坦的草甸草原应以马、牛为主。这既有利于草原环境的改善，也有益于在发挥天然草场生产潜力的前提下，实现牧民个体利益的长期发展。

最后，只有保持畜种结构的多样化，使"五畜"协调共生，才能通过充分利用草原植物的多样性实现草原生态系统良性循环和牧区经济高质量发展并重的目标。

如果牲畜单一食用一种植物或植物的某一部分，牧草也会由于营养失衡而退化。游牧是经过历史实践检验而形成的一种草原畜牧业经营方式，也是草原产业中最富效能的生产方式。根据生态学原理，草地牧草资源是可更新的再生资源，畜种结构的多样化和适度放牧不仅不会破坏草原，而且可以通过饲养牲畜获得持续的经济效益。在四季游牧的过程中，牲畜的适度践踏有利于疏松土壤表层的硬壳，改善土壤通气性；蹄类践踏有助于植物种子分散埋入土壤，也有助于刺激植物的分蘖再生，具有提高牧草稠密度和促进植被自身修复等功能；家畜散落的粪便能有效补足草原土壤所需的有机肥料，保障草原土壤养分"收支平衡"，也避免了集中放牧导致的排泄粪便污染问题。

"取于自然，还于自然"是勤劳智慧的蒙古族在长期的历史实践中、在不断认识自然规律的基础上形成的与自然生态和谐共处的传统游牧方式和游牧智慧，对于追求可持续发展的现代人具有重要的启迪意义，在生态文明建设中对现代社会生产生活具有重要的启示价值。

鄂伦春族神话中的人与自然关系探析

张慧平（呼伦贝尔学院）

摘　要：鄂伦春族的自然神话是其自然崇拜的"自然的神化"。本文从人与自然关系的角度对鄂伦春族的五种类型神话进行分析和解读，阐明了一个观点，即鄂伦春族自然神话的本质反映的是人与自然的关系，是鄂伦春人对自然环境系统、环境要素及其相互关系的认识、理解、诠释的艺术表现，是解决人与自然矛盾、处理人境关系的方法、途径。

关键词：自然；神话；鄂伦春族神话

自然神话（以下简称"神话"）是指其主人公、主要描述对象、故事结果的归属对象是自然物或自然现象的一类神话。鄂伦春人有一个自然神灵体系，其中大多数神灵有各自的神话，一般一个神灵至少有一个神话，有的神灵则有多个神话。鄂伦春族神话可分为五类：天体神话、自然现象神话、山神神话、动物神话、植物神话。本文从人与自然关系的视角对各类神话中反映的鄂伦春人对自然环境系统、环境要素及其相互关系的认识、理解的文化特征做一初步探讨。

一　天体神话与充满生命的宇宙

1. 太阳是万物生长的依靠

太阳神，鄂伦春语称"滴拉哈布堪"。关于太阳的神话，广泛流传于鄂伦春族的有《太阳姑娘》《日食神话》。

《太阳姑娘》描述了神与人之间的爱情，赋予太阳以女性特征。故事说："大兴安岭白嘎拉山下有一个湖，常有七个天女在湖中沐浴，最小的太阳姑娘偶遇猎人莫日根（鄂伦春语，狩猎英雄），两相倾慕。……太阳姑娘降临世间，与猎手成婚，其子名为莫日根布库。日后，太阳姑娘被召回，不准返回人间。经神鸟传音，莫日根父子攀登鹿角登临天界，与之团聚。"① 女性是生命成长的依靠，这则神话体现了鄂伦春先民对太阳的生生不息特性的充分认识。

《日食神话》则通过人们对日食的恐惧，从反面表达了人对太阳的依赖。

在鄂伦春人看来，太阳是给人间以温暖和光明的恩神，因此非常崇拜此神。在鄂伦春人神图画面的上角，一般都画有光芒四射的太阳，他们以此祈求太阳给予温暖和阳光。在"玛路"（神位）的柳木神架上方正中，挂放着太阳神偶，其形为圆形，在它的一边有个小孔，用悬线挂在神位上。在春、秋大祭中，虽然没有祭太阳神的专门祭礼，但它是所祭神灵中的主要神灵之一。

2. 月亮是人的保护神

月亮神，鄂伦春语为"别亚布堪"。在鄂伦春人的心目中，月亮是位慈祥、善良的女神，是鄂伦春人的保护神之一。鄂伦春人认为月亮女神"有个大铁锅，每天忙个不停，做着可口的饭菜，奉献给人间。她一手端着锅，一手抓着饭勺，双眼环视着大地。哪里有饥饿，她就挥动着双手，给人间食物"，"月亮还是夜间布施光明，给人指路的值班神，保护人们在黑暗的天地里行走安全，打猎方便。如月亮周围有一层光环，月光晦暗，就是向人们预示将有坏天气"。②

有一则月亮救人的神话："月亮里住着一个老太太，原来在人间时做尽了恶事。从前，天神召集众神谈论如何拯救人，太阳愿降人间除害，月亮说太阳太热，百姓受不了，还是自己降至人间拯救人为好。于是，月亮降至人间，从榛子树丛中抓到了那个恶妇，带至天上，让她天天为人做饭。"③ 所以

---

① 隋书金编《鄂伦春族民间故事选》，上海文艺出版社，1988，第14~16、50~432页。
② 关小云、王宏刚：《鄂伦春萨满教调查材料》，辽宁人民出版社，1995，第16~187页。
③ 吕大吉、何耀华：《中国各民族原始宗教资料集成·鄂伦春族卷》，中国社会科学出版社，1999，第8~76页。

满月时，人们能看到老人拿勺做饭及榛子树丛的形状。

为此，鄂伦春人特别尊敬和爱戴月亮神，每当遇到晴朗的夜晚，人们都会去仰望慈祥可爱的月亮。每年农历正月十五、十六日是拜月赏月的日子，人们有什么心愿和要求，就对月亮诉说。在春、秋大祭中，鄂伦春人在神图上画太阳的同时，也画月亮，在制作太阳神偶时，也制作弯弯的月亮神偶，挂放在"玛路"神位的柳木神架上的第一层，月亮神也是供祀的重要神灵之一。

3. 星辰是人的灵魂

星星神，鄂伦春语称"圈儿盼"，狭义专指启明星，广义则象征众星座。① 鄂伦春人认为"太阳至圣和灵魂不灭，人死后被召化为星辰，成为太阳的侍卫，并永远关照他们子孙的行为"。② 在鄂伦春族的信仰观念中，人的灵魂是星星投身的，但是星星投身的灵魂并不是永恒不变的，而改变人的灵魂最终的决定权掌握在天神手里。这反映了鄂伦春先民独特的世界观：天神作为创世神创造人类和万物，而星辰虽然也作为创世神参与人类的创造，但是它的创造只局限在个体人的创造。这种人与星辰的关系是鄂伦春先民的"人来源于自然"世界观的体现。

其他星神还有：七仙女星、犬星、野猪星、弓星和箭星、人星、野猪星、马星、畚星、鹿星、天脊星、满盖星等。③

日月星辰神话是鄂伦春族神话的主要内容之一。从人与自然的关系上看，除以上论述的以外，其还有几个共性含义：一是神化日月星辰，鄂伦春人将距离遥远的日月星辰视为不可与之搏斗的强大力量而将其神化；二是赋予日月星辰以生命特征、人的品格，将美好的理想和丰富的艺术想象装饰在日月星辰中，创造出美丽动人的神话故事，以满足人们在艰苦的狩猎生活中的精神需要；三是把人的生命同宇宙联系在一起，认为宇宙是充满生命的宇宙。"拜日月、参北斗，万千生灵满宇宙"，鄂伦春天体神话表达了这样一个中心思想。

---

① 关小云、王宏刚：《鄂伦春萨满教调查》，辽宁人民出版社，1998，第16~187页。
② 吕大吉、何耀华：《中国各民族原始宗教资料集成·鄂伦春族卷》，中国社会科学出版社，1999，第8~76页。
③ 泉靖一、李东源：《大兴安岭东南部鄂伦春调查报告（续）》，《民族学研究》1937年第3期。

二 自然现象神话与应对自然

在狩猎采集的生产方式中，诸多自然现象对鄂伦春人有着最直接的影响。这种影响同今天一样有好有坏——自然界对人总是恩威并施的，鄂伦春先民将自然的这种两面性赋予了神格和人格，表明鄂伦春人对喜怒无常的大自然的情感表现是丰富的和积极的。鄂伦春人的自然现象神有：风雨雷电、火、虹、雪、霜、雾等神灵。

1. 火神话与合理用火的意识

鄂伦春人非常敬仰和信奉火和火神，因为火对处于原始狩猎生产时代的人们来讲尤为珍贵，是原始狩猎者生存发展的一个重要条件。火不但是煮食、取暖的依赖，也可作为抵御野兽的一种武器。

火是人类第一个征服的一种自然力。人类正是凭着对火的利用、对火种的保留，开拓并繁育于荒寒漠北，维系着生存和延续生命。因而，在鄂伦春人的观念中，火神是最纯洁、最神圣的善神。

鄂伦春族关于火神的神话传说有很多，最流行的有两则，其一为，很早以前有一个猎人，白天打了一天猎，什么也没有打着，晚上回家烧火时，火崩裂出声（鄂伦春人忌火崩出声，他们认为这样没有福气，打不着野兽），这人生气地拿出刀刺灭了火，第二天要生火时，就生不着，结果这人就冻死了，这是因为火主已生气走了，因此不可能生着火；其二为，一个名叫"沙石克"的猎人和另一位猎人一同去打猎，两人在晚间生火时，火出了声，沙石克非常生气，马上用水把火弄灭了，第二天早晨出猎时，走不远就听见鹿声（实际不是鹿声，而是另一猎人吹的鹿哨声），沙石克认为是鹿，故吹了自己的鹿哨，结果沙石克被对方当成鹿，打中了眼睛，当场死了，这也是因为沙石克用水浇灭了火（不尊重火神）。[①]

以上火神话表明鄂伦春人对火的两面性的认识和关于合理用火的知识积累。在现实中，鄂伦春人对火神推崇之至，敬畏不已，不同地区的鄂伦春人对火神有着不同的称谓，毕拉尔路鄂伦春人称火神为"透欧博如坎"，

① 关小云、王宏刚：《鄂伦春萨满教调查》，辽宁人民出版社，1998，第16~187页。

库玛尔路鄂伦春人则称之为"古龙它"。"每逢正月初一，全族要举行隆重的拜火仪式，萨满或德高年长者唱起祭火神歌，热情礼赞火神的恩惠，抒发对火神的挚诚之情。"① 鄂伦春猎人用火是十分小心的，他们深知火性，把山火称为"火魔"，因而尊火是对火性的尊重，最终目的是实现合理用火，防止火灾的发生。

2. 雷神话与对雷电的认识

鄂伦春人在遇到雷电交加的天气时，认为是雷神（阿克迪恩都里博如坎）和闪电神（塔力格兰博如坎）在发怒。鄂伦春人特别惧怕被雷击，所以经常对雷神、闪电神祭拜，以求平安。鄂伦春人平时最忌讳踩着雷击木或者是从被雷击过的树木旁边经过，他们认为那是雷神和闪电神的地方，如果闯进去就会触怒雷神和闪电神，人就会发烧。如果偶尔有人被雷击死，尸体则不能搬回氏族部落驻地，而要在野外掩埋并举行仪式，祈祷雷神宽恕死人的罪过，并保佑其他人平安。② 这实际上反映了鄂伦春人对雷击规律的认识。林区人都知道，雷击是有一定范围的，即在一些区域经常落雷，而在另一些区域则从不落雷。所以，鄂伦春人忌讳从雷击木旁走过是有科学道理的，因为雷击木所在的一定范围内会经常发生雷击。还有一则《逗雷神》的神话，反映了鄂族人对雷电性能的直观认识。朽木是不导电的，因而猎人遇到打雷天气常常躲在朽木下面，并以诙谐的语言嬉笑雷神。

3. 风神话与对风性的认识

风神的鄂伦春语叫"库列贴"，据说这种神的头发向上直立，又直又硬，不向任何一方倾斜。一旦"库列贴"的头发摇晃起来，就预示要刮大风；如果摇晃得很厉害，将预示着狂风大作。实际上，风神是鄂伦春人掌握气象的"风向标"。在大兴安岭地区经常出现龙卷风（旋风）天气，因而鄂伦春人非常惧怕旋风，也祭拜旋风神，他们称旋风神为"毛鲁开依达力"和"根球鲁阿狄尔"，认为如果狩猎的人从起旋风的地方经过，就会触怒旋风神，所以遇到旋风就要立即避开，但必须把猎获物如狍子或是鹿

---

① 关小云、王宏刚：《鄂伦春萨满教调查材料》，辽宁人民出版社，1995，第16~187页。

② 吕大吉、何耀华：《中国各民族原始宗教资料集成·鄂伦春族卷》，中国社会科学出版社，1999，第8~76页。

肉祭上，并叩头祈求风神宽恕，不要伤害他们，更不要给他们带来灾难。[①]
鄂伦春人在春祭时要祭春风神，并流传着祭祀的神歌。

4. 雨神话与人同自然的相助关系

鄂伦春族雨神话认为，下雨是天上的"穆都里汗"在洒水，"穆都里
汗"身上有无数鳞片，每个鳞片上都装满了水，可见雨神就是龙神。雨神最
初称"替迪博如坎"，后来变成了"穆都里"，而河神被称为"穆都里汗"，
二者最后都变成了龙神。"穆都里"或称"穆都日"，这一词来源于满语，现
在的达斡尔族、鄂温克族、赫哲族都称龙为"穆都里"。"鄂伦春族接受了由
满族传入的龙文化概念后，才逐步将雨神、河神改称'龙神'。"[②]

鄂伦春族有一则人帮助龙的神话。许多年以前，兴安岭那边有个地方
打了好几天雷，并有很多云雾。有个猎人见到那个地方有棵很粗的枯树，
树上盘着一条龙，龙身上压着一只磨盘大的蜘蛛，蜘蛛网如麻绳一样把龙
缠住。原来这是个蜘蛛精，雷怎样击也击不死它。后来猎人用枪把蜘蛛打
死，又爬到树上用猎刀割断蜘蛛网，龙才慢慢地升上天空。[③] 这则神话表
现了鄂伦春人的人神相助、人境和谐的观念。

5. 彩虹神话与人对自然的情感寄托

美丽的彩虹在鄂伦春人眼里是一位女神。很久以前，有一位鄂伦春族
姑娘，深深地爱上了一位英勇的猎人，但她的父母却把她许给了一个无情
无义的人。姑娘一心想着心爱的恋人，几次逃跑都被捉了回去，被她丈夫
打得皮开肉绽。但她仍不灰心，有一天她又跑出来，丈夫发现后骑马追
来，打断了她的四肢，并把她扔在山里。为了真挚的爱情，姑娘决心一定
活下来，她慢慢地爬呀爬。恰巧天神路过此地，被姑娘的精神所感动，为
她和恋人之间架起一座天桥。姑娘见到天桥，便磕头感谢，顺着天桥往前
爬，爬过之处留下一条血迹。后来，天桥变成了五颜六色的彩虹。鄂伦春

① 吕大吉、何耀华：《中国各民族原始宗教资料集成·鄂伦春族卷》，中国社会科学出版社，
1999，第8~76页。
② 关小云、王宏刚：《鄂伦春萨满教调查》，辽宁人民出版社，1995，第16~187页。
③ 秋浦、莫金臣：《鄂温克族社会历史调查》第一集，内蒙古人民出版社，1984，第49~
238页。

族妇女和儿童一见到彩虹就磕头，并严禁男人到彩虹下。① 彩虹神话表达了鄂伦春人向彩虹等自然现象寄托情感的浪漫情怀和天人合一的思想境界。

霜、雪、雾等无神话，但有神偶、神像。

从上述列举的神话中，我们可以看到鄂伦春人对自然的供给是感恩的，对自然灾害是痛恶的，对自然的美丽是寄予深情的。栉风沐雨、尊火笑雷、感恩抗威、趋利避害、寄情于美、休戚与共，这充分表现了鄂伦春人在狩猎生产生活中对待自然的既神秘又实际的态度。

三 山神神话与人地相依

关于山神有一则神话：一个小孩在跟随其他人打猎时遇见一只虎，虎嘴里衔着一只鹿，一拐一瘸地走到小孩身旁，把虎掌伸给他，让他给拔刺。小孩战战兢兢地给它拔了刺并包扎好，虎并没有伤害小孩，反而给小孩抓来很多野兽，让他驮回家去。小孩拿不动，虎就趴到他身旁，小孩把野兽驮在虎身上，自己也骑上去，虎一直把他驮到他家附近。同小孩一起出猎的人都很奇怪，小孩不但没有被虎吃掉，还得了这样多的东西，于是便相传，这只虎是山神爷。②

山神是鄂伦春人的主要神灵，如今山神已经演变为一个概念性的神灵，人们认为它是地域的主宰者。山神的一般形象是一个白胡子老头，有时骑着或牵着一只虎，也有的鄂伦春族称虎为山神。鄂伦春语"白那恰"是山神爷的意思，"供它是用一块白布画一只虎，一个山神爷，两侧站着两个小鬼。供在山岭上木制的小庙里。另一种简便的供法是：将一棵高大的老树，砍去一块树皮，在此画个脸形，用红布遮盖"。③ 猎人路过时，要给它装烟、敬酒、叩头，要用打到的猎物给它上供，还要将马尾或马鬃割下几根系在附近的树上，出远猎的都要供山神。

① 吕大吉、何耀华：《中国各民族原始宗教资料集成·鄂伦春族卷》，中国社会科学出版社，1999，第8~76页。
② 秋浦、莫金臣：《鄂温克族社会历史调查》第一集，内蒙古人民出版社，1984，第49~238页。
③ 秋浦、莫金臣：《鄂温克族社会历史调查》第一集，内蒙古人民出版社，1984，第49~238页。

山神神话和族人的态度体现了鄂伦春人对人地关系的认识，对山神的崇拜更突出地体现了狩猎文化中的人境关系，人依地生、地以人荣是其突出特点。这种关系从文化表现上表明狩猎生产是一种传统的可持续的生产方式。如果按照一般认识把鄂伦春文化作为一种原始文化的存留，那么这种存留本身就已经历史地证明了狩猎生产方式的可持续性。

四　动物神话与生物链条

鄂伦春人的动物神话在整个神话体系中，在内容、形式和蕴含的意义等诸多方面都是最为丰富和深刻的。动物是鄂伦春人在生产生活中接触最多，对人的作用最突出、最直接的活的自然物。动物与人的关系最突出地反映了人与自然的关系特点。因而，对动物的神化是鄂伦春先民神化自然整体内容的重要部分。鄂伦春神话中的动物神灵最为丰富，无论是大型动物还是小型动物，乃至鸟、鱼、昆虫，都有各自的神灵。前面论及了虎神，这里再介绍几个动物神话。

1. 鹿神话与人对鹿的感恩

在鄂伦春族历史中，鹿科野生动物是鄂伦春人衣、食、住、行的主要资源之一，与他们原生态的狩猎生产生活形成了密切的联系。无论是在精神文化还是在物质文化中，鹿科动物占据了重要的历史地位，直接决定了鹿崇拜文化的产生。

以鹿为主题的神话有很多，如《宝山宝鹿的传说》《虎鹿相遇》等。至今，在鄂伦春族民间流传的神话传说及民俗活动中，鹿崇拜文化的存在一次又一次得到了历史的印证。如有褪去鹿皮后变成漂亮的青年男女的爱情故事，也有到处撒树种的鹿是托若（托若指萨满祭天仪式中用的树，也称"宇宙树"）上神的借体或萨满神灵附体后的萨满本人（男性）等。鹿的神话多描写的是鹿的善良和机智，是鄂伦春人对鹿的自身品性的赞美；而神鹿（一头顶天立地的大花鹿，它的角一直长到天上）形象的出现，则反映了鄂伦春先民对鹿的生态作用（鹿的生态意义上的贡献）的充分认识和艺术夸张性的美化，也充分表现了鄂伦春人对鹿的感恩意识。"在（俄罗斯境内）埃文克—鄂伦春人中，在射死要找的驼鹿后，要举行仪式，举行仪式时萨满要披上驼鹿的毛皮，模仿驼鹿打滚，又跑又叫，他进行这道程序为的是使他本人、神和被打死的驼鹿的灵魂结成亲戚，使他们能忠实地为监护的氏族成员效劳。"①

2. 狼、狐、鼬神话与吉凶两面性

狼在鄂伦春族狩猎生活中可以说是一大公害，不但与猎人争食而且常常伤害猎人及马，所以鄂伦春猎人一般都惧怕狼。鄂伦春猎人在狩猎时，不敢直接称呼狼的名字"古斯克"，却称它为"嗡"或者称为"大嘴巴"，同时立狼为神并祈祷狼神不要伤害鄂伦春人、保佑他们的马匹等。狼的神话有《看穿狼魔》《狼丈夫的故事》等。前者表现的是狼的凶恶的一面，后者则表现了狼美好的一面，表明了鄂伦春先民对自然的辩证认识。

有些地区鄂伦春人的黄鼠狼、狐仙崇拜比较广泛。狐仙神（称为"敖律"或"乐莫勒"）和黄鼠狼神（鼬）（又称"胡路斤哈达尔"）等，这些神都是凶神，人们十分惧怕他们。狐狸的神话有《狐狸和师傅》《狡猾的狐狸》等，多描写狐狸狡诈和阴险的一面。

3. 两栖动物神话与吉祥和善

除了对上述动物的崇拜，鄂伦春族对两栖类、爬行类动物也十分崇拜，他们崇拜的两栖类、爬行类动物有蜥蜴（俗称四脚蛇）、蛇、蛙、龟等。这些动物被视为"开天辟地"的神。这些动物在陆地及水中都能生活的特殊习性，引起了鄂伦春先民的想象，他们从而造就了开天辟地、有特殊功力的神。鄂伦春族神话认为，青蛙等动物是有灵性的、有福气的，它们会把吉祥带给鄂伦春人，认为一旦有青蛙等动物跳到猎人的腿上，就会给猎人带来吉祥和福气，所以鄂伦春先民从不伤害这些动物，并把它们放回水中。这种对两栖类、爬行类动物的崇拜现象在赫哲族、鄂温克族、达斡尔族、蒙古族中也广泛存在。

20世纪30年代，日本学者调查在内蒙古呼伦贝尔境内绰尔河流域（今扎兰屯市北鄂伦春民族乡一带）生活的鄂伦春人时，发现在他们的萨满神鼓上面绘有蜥蜴、蛙、龟的形象。"神鼓槌背面的铲形面上（这一地区萨满神鼓槌造型呈扁长形似铲，与敖鲁古雅鄂温克人神鼓槌造型基本相似，铲面底部镶有皮毛），也刻有蛇、蜥蜴、龟等形象。以此可见两栖类

---

① 鄂·苏日台：《鄂伦春狩猎时代精神民俗与艺术》，内蒙古文化出版社，2000，第17、83～84页。

动物崇拜民俗在鄂伦春族中，已有相当长的历史了。"①

4. 动物神话中对生命链的认识

除上述动物神灵之外，还有鸟类神、鱼类神以及马、犴、獾、蝶、蛾、蛛等，丰富的动物神灵组成了一个相互关联、相互依存的动物神系，鄂伦春人依照这一神系展开丰富的想象，创造了一个个生动、美丽的动物神话。鄂伦春族的动物神话最能体现人与自然的关系。动物是鄂伦春人的衣食来源，同时动物又是他们的生活伙伴，鄂伦春人对动物的感情是深刻和复杂的。鄂伦春先民在构造动物神话时，不仅表达了他们对动物的复杂情感，还在一定程度上记录了他们对动物之间关系的认知。笔者在整理鄂伦春族动物神话时，发现在神话文本中记载着丰富的动物知识，特别是对动物之间关系的描述同生态学中的生物链的含义极其相似，这表明鄂伦春人对动物之间的生态关系有了初步认识。鄂伦春族动物神话中表现的动物间关系如下，这一关系是按照动物的取食能力（由强到弱）划分的：

虎、熊→狼、豺、野猪、猛禽→狐、貉、獾→鼬、狸→鹿、獐、黄羊→山禽、鸟→鼠、兔

显然，这一关系只适用于兴安岭及以北地区。同生态学中的食物链相比，这一关系显得并不完善，但其间的基本关系是正确的，对于狩猎民族来说，这些认识已经够用了。

五　植物神话与同生共荣

鄂伦春族的植物神话较多，如《白桦岭的传说》《垂柳的故事》《稠李子树的故事》《常青树》等，植物神话大都表现的是人与树木、花草间的互助、互爱、互利的母题，极少有互相争、互相斗、互相害的情节。这实际上反映了鄂伦春先民对植物环境的客观认识：在北方的植物中，极少有对人有害的植物，植物的总体表现是助人、帮人、益人的。鄂伦春族只

① 鄂·苏日台：《鄂伦春狩猎时代精神民俗与艺术》，内蒙古文化出版社，2000，第17、83~84页。

有一个植物神，鄂伦春语称"楚克博如坎"。"实际上鄂伦春族在古代对植物崇拜的范围比较大，凡是与他们狩猎生活相关的植物花草树木、野果等都要崇拜"，"在他们的意识中，认为植物是善良而有灵性的，对植物怀有一种感激之情"①。为了表达这种感情，鄂伦春先民将植物神化，创造了"楚克博如坎"。"在不少关于鄂伦春族历史文化专著中，把'楚克博如坎'译成'草神'或是'草场神'。我们认为这不够准确，其含义比较狭小了。实际上，'楚克'一词泛指呈绿色的植物而言，不是绿色不能称为'楚克'，从鄂伦春族民俗来看，'楚克博如坎'应该管所有的植物，也包括植物的果实等。"②鄂伦春人常常把它与饲马神一起供奉，因为在鄂伦春人开始饲养马匹后"楚克"神（绿色植物神）尤显重要。所以在之后的生产生活中，鄂伦春人不但将饲马神及植物神列在一起，而且在名词及神的功能上也往往混用。这样，植物神"楚克博如坎"就变成了马的保护神和医治马匹疾病的神。鄂伦春人还为楚克神创造了副神，叫作"克伊德恩"。创造"楚克博如坎"是鄂伦春人对植物的神化，是对植物的最直接的关爱和保护，体现了鄂伦春人与花草树木共生共荣的环境意识。

综上所述，鄂伦春族神话反映的人与自然关系表现出以下几点特征：一是神化自然，万物皆有生命和神性，人是其中的普通一员；二是人与自然是相辅相成的，既有对立又有和谐，在和谐中有人境对立，在对立中有人境和谐；三是人以道德力量和情感力量保护生存环境，实现人境共存；四是以信仰统御人的精神，即把思想观念、伦理道德、情感表达、习俗风气在信仰中统一起来；五是将人与自然的关系艺术化，将丰富的想象和审美理想赋予神话的创造。由此可见，鄂伦春族神话不仅具有极高的艺术价值，而且具有丰富的实用价值。神话是人与自然关系的艺术体现，其中蕴含着丰富的知识、理念、方法和经验。神话作为文化载体，世代传承着这些精神文化内容，这使得鄂伦春族狩猎文化在这一内在文化动力的推动下和外界文化干扰较少的环境中得以持续存在。

---

① 鄂·苏日台：《鄂伦春狩猎时代精神民俗与艺术》，内蒙古文化出版社，2000，第17、83~84页。

② 鄂·苏日台：《鄂伦春狩猎时代精神民俗与艺术》，内蒙古文化出版社，2000，第17、83~84页。

鄂伦春族狩猎文化变迁的人类学反思

方　征　王　延（中央民族大学）

摘　要： 鄂伦春族狩猎文化的变迁经历了南迁以前的自然进化阶段、南迁以后的社会冲突阶段和定居以来的指导变迁阶段等，在社会发展中鄂伦春族万物有灵的传统思想被彻底打破。随着外来文明的进入和自然环境的改变，鄂伦春族的社会状况、生产生活、健康情况等都受到了很大影响，只有加强狩猎文化的产业化发展、保护生态环境，使得人与自然和谐共处，才能达到人类社会可持续发展的目标。

关键词： 鄂伦春族；狩猎文化；生态环境

早期的鄂伦春人主要在黑龙江、库页岛以北，贝加尔湖以南的茂密森林中过着几乎完全封闭的狩猎生活，较好地保持着原生态的狩猎文化。17 世纪中期，随着沙皇俄国的入侵，一部分鄂伦春人被迫迁徙到黑龙江以南生活，随着外来势力和先进狩猎工具的进入，其狩猎文化发生了很大改变。从 21 世纪中期开始，鄂伦春族实行了定居、转产和禁猎等政策，他们的狩猎文化逐步由昌盛走向消亡。通过对鄂伦春族狩猎文化变迁进行研究，可以揭示原生态狩猎文化的真正含义，以及在文化冲突时如何尊重弱势群体，反思人类的行为应该如何顺应自然从而达到可持续发展的目的。

一　鄂伦春族狩猎文化的变迁历程

（一）南迁以前的狩猎生活

17 世纪中期以前，鄂伦春族还处于完整的"穆昆制"的社会组织形态中，以血缘关系组成的具有父系氏族公社特征的"乌力楞"是社会生活的基本形式，狩猎生产也是以乌力楞为单位集体进行的。"塔坦达是狩猎生产的主要领导者和组织者，乌纠鲁达则是塔坦达的副手，吐阿钦的任务是留在宿营地负责做饭、打柴等杂物。"① 这个时期的鄂伦春人已经形成了一套严密的社会组织和分工体系，这种体系与他们的狩猎生活是相适应的。在鄂伦春族生产力水平还十分低下的情况下，个人很难获得能够满足衣食需要的猎物，必须要有"乌力楞"全体成员的通力合作才能战胜凶猛、庞大的猎物。"乌力楞"成员在"塔坦达"的带领下，共同生产、共同消费，形成了团结协作、互相依存的生活理念。

鄂伦春人最早使用的狩猎工具是石器、木棍和骨器，如扎枪头、箭头就是骨制的。关于弓箭的制作相关文献是这样描述的："箭杆用桦木或'极马子'等硬质木料制作。弓背是用落叶松木制成，弓弦是用犴皮条制做。"② 据《西伯利东偏纪要》记载，鄂伦春人"善使木弓、桦矢。低答弓以黄瓢木为之，性直不弯，长五尺，盈握为度，弦者直亦如矢。矢以蜂桦为之，长视左手至左肩，镞长视食指，本窄末宽约四分。低答以木为之，长七尺余"。③ 与弓箭配合使用的工具还有扎枪，扎枪的制作是"将一木杆削尖，也有的将木杆的一头安上石镞或骨镞，以刺杀野兽。在狩猎时，既带弓箭，也带扎枪。远距离就用弓箭射杀，近距离或遇受伤的熊、野猪等凶猛野兽反扑时，就用扎枪与之搏斗，最后将其刺死"。④ 在鄂伦春族南迁以前，男人主要从事狩猎活动，弓箭、扎枪是他们狩猎的主要工具。除了弓箭和扎枪以外，猎犬、驯鹿、桦皮船和滑雪板等也是鄂伦春人重要的狩猎工具。

这个时期的鄂伦春人狩猎的主要目的是满足自己的需要，他们在狩猎中"得一兽而还"，"幼小的动物不打、怀孕的母兽不打、正在交配的动物不打"，有选择地进行狩猎。他们"一家获牲，必各家同飧，互为聚食"。⑤ 共同消费体现了鄂伦春人宽仁大度、互敬互爱的优良美德，也是形成习惯

---

① 内蒙古少数民族社会历史调查组编《逊克县鄂伦春民族乡情况》，1959，第34页。
② 赵复兴：《鄂伦春族研究》，内蒙古人民出版社，1987，第42~72页。
③ 赵复兴：《鄂伦春族研究》，内蒙古人民出版社，1987，第42~72页。
④ 赵复兴：《鄂伦春族研究》，内蒙古人民出版社，1987，第42~72页。
⑤ 吴雅芝：《最后的传说：鄂伦春族文化研究》，中央民族大学出版社，2006，第70页。

法则和道德伦理的生活基础。千百年来他们一直维持着这种可持续生产的生计方式，并没有对生态环境造成伤害，这种尊重自然法则的生存理念正是在17世纪以前建立起来的。鄂伦春人在依生于自然、尊重自然、敬畏自然、万物有灵的淳朴思想体系下过着"棒打狍子瓢舀鱼、野鸡飞到饭锅里"的"令现代农民望尘莫及的丰裕生活"。

（二）南迁以后至定居前的狩猎生活

17世纪中叶，鄂伦春人开始从黑龙江北岸向南岸迁徙。清政府将他们编入八旗，实施"路佐制"的管理模式，形成了与"穆昆制"并存的管理体制，并促使了鄂伦春族民族共同体的形成。在民国时期、北洋军阀时期、日本帝国主义占领时期，鄂伦春族的狩猎基本组织"穆昆制"始终保留着，这也是其狩猎文化不断延传的基本保障。

枪支的传入对鄂伦春人的狩猎生活产生了革命性的改变，最早出现的枪支是火枪，之后依次是砲子枪、"别拉弹克"枪、连珠枪、"一三"式步枪或"七九"式步枪，枪支的进入途径主要是统治者配发和对外交换。马匹的进入也是鄂伦春族狩猎文化发展的重要标志，"近代鄂伦春马匹的来源有二：一是通过达斡尔族谙达和汉商换来的。二是曾有些鄂伦春人到草地赶过马群"。[1] 猎马是鄂伦春人不可缺少的狩猎工具。随着铁器的进入，猎刀成为鄂伦春人必备的狩猎工具，也是鄂伦春人必备的生产生活工具，他们后来可以自己制作猎刀和刀鞘。鄂伦春人的狩猎方式也出现了追猎、穴猎、堵猎等方式，临时的狩猎组织"安嘎"和单独狩猎也普遍出现。猎物的分配方式仍然沿用"见者有份"的原则，但共同消费的理念越来越淡化。

外部势力的压迫和商品经济的侵入打破了鄂伦春族那种自给自足的自然经济结构，过去鄂伦春人狩猎的目的仅仅是食肉衣皮，后来也为了满足对外来商品交换的需要而狩猎，而且商品的比重越来越大。清朝末期，鄂伦春人出现了为满足商品交换而进行的季节性狩猎，"一年四季中的所谓鹿胎期、鹿茸期、叫鹿围期和打皮子期的狩猎季节，就是适应这种为商品

---

① 赵复兴：《鄂伦春族游猎文化》，内蒙古人民出版社，1991，第38页。

而狩猎的生产的情况才出现的"。① 商品货币经济的侵入加速了鄂伦春族私有制的发展，也造成了社会组织的分化和传统经济生活的改变，从而促进了生产关系的急剧变化。鄂伦春人在这个时期的文化接触中始终处于被动的、受制于人的地位，也遭受了外部势力疯狂的掠夺和残酷的剥削，但这也打开了鄂伦春人长期封闭的自然经济大门，引导了鄂伦春族社会从自然经济朝着商品经济迈进。

（三）定居以后的狩猎生活

中华人民共和国成立后，鄂伦春族实现了定居，在"直接过渡"纲领的指导下，根据他们迁徙游猎的生活状况，其社会形态被定义为"原始社会末期"的发展时期。"落后""愚昧""迷信""野蛮"成为鄂伦春族传统狩猎文化的代名词，"抢救落后""社会改造"成为鄂伦春族社会发展的主要方向。为了帮扶鄂伦春族，政府在原来"安嘎"的基础上成立了狩猎互助组，发放了大量的枪支和弹药，使得狩猎活动进一步得到发展。相关材料显示："据黑河民委统计，至1957年，黑河地区共调换枪700余支，供应子弹55万余发。"② 在20世纪60年代初期，兴安岭的动物资源已经出现了危机，人们不得不组织远征队到更远的地方狩猎，狩猎对象的范围不断扩大，各种野生动物都成了狩猎的重要目标。1980年，黑龙江省关于给鄂伦春族群众补发枪支弹药的资料显示："省军区为鄂伦春族猎民更换了猎枪、子弹。其中，发放了'7.62'步枪213支，子弹13.4万发，小口径步枪104支，子弹45万发。"③ 然而，伴随着自然资源的进一步开发，自然环境和动物资源再次受到严重的破坏，狩猎已经不仅是鄂伦春人的生产方式，林业工人、盲流等也大量涌入，庞大的狩猎队伍使野生动物资源不断减少甚至濒于枯竭，自然资源受到极大破坏，致使各种灾害频发。为了保护自然环境，1996年1月23日，鄂伦春旗实行了全面禁猎。根据鄂

---

① 鄂伦春族简史编写组、鄂伦春族简史修订本编写组编《鄂伦春族简史》，民族出版社，2008，第60页。
② 内蒙古少数民族社会历史调查组编《黑龙江呼玛县十八站鄂伦春民族乡情况——鄂伦春族调查材料之四》，内蒙古少数民族社会历史调查组，1959，第36页。
③ 逯广斌、韩有峰、都永浩：《鄂伦春族40年（1953-1993）》，中央民族大学出版社，1994，第108页。

伦春旗的经验和做法，黑龙江地区也实行了全面的禁猎举措。"禁猎"标志着鄂伦春族延续几千年的狩猎活动被彻底改变，鄂伦春族的传统狩猎文化走到了尽头。

定居以后，大量武器的使用彻底改变了鄂伦春族传统的狩猎方式，国家对狩猎产品的统一收购也改变了长期以来形成的贸易形式，"万物有灵""天人合一"的生存理念被彻底打破，致使长期以来形成的文化传统也被彻底颠覆。

二　狩猎文化变迁对鄂伦春社会的影响

（一）传统的思想体系被彻底打破

"万物有灵"是鄂伦春人的祖先对世界最真挚、朴实的认识，这种原始的宗教思想贯穿其狩猎文化的方方面面，也使鄂伦春人的生产生活方式遵循生物进化发展的自然规律，符合优胜劣汰的生物进化法则。鄂伦春人在狩猎前和打到猎物后都要祭拜山神"白那查"，出猎时要进行占卜仪式，他们相信自然中的一切是由神灵来主宰的。萨满教是在万物有灵原始宗教观的基础上，由于出现了神灵的代言人萨满而逐渐产生的宗教现象。鄂伦春人认为，"人是处在各种神灵的包围之中，而且人在生活中又往往触犯神灵，因此，如何沟通人与神之间的关系，以便调解人和神之间的矛盾，于是就产生了萨满，认为她可以成为人与神灵之间的中介人"。[1] 萨满可以为族人祈福避祸、为人治病，是鄂伦春狩猎文化的精神支撑。

随着鄂伦春人狩猎能力和目的的改变，他们祭祀山神的目的变为让山神保佑自己多打野兽，从而换取更多的生产生活资料。这种索取行为打破了鄂伦春人传统的万物有灵、天人合一的思想体系，也使他们陷入痛苦、迷茫和矛盾之中。在鄂伦春族社会发展中，萨满教作为"文化糟粕"、"愚昧""落后"的"原始习俗"，在"改造落后""破除迷信""除四害""文化大革命"等一系列政治举措中被批判。在商品经济大潮中，见者有份、共同消费的分配方式被社会所遗弃，鄂伦春族的原始宗教思想体系被

---

① 赵复兴：《鄂伦春族游猎文化》，内蒙古人民出版社，1991，第38页。

彻底摧毁，他们丧失了几千年来形成的人与自然、人与社会和谐相处的生态关系。文化灵魂的失落必然会引起社会秩序的混乱，他们在后来的发展过程中出现的一系列问题就成为不可避免的事实了。

（二）生产生活的巨大改变

清朝中后期，枪支、马匹等狩猎工具的进入改变了鄂伦春人的狩猎经济，他们在同外界的交换中获得了粮食、铁器、布匹、酒、烟等生活物品，在享受外来文明的同时也惨遭中间商"安达"的残酷剥削和欺压，致使其社会生活受制于人。由于鄂伦春人缺乏对外来文化的抵御能力，鸦片、香烟、烈酒很快进入他们的生活中，统治者也通过这种手段去控制和利用他们。这个时期鄂伦春人生活方式变迁的动力不仅来自外来文化的强势冲击，也来自鄂伦春族社会内部的主动适应，他们一方面获得了物质文明的发展，另一方面却饱受精神方面的折磨，陷入矛盾和痛苦之中。

定居以后，随着狩猎工具的极大补充，鄂伦春人可以获得更多的猎物，收入也得到很大提高，也可以在政府的供销社中购得更多的生活物资，生活条件得到了不断改善。然而，伴随着自然资源的破坏，这种"富裕"的生活很快就遇到了困境，鄂伦春人必须面临向农耕文化转型的状况。从森林中走出来的鄂伦春族不懂汉语、不会种地更不会经商，在以后的一系列社会变革中他们茫然失措，尽管人民政府为了帮扶鄂伦春族群众投入了巨大的人力、物力，但是由于不适应社会的发展，他们还是陷入极度的贫困和空虚之中，借酒浇愁成为很多人的选择，也给他们的生活带来了巨大的隐患。1996 年 1 月 22 日，鄂伦春自治旗"禁猎令"的颁布标志着其传统的狩猎文化从此"断根"，无疑也给他们的生产生活带来了巨大的影响。在时代的变革中，许多鄂伦春族群众对社会越来越适应，走上了多种经营的发展之路，但是也有一些人生活在贫困线以下。

（三）健康状况方面的影响

外来人口的大量涌入以及自然环境的逐步恶化，使鄂伦春人不断走向社会的边缘。鄂伦春人长期生活在兴安岭森林中，由于空气清洁、自然环境良好，早期的时候他们很少受流行病的困扰。从清朝中后期开始，鄂伦春人与外族频繁接触，由于他们自身对流行病的免疫力很差，天花、麻疹、伤寒、肺结核等传染病开始广泛流行，历史上就有数起因传染病而群死群亡的事件发生。1905～1938年，在鄂伦春族中曾经暴发过三次大规模的流行性传染病，造成三次重大的人口死亡事件。在这三次传染病事件中，共有440名鄂伦春人死亡。

定居以后，由于鄂伦春族聚居更加集中，外来人口不断涌入，肺结核、肝炎等传染病呈集中暴发的趋势，疾病死亡情况仍然很严重。在人民政府的大力救助下，经过广大医疗工作者的长期努力，传染性疾病逐步被控制，但仍然给鄂伦春族群众的健康造成了巨大影响。何群认为："鄂伦春族因肺结核、肝病、心脏病而致死的普遍性，主要出现在与外界接触频繁之后。特别是从清末民初以后。从文化与环境看，就是狩猎文化与环境所形成的适应与和谐，被社会环境的急剧变化所打破。"[1] 近年来，肺结核仍在一些地区对鄂伦春族村民的健康构成威胁，而由饮酒引起的心脑血管疾病、肝病等也是致死的重要原因。另外，意外事件是影响鄂伦春族村民健康的另一因素，也是导致他们死亡率偏高的主要原因。传统狩猎文化的遗失和对外来文化的不适应是影响鄂伦春人健康的根本原因。

三　鄂伦春族狩猎文化变迁与发展的反思

（一）社会文明的发展并没有解决鄂伦春族的社会问题

拉德克利夫-布朗将社会结构定义为："在由制度即社会上已确定的行为规范或模式规定或支配的关系中，人的不断配置组合。"[2] 一切文化都有特定的功能，构成社会统一体的各部分互相配合、协调一致，才能形成一个文化统一体。怀特提出："任何一个民族的文化都是由技术的、社会的和观念的三个子系统构成，技术系统是决定其余两者的基础，技术发展则是一般进化的内在动因。"[3] 鄂伦春族社会在长期的历史发展中建构了一套

---

① 何群：《环境与小民族生存——鄂伦春文化的变迁》，社会科学文献出版社，2006，第478页。
② 罗康隆：《文化适应与文化制衡》，民族出版社，2007，第20～102页。
③ 〔英〕拉德克利夫-布朗：《社会人类学方法》，夏建中译，山东人民出版社，1998，第148页。

与环境相适应的文化体系，当外来技术引进时也就造成了整体文化的瓦解，文化的失衡给鄂伦春族社会在发展中带来了很多不适应的问题。

从鄂伦春族社会发展的历程中可以看到，外来文明的进入不只是使人们得到了物质享受，也给他们带来了疾病、压迫和信仰问题，致使鄂伦春人陷入新的困惑当中。在后来的变革中，政府花费了巨大的人力、物力来改善群众生活、提高生产技能，但都没有从根本上彻底解决鄂伦春族的生活问题，主要是因为单纯从技术角度不能解决社会的所有问题，"由输血变造血""授之以渔而不授之以鱼"，从文化适应和整体视角去思考才能促进鄂伦春族社会的发展。

（二）环境的改变是鄂伦春族文化不适应的主要原因

斯图尔德的生态人类学理论提出了文化"生态树"的问题，文化在整体进化和发展的过程中也保留着横向发展的特殊性。"特殊进化是总体进化中诸如种系、适应、多样化、专门化、衍生等方面的体现。正是通过这个方面，进化才常常被等同于从同质性到异质性的运动。一般进化则是进化总体的另一面。"[①] 萨林斯对特殊进化论的解释认为："由于它对所属环境的高度适应化，也就是高度特殊化，该种文化的运作在所属环境中效率越来越高，但对其他生存环境的适应能力却随之下降，以至于离开了它原来所属的环境后，它会变得极不适应。"[②] 鄂伦春族世世代代在兴安岭森林中从事游猎生活，其传统文化与自然环境高度适应和高度"专业化"：在茫茫林海中他们能通过天象轻易辨认方向，素有"十个指南针顶不上一个鄂伦春"之说；他们可以通过痕迹对动物做出准确的判断；他们宁可一无所获也绝不滥杀动物；他们的宗教、语言、丧葬习俗等无不与狩猎文化密切相关。狩猎文化的高度封闭性使得鄂伦春族与森林高度适应，并形成一套完整的文化体系，但是当外来文明涌入时，来自外部的压力和内部的主动适应使得鄂伦春族狩猎文化逐渐走向衰落，以至于在自然环境改变和社会变革快速发生时就产生了高度的不适应，并带来了一系列的社会问题。

人类学将环境分为自然环境和社会环境，在大小兴安岭自然环境保护

---

① 威廉·A. 哈维兰：《文化人类学》，上海社会科学院出版社，2006，第463页。

② 罗康隆：《文化适应与文化制衡》，民族出版社，2007，第20~102页。

越来越受到重视的今天，客观要求鄂伦春族必须放下猎枪因地制宜地开展多种经营，谋求经济发展。当现代化信息社会的快速变革到来时，他们要处理好传统文化与外来文化之间的关系，在主流社会"指导变迁"的过程中主动吸收与接纳，以实现与外界环境相适应的良性循环发展。

（三）狩猎文化的资本转换和产业化发展

布迪厄的文化资本理论认为："文化资本在某些条件下可以转换成经济资本，它是以教育资格的形式被制度化的。"① 灿烂的鄂伦春族传统狩猎文化启示世人应该如何尊重自然、爱护自然，以求得人类社会可持续的发展，也给人类的未来发展带来了反思。尽管鄂伦春族狩猎文化的发展陷入了困境，但神秘的萨满文化、歌舞文化、桦树皮文化、狩猎文化、丧葬文化、饮食文化等却在文化精英的不懈努力下得到保护，并成为文化产业开发的宝贵资源。在社会资本的运作下，可以将这种资源进行资本转化，通过文化产业开发达到经济发展和文化保护的目的。

文化产业创意是"从市场和产业的角度，针对文化生产和文化服务的思维创新和观念创新活动，它是文化产业的先导，也是发展文化产业的动力"。② 大小兴安岭优越的自然环境、神秘的森林文化为鄂伦春族社会的发展提供了机遇，在政府的大力扶持下，在鄂伦春族广大群众的共同努力下，传统狩猎文化的产业化发展必将带来社会经济的发展。同时，这一举措可以极大增强鄂伦春族的"文化自觉"意识，提高民族的自信与自尊，并以此来带动整个民族的振兴。

四 结语

通过对鄂伦春族狩猎文化兴衰的分析可以看出，人类社会的发展始终与文化冲突和自然环境的改变紧密相连，只有充分注重文化的特殊性、实现文化的价值平等才能促进各民族的共同发展，达到"美美与共、天下大

---

① 〔法〕布迪厄：《文化资本与社会炼金术——布尔迪厄访谈录》，包亚明译，上海人民出版社，1997，第192页。
② 严三九、王虎：《文化产业创意与策划》，复旦大学出版社，2009，第6页。

同"的和谐，才能实现"多元一体"中华民族的共同繁荣。近年来，大兴安岭地区水土流失等灾害频发，造成了生态失衡和社会发展受限，这与人们对自然资源贪婪地掠取有着直接的关系，也就要求人们去思考应该如何善待自然、尊重自然，合理处理好人与自然之间的关系，以实现人类社会的可持续发展，而鄂伦春族的万物有灵的传统狩猎思想则带给了人们深刻的反思和启示。

"脱嵌型"治理与农田水利管理困境

——内蒙古河套灌区吴县的实证研究

赵素燕（太原科技大学）

摘 要：农业税费改革推动了农田水利管理体制的结构性转变，农田灌溉管理权力被重新分解，型构了一种地方政府、水管局联合治理的新模式。然而，基于对内蒙古河套灌区吴县的实地研究，本文发现灌区农田水利治理呈现地方政府负责农田水利工程项目建设，水管局负责灌溉管理的"脱嵌型"治理特征。在农田水利管理过程中，一方面，水管局事业单位企业化经营的性质定位使其面临"谋利型经营者"与"代理型经营者"之间的角色冲突，在提供公共服务的同时，又不得不通过水资源"买卖"维持单位运转和人员开支；另一方面，地方政府的项目逻辑造成其对农田水利的错位治理，而压力型的政治体制与维持社会稳定的任务要求又使其深陷农田水利纠纷解决之中。最终，农田水利服务供给陷入困境。

关键词：农田水利管理；水管局；"代理型经营者"；"谋利型经营者"；脱嵌

一 问题的提出

农业税费改革之后，地方政府的角色发生了显著变化，开始由依靠收取税费维持运转的"汲取型政权"向依靠上级转移支付的"悬浮型政权"转变。[①]

[①] 周飞舟：《从汲取型政权到"悬浮型"政权——税费改革对国家与农民关系之影响》，《社会学研究》2006年第3期，第1~38页。

地方政府角色的变迁也带来了乡村社会治理结构的变化，乡村组织的运作逻辑也在发生相应的转变。在这个转变过程中，地方政府干部的"去乡土化"进程加快，基层政权的发展观也在进行重构，乡村社会的治理实践出现了"有（形式）治理，无（农民）参与"的局面，"脱嵌型治理"的逻辑开始显现。普通农民失去了参与村庄治理的机会，客观上加重了转型期乡村社会的治理困境。①

税费改革以来，乡村社会的农田水利管理体制也在发生着深刻的变革。随着产权等市场机制的引入，农田水利作为乡村社会最重要的公共物品之一，其治理主体也日趋多元，地方政府不再作为农田水利服务的唯一提供者，水管单位、个体承包户等市场力量也参与到农田水利管理当中。然而，现实当中诸多水事纠纷现象表明，水利工程管理体制改革与农田水利社区管理的传统实践之间时有冲突，从而导致了农田水利合作中的困境。应该看到，在农田水利管理的格局之中，"政府主导"与"政府引导"的治理理念、结构与手段方式等明显不同，前者源自计划经济时代的全能政府与人民公社体制，农田灌溉管理过程主要依靠科层制的政府组织与层级化的行政命令；后者则是市场经济条件下现代产权制度在农田灌溉领域中的应用。在"政府引导"这种新的治理模式催化之下，后税费时代的农田水利体制改革越来越强调政府与市场力量的联合治理。具体来说，则是由地方政府与水管单位共同担负灌区农田水利管理事业。

河套灌区位于黄河上中游内蒙古段北岸的冲积平原，引黄控制面积1743万亩，现引黄有效灌溉面积861万亩，农业人口100余万人，是亚洲最大的一首制灌区和全国三个特大型灌区之一，也是国家和内蒙古自治区重要的商品粮、油生产基地。② 由于河套灌区地处干旱的西北高原，降水稀少且蒸发旺盛，因此黄河便成为当地的主要灌溉水资源。对于灌区的乡村社会而言，农田水利是该地区的主要公共产品。本研究所指的水管局是河套灌区灌域管理总局所下设的吴县灌域水管局（以下简称"水管局"），

---

① 赵晓峰、张红：《从"嵌入式控制"到"脱嵌化治理"：迈向"服务型政府"的乡镇政权运作逻辑》，《学习与实践》2012年第11期。

· ② 水利部黄河水利委员会：《内蒙古黄河灌区》，黄河网，http://www.yellowriver.gov.cn/hhyl/yhgq/201108/t20110813_101701.html。

属于事业单位企业化运营单位，不具有水行政职能，主要负责吴县的水利工程规划、设计、建设与管理，以及吴县灌区的灌排管理等工作。地方政府则主要指参与吴县农田水利建设的农业综合开发办和国土资源局。[①] 本研究的实证材料来自笔者 2013 年以及 2014 年 7～8 月对吴县进行的实地研究。收集资料的方法主要有参与观察、深度访谈与文献法等，本研究主要采用定性的资料分析方法对所搜集的资料进行分析，从而希望从水管局与地方政府的治理逻辑入手，探讨当前农田水利管理的困境与重构途径。

二　水管局：角色冲突与目标置换

在中国的市场转型过程中，学者们针对地方政府角色分别提出了"地方法团主义""地方政府即厂商""谋利型政权经营者""代理型政权经营者"等具有解释力的分析性概念，并对地方政府在地方经济发展与社会治理中所扮演的角色进行了分析。[②] 然而，在河套灌区农田水利供给的过程中，笔者注意到，除了地方政府，水管局的独立利益诉求也在不断彰显与明晰化。笔者借鉴杨善华、荀丽丽等学者对地方政府角色的分析，参考其所提出的"代理型政权经营者"与"谋利型政权经营者"的概念，[③] 发展出"代理型经营者"与"谋利型经营者"，用来分析水管局在农田水利管理中的行为逻辑。本研究认为，"经营者"概念更能刻画体现出水管局作为农田水利管理行动主体的能动性，在实践中这一能动性为当前水管体制改革与农田水利合作的困境提供了一个更为动态和可塑的框架。

[①] 本研究对相应的地名与人名进行了匿名化处理。

[②] Andrew G. Walder, "Local Governments As Industrial Firms," *American Journal of Sociology*, Vol. 101, No. 2, 1995, pp. 263 - 301. Jean C. Oi, "The Role of the Local State in China's Transitional Economy," *China Quarterly*, No. 144, 1995, pp. 1132 - 1149. Yusheng Peng, "Chinese Villages and Townships as Industrial Corporations: Ownership, Governance, and Market Discipline," *American Journal of Sociology*, Vol. 106, No. 5, 2001, pp. 1338 - 1370. 丘海雄、徐建牛：《市场转型过程中地方政府角色研究述评》，《社会学研究》2004 年第 4 期，第 24～30 页。

[③] 杨善华、苏红：《从代理型政权经营者到谋利型政权经营者——向市场经济转型背景下的乡镇政权》，《社会学研究》2002 年第 1 期，第 17～24 页；荀丽丽、包智明：《政府动员型环境政策及其地方实践——关于内蒙古 S 旗生态移民的社会学分析》，《中国社会科学》2007 年第 5 期，第 114～128 页。

（一）作为"谋利型经营者"的水管局

纵观河套灌区农田水利管理体制变迁与改革，不同的农田水利管理模式形成了相应的灌溉水资源配置方式，同一科层级别的不同水管机关，甚至同一水管局不同角色的互动与策略管理都可以影响到灌溉水资源配置的效率与政策执行的后果，如果忽视了这一点，就不能真正理解当前农村水利合作的困境。随着水管局的成立与市场力量的参与，农田灌溉治理的主体也由传统地方政府转变为多元网络行动者，不仅参与治理的行为者更为多元，且行为者彼此的竞合与网络关系更复杂。[①] 在调研过程之中，笔者也注意到，当前水管局的灌溉管理权力似乎有被扩大的趋势，但实质上，无论是从政府部门获取的财政资源，还是从农民手中收取的税费，在后税费时代都被严重打折。因为水管局的资金来源存在问题，因此其职能也存在被"悬浮化"的潜在问题，从而使得灌区的农田水利供给面临前所未有的危机。

世纪之交，"三农"问题促成国家税费改革，地方社会层面的农田水利管理体制改革也开始推出。2000 年之前，吴县农田水利项目主要由水务局负责，比如 20 世纪 80 年代末的世行项目，工程设计等均由水务部门主导实施。税费改革之后，随着"项目治理"的盛行，名目繁多的项目蜂拥而至，地方政府加入项目申请大军之中，水务部门逐渐在项目建设中退居其次。究其原因，主要是因为分税制改革之后，地方政府面临财政不足的危机，对国家资源的依附性增强，具备强烈的"追"项目动机。而吴县属于农业大县，几乎所有项目都指向农业和农业开发、农田建设，因此，地方政府各部门为了各自发展，不得不"逢项目必申"，以此"抢"了水务局的"饭碗"。而水管局作为事业单位，由政府举办，其组织与管理具备较强的行政科层特征，自然缺少与政府"争项目"的资本。

我国传统的事业单位体制是计划经济与高度集权管理体制下的产物，政府通过举办事业单位向社会提供产品和服务。在近些年的改革中，基于政府财力约束以及部分事业单位的服务和产品不具公益性的特点，政府对

① S. Goss, *Making Local Governance Work: Networks, Relationships and the Management of Change*, New York: Palgrave, 2001, pp. 2-3.

一些事业单位实施了"企业化"转制改革，将一些承担社会公益职能的单位推向市场，虽保留事业单位性质，但对其实施企业化管理，经费也由财政拨款改为单位自谋。[①] 水管局即属于这样一种企业化经营的事业单位，单位运营自收自支，地方财政只负责配套田间管理费和岁修管理费，机构人员的工资发放等其他费用完全由单位自身解决。

> 现在国家对我们水管局的性质规定为事业性质，企业管理，就是你需要承担很多公共服务功能，但是又让自收自支。国家不给拨款，国务院水管体制改革，按理说应该是给拨款，但地方财政经费有限，说是公益性的地方财政要负担多少，自收自支的能解决多少，还有工程维护这一块人员经费等，……但是因为国家支持目前只有很少一点，根本无法满足灌区的运行。人员工资主要是靠水费，现在的水费事实上也已经满足不了灌区的需要。工程维护就不够了，水费只能保障一方了。（访谈对象 SJZ）

水管局的这样一种性质定位，十分考验其自身在市场上的生存能力。如前所述，水管局无法在项目申请中占得优势，而其自收自支的性质规定又将其捆绑进资源竞争与营利性经营的枷锁中。在这样一种情况下，收取水费也就成了单位的主要经费来源和资源获取渠道。在日常农田灌溉管理活动中，以收缴水费为主要目标的"谋利型经营者"成为水管局的重要角色。

（二）作为"代理型经营者"的水管局

税费改革后，河套灌区的乡村社会开始进入无税费时代，既然中央政府已经取消对于农村税费的汲取，而且水管部门也由过去的政府管控变为以水管局为代表的市场力量和以农民用水户协会为代表的社会力量等所主导的混合管理机制，那么，这是否意味着乡村社会的农田水利供给开始全面走向市场化与社会化呢？通过在河套灌区的调研，笔者发现，农田水利

---

① 事业单位体制改革研究课题组：《事业单位体制改革中需研究解决的几个原则性问题》，《管理世界》2003 年第 1 期。

管理在总体上仍处于自上而下的政府引导的状态，影响农田水利供给的机制并没有发生实质性的改变，而只是在手段与方法上变成一种间接性的技术治理。水管局仍然被统筹进自上而下的科层治理体系中，作为国家为实现特定目标而设立的代理机构。

国家对水管局在吴县灌区治理中的主要任务要求是"节水"，因为内蒙古自治区的自产水资源量较少，主要依靠过境黄河水支撑当地社会经济发展。然而，随着黄河水资源供需矛盾的出现，内蒙古地区的用水量几乎每年都要超过黄河水利委员会的分水指标。在这种情况之下，黄河水利委员会决定引入市场机制，通过水权转换调整当下用水格局，通过农业节水，合理调整工农业之间水量分配。在吴县，农业节水任务由水管局负责。基于这样一种性质定位，水管局在农田水利管理中以一种"代理型经营者"的角色出现。

（三）角色冲突与目标置换

随着经济市场化程度的加深与政府职能的转变，公共服务的市场化供给已日益成为一个全球性的趋势。[①] 许多原来在传统上被认为必须由政府提供的公共服务也出现了市场化的供给方式。[②] 在内蒙古河套灌区，农田灌溉管理向来以各级政府机关为主体，近年来虽然以市场化的水管局与社会化的农民用水户协会等为代表的"第三方力量"逐渐崛起，但最终治理脉络仍然反映在各级政府机关的运作体系之中，被统筹进自上而下的国家治理逻辑中。国家对水管局事业单位企业化经营的矛盾规定，使得水管局一方面肩负着公共事务的责任，卷入其政府属性所要求的"节水"当中，另一方面又不得通过水资源"买卖"获取收益，依赖水费维持单位运转和人员开支。如此一来，便造成水管局"谋利型经营者"与"代理型经营者"之间的角色冲突。

> 我们水管局属于自收自支单位，既然是自收自支，说白了就是卖

---

① E.S. 萨瓦斯：《民营化与公私部门的伙伴关系》，周志忍等译，中国人民大学出版社，2002。

② 李砚忠：《关于我国公共服务市场化若干问题的分析》，《社会科学》2007 年第 8 期。

水单位，卖水单位怎么可能不愿意卖水，怎么可能节约用水。自收自支按理说我们可以定商品的价格，但是水又是非常特殊的公共资源，还不能是我们来决定市场价格，水费定不了，但是又让自收自支。自收自支应该是希望多卖水，但是国家又提倡节水，感觉我们水管局也是很矛盾。现在出了一个水资源管理费，怎么说呢，实际上也算是一种变相涨价。老百姓口中的平价水和溢价水这个是政府通过的，还是希望老百姓能够节约用水。说实话，要真是让节水，我们马上就能节下一部分水，但是节了水以后，国家又不给补贴，我们的人员吃什么、喝什么。所以我们水管局肯定是希望多卖水，这种体制之下不可能节水。（访谈对象 SCZ）

面对这样一种两难处境，水管局发展出了目标置换的应对策略。所谓目标置换，指的是在政策执行过程中对政策目标的偏离。具体来说，在水管局农田水利治理过程中，"节水"目标被"水费改革"策略性置换。从 1999 年到 2009 年，吴县灌区水价一直为 4 分／立方米，2011 年开始，水价开始上调，基准涨至 5.3 分／立方米，超指标用水为 10.6 分／立方米。到 2012 年，进一步对超指标用水加收 2 阶梯水资源费，即超指标用水 20% 以内部分按 4 分／立方米征收，超指标 20% 以上部分按 6 分／立方米征收。2013 年，全面落实自治区关于超用水 4 阶梯加收水资源费的政策，即超计划用水不足 20% 部分，按 4 分／立方米征收，超计划用水 20%～40% 部分，按 6 分／立方米征收，超计划用水 40%～60% 部分，按 8 分／立方米征收，超计划用水 60% 及以上部分，按 10 分／立方米征收。由此可见，从 2011 年开始，尽管灌区基础水价并未发生大的变化，但是通过调控计划内用水和超计划用水的比例，造成了农业用水水价的上涨。水管局对水价内容的不断调整和细化，是对灌区节水目标要求的内在置换，国家通过控制水量达到农田建设"节水"管理的目的，而河套地区水管局则通过层出不穷的水价改革实现有限水量内的价格保障。

水管局一方面需要执行国家总体性治理的硬性要求，另一方面需要维持自身生存。在自身运转缺乏保障的情况下，"节水"也就成为政府单方面的宣传，成为流于形式的口号，借由水费改革实现"节水"的目标也就成为水中花、镜中月。具体分析原因，我们可以发现，水管局市场化过度可谓其中的关键因素所在。事业单位在实施了企业化运营后，自然将营利视为重要目标，导致其本身所应具备的服务性目标被舍弃，水管局"卖水"的行径也便成为情理之中的事情。

三　地方政府：项目制与错位治理

地方政府的农田水利治理主要通过项目的形式实现。为解决后税费时代的公共产品供给，国家开始通过财政专项转移支付的形式对乡村社会进行"补血"，"项目制"成为国家财政支农的重要形式之一。① 折晓叶等曾形象地将自上而下的项目制实施过程称为国家部门的"发包"机制、地方政府的"打包"机制和村庄或企业（或其他基层社会组织）的"抓包"机制。② 承接国家项目治理的总体背景，自 20 世纪 90 年代后期开始，河套灌区农田水利建设也相应进入了以"项目制"为主要形式的治理阶段。究其政策意图，"项目制"一方面致力于对基层社会的反哺，另一方面也是一种对地方政府进行指标性考核的方式。在吴县农田水利建设项目当中，县级政府为项目实施的主要主体。有鉴于此，"项目"一方面成为地方政府获取资源的主要渠道，另一方面也成为地方政府行事的主要目标。正是基于这样一种逻辑，地方政府在农田水利治理过程中，看重的并不是"农田水利"，而是"项目"。这样一种目标导向使得地方政府产生"错位"治理，这主要表现在以下三个方面。

第一，"打包"经营与"反哺"村庄错位。基于效率—合法性的逻辑，地方政府将项目在基层社会进行打包销售：现在农田项目也是和新农村建设项目套在一起使用的，从 2015 年开始，国家提出要建设"美丽乡村"，既然是建设"美丽乡村"就需要配套，这样在县一级就将各种项目统合在一起使用。"比如村里想修路，那么想通过项目申请就必须抹墙——其实就是刷一层白为了好看。这些项目如果同时都做，农田建设项目申请通过

---

① 渠敬东：《项目制：一种新的国家治理体制》，《中国社会科学》2012 年第 5 期。
② 折晓叶、陈婴婴：《项目制的分级运作机制和治理逻辑——对"项目进村"案例的社会学分析》，《中国社会科学》2011 年第 4 期。

的可能性也就大一些。"（访谈对象 MXL）对于地方政府来讲，不论是农田建设还是新农村建设，都反映着县域政府的业绩和政绩，囿于集中效应和可观效应的整体考量，政府将项目打包成"项目包"并向基层发放，以此产生"想修路先抹墙"的吊诡情形。这样一来，项目能否成功申请的一个关键条件便是村庄能否承接项目包的要求，进行配套项目建设。而对于农户来讲，成功争取到的项目当中可能只有部分吻合真实需要。最终导致的结果是，农田建设项目本身的需求被弱化，农田建设被同构在其他项目包当中，项目并未真正"反哺"农村，造成农田建设项目服务初衷与服务后果的严重不吻合。

第二，"策略"选择与村庄两极分化。在项目实施过程当中，地方政府在"发包"时更容易将"包"抛给村庄条件好、村干部素质高、易产生集中效应的村庄，这样往往忽视了最亟须投资的乡村。"这最近有个节水项目，按理说是应该放入基础条件差的村庄当中，这样可以给他们一些补偿。但是操作过程中不可能是这样的。部门在选片时一般是选积极性高的，[①] 这是个基本条件。但是在社会矛盾都可以解决的情况下，一般优先离高速公路很近的村庄，这些村庄方便观看。集中连片，政府做工作得首先考虑效果，集中连片最容易出效果。"（访谈对象 HJJ）如此一来便形成了如下的实践逻辑：村庄基础条件越好的，越容易进入地方政府的项目选择之列，以此加深了村庄的两极分化。

第三，"异化"招标与村庄建设避重就轻。为了规避权力集中，项目制通过招标的方式实现。在调研中发现，农业综合开发办主导实施的中低产田改造项目需要村庄的前期投入，即需要村社一级先行垫钱投工。这样一种申请逻辑造成许多村庄为了成功申请项目，举债建设。这势必带来一个后果：假使村庄顺利通过审批，这一举债建设部分可以获得补偿；如果最终项目落空，无论是村庄的积极性还是村庄的运行都会受到影响，本属于鼓励村庄积极性和自主性的行为最终可能挫伤村庄的热情和引起村庄的经济危机。与之相对，国土资源局负责的土地整治项目全部为国家投入，无须农户前期垫资，但对于中标的施工单位来讲，因乡镇并不直接支付其

---

① 所谓积极性高，主要考察指标为申请意愿如何，工程能否配合完成。

报酬，因此在实践中忽略当地人的需求，中标企业在项目施工过程中存在"偷工减料""避难就易"的情况，项目实施质量低。

在农田水利项目的实践过程中，地方政府着眼于项目逻辑，造成农田水利的错位治理现象，这在很大程度上弱化了其公共服务职能。同时，地方政府以"分工不同"为由，将相关治理责任推向水管局，这一点从农业水费的收缴变迁亦可见一斑。税费改革之前，水费被统合在农业税当中，由乡镇政府一并收缴，由于农业税征收的强制性和义务性，水费的收缴较为顺利。税费改革以后，乡政府不再需要从农村当中收取税费，便将水费收缴独立出来，交由水管局负责。然而，失去了税费时期的强力保障，水费收缴困难重重。

四 "脱嵌型"治理与公共服务供给困难

农村税费改革以后，农村普遍出现公共物品供给不足的问题，尤其是乡村水利中存在的问题成为乡村社会稳定与发展的关键。[①] 虽然国家对地方政府与水管局有着就水利事业的善治达成合作的政策要求，但是面对同一政策目标，不同的执行者会根据自身的利益诉求对其进行拆解与变通解读。当一项政策的执行危及执行者的利益时，利用自身的资源与权力对政策目标加以调整的现象便会发生，从而造成政策的执行走样。而当相关问题在遭遇不同执行者之间的合作博弈时，尤其当合作扩大到治理范畴之后，合作者之间利益考量与权力关系的不均衡就会导致某些成员从合作关系中获利较多，或者当影响到其他成员权益时，其不确定性就变得更加突出。面对农田水利善治这一政策目标，地方政府和水管局本应以此为指针，通力合作，但是在具体执行过程中，双方基于自身利益的考量，最终导致了一种"脱嵌型"的合作方式，并产生一系列治理危机。

地方政府的"错位"治理带来村庄内部以及村与村之间诸多不公平现象，水管局水费变革与"节水"目标的背离进一步加重了村民对村庄水利服务的不满情绪。在农田水利治理中，两者基于不同的逻辑难以达成均衡

---

① 贺雪峰等：《乡村水利与农地制度创新——以荆门市"划片承包"调查为例》，《管理世界》2003年第9期。

有效的合作，反而造成村庄公共服务供给困境，而这最明显地体现在因水费收缴困难所造成的地方政府、水管局与村民之间的博弈过程中。随着水管局水费改革方案的推行，村民需要缴纳的水费明显提高，这直接导致村民在灌溉过程中的"搭便车"现象。由于灌溉渠系走向为自上而下，下游村民为成功施灌必然需要经过上游村民的田地，这样，无论上游村民是否交付水费，只要下游村民浇水，他们便可以成功实现浇地。因此，很多中上游农户以及部分"钉子户"借机拒交水费，产生水费上缴率低、水费难以收缴的现象。然而，问题还远不止于此。水费改革后，农户趁机将水费作为"弱者的武器"延伸出"水费政治"，将缴纳水费作为要挟政府解决社会矛盾和社会问题的筹码，使水费附带了超乎水费本身的诸多内容。

> 这两年水费涨得也确实有点快，有的人他也不是不交，就是拿着水费让你给解决问题。比如许多是历史遗留问题，现在没办法动。但他就拿着水费说事，现在水费的作用可大了。现在村里面是不管什么问题都拿水费说事，这迟早会出问题的。（访谈对象 ZTJ）

> 管理所主要是负责调水、配水，在水利上一直就是端着圆圆碗。他们只管收水费，其他的矛盾都转化给了地方政府。农民不交水费，水利部门可以给闸住水，但是乡镇政府需要维稳，如果大家都浇不上水肯定要出问题，对于乡镇政府来说最大的问题就是维稳。县里给镇里下了维稳的任务，对于我们来说老百姓的水是大事。管理所（水管局）就是逮便宜了，村民有什么矛盾都是找政府。而且人们习惯上把什么事都认为是农民和政府的事情，有什么事情老百姓从来都不去找水管局，认为我找他们干嘛？有什么事情都会找政府。（访谈对象 LSH）

虽然灌溉管理活动由水管局负责，但在现实场景中，但凡发生水事上的矛盾与冲突，农户都会寻找地方政府解决。水费作为所有税费取消之后唯一不可能取消的费种，也是政府与农户之间发生的唯一一类大的经济关系。农户对于水管局的认识主要止于"收水费单位"，掌握着他们最重要的灌溉水源；而地方政府却与之不同，在"所有事情都是民众和政府的事情"的思维指引下，农户将水事也看作农户与政府之间的事情。由水费改革带来的亩摊水费上涨，农户则会将责任归结于政府。节水由水管局负责，水因水管局而起，而现实当中却出现了水管局在用水事宜上仅负责灌溉用水和收缴水费，由水事引发的一切社会问题甚至水事问题本身的解决都交由乡镇政府处理的局面。农户将水费当令箭，用水费来约束政府、与政府谈判。于是，无论是水费本身的矛盾还是乡镇政府未处理好的村民矛盾，都被农户演绎为村生产队队长与农户的矛盾、村干部与农户的矛盾甚至是乡镇政府与农户的矛盾。一切矛盾都被农户利用为"武器"以达到拖延缴纳水费、少缴水费或者解决历史问题的目的。

税费改革后，乡镇政府的服务职能转变，维持社会稳定成为其工作重点。换言之，税费改革挤压了地方政府在农田灌溉管理上的活动空间并削弱了其行动能力，但是这并没有减轻地方政府维持乡村社会稳定与提供公共产品的压力。压力型的政治体制①迫使地方政府在完成上级交付的各项政治、社会与经济任务的同时，还得保持对乡村社会的治理，而水情、水费等水事又直接关系着农村社会的稳定，政府被动陷入"不得不管"的境地。最终，由水管局推行的水价改革、灌溉用水等引起的一切事端在现实当中遭遇了"问题转嫁"，农户"遇事找政府"的逻辑将由水事带来的问题顺理成章地转移为农户与政府之间的问题。乡镇政府在维稳的强压力之下，既需要对水事状况进行解决，又因为在水事上的权力限制造成乡镇政府在解决问题时的无力，导致农田水利服务供给陷入困境。

五　结论

农村公共服务供给是农民生产和生活中必不可少的项目，这些服务不仅具有很小的需求弹性，还构成了农户的基本权利。② 目前，中央政府加大对农田水利建设的投入力度，但水利建设除了宏观层面的资金投入和制

---

① 欧阳静：《压力型体制与乡镇的策略主义逻辑》，《经济社会体制比较》2011年第3期；杨雪冬：《压力型体制——一个概念的简明史》，《社会科学》2012年第11期。

② 林万龙：《农村公共服务市场化供给中的效率与公平问题探讨》，《农业经济问题》2007年第8期。

度供给外，也离不开制度落实过程中不同层级政府间的博弈与互动。面对
农田水利治理中的多元主体共治局面，中央政府与地方政府、地方政府与
民间社会之间的界限逐渐模糊，政府不再是地方治理的独占行为者，科层
体系内部的不同机构以及市场、社会等力量依照不同的政策议题，参与到
公共事务的治理过程中，① 以此形塑了一种多中心的治理模式。由于水资
源的重要性，河套灌区将工程管理与灌溉管理的职能划分至不同部门，一
方面避免了权力集中，形成了水管局与地方政府权力制衡的治理格局；另
一方面，通过这样一种方式，达成了水管局与地方政府的分工合作与服务
的专门化，以此提高公共服务供给的效率。然而，在吴县农田水利管理的
具体场域之中，却产生了地方政府只负责农田水利工程项目建设，水管局
只负责灌溉管理的"脱嵌治理"现象。

地方政府治理是基于中央政府的政权建设变化做出的相应调整和反
应，基层政权"经济行动者"的新角色，一方面对地方经济的发展起到推
动作用，另一方面则与其他经济行动者在资源、资金、机会和市场控制权
等方面形成利益竞争乃至冲突关系。② 基于吴县水管体制改革与"脱嵌型"
治理的实证研究，我们看到水管局与地方政府在农田水利治理中遵循不同
的逻辑。水管局"谋利型经营者"与"代理型经营者"的角色属性使其更
多地追求一种效率逻辑，而压力型的政治体制使地方政府更倾向于一种合
法化的逻辑。当国家对基层社会的"反哺"遭遇地方政府的政权合法化逻
辑与水管局的效率逻辑的博弈冲突时，农田水利服务供给便陷入困境。

通过河套灌区的调查我们发现，农田水利合作困境不仅是乡村组织的
问题，也是地方各级政府所面临的共同难题。由于分税制的实施，在财政
赤字的压力下，水管局经费不足，因此，要求延续集体化时期较高水平的
农田水利服务，可以说是缘木求鱼。在这个过程之中，乡村组织经常抱怨
水管局无法依照农民的需求提供农田灌溉服务，而乡村组织之间也因为要
争取经费，处于相互竞争、无法合作的困境之中；与此同时，水管局的决

① S. Goss, *Making Local Governance Work*: *Networks*, *Relationships and the Management of Change*, New York: Palgrave, 2001, pp. 3 - 4. P. John, *Local Government in Western Europe*, London: Sage, 2001, pp. 14-15.

② 张静:《基层政权——乡村制度诸问题》，浙江人民出版社，2000，第64~65页。

策权却经常不被重视。长久以来，乡村社会与水管局及地方政府之间处于一种紧张与对立的状态。有鉴于此，农田水利管理体制改革并不仅限于破解水管部门"代理型经营者"与"谋利型经营者"之间的冲突关系，也不能只着眼于地方政府与水管局之间的"脱嵌型"治理，而应该将关注点放在地方政府、水管局、用水协会、用水户等不同部门与不同行为者之间的复杂互动与竞争合作关系上，构建不同主体之间的稳定合作模式与可持续发展的伙伴关系。

山崇拜与神山文化对生物多样性保护的贡献

——以青海省藏区神山为例[*]

赵海凤　张嘉馨　色　音　赵　芬

李仁强　徐　明（中国科学院）

摘　要：本文基于对神山文化的来源、历史的梳理以及藏区神山信仰的阐述，探讨神山文化对生物多样性保护的贡献。本文根据《青海省生态系统服务价值评估报告》中提供的物种调查数据和栖息地空间分布图，分析了青海省七座藏区神山周围 30 公里范围内的物种丰富度数据，并与其外围（30~60 公里）的物种丰富度进行比较，发现神山周围的生物多样性显著高于外围。在上述研究的基础上论证了藏区神山文化在生物多样性保护中的积极意义。

关键词：山崇拜；神山文化；生物多样性保护；青海藏区神山

古人的山崇拜由来已久，上古时期就有"盘古之君，龙首蛇身，嘘为风雨，吹为雷电，开目为昼，闭目为夜。死后骨节为山林，体为江海，血为淮渎，毛发为草木"。[①] 上纪开辟、遂古之初，盘古之骨节化为山林之后，关于山神（Mountain Deity）和神山（Sacred Mountain）的信仰、祭祀、仪式便繁荣起来，历经千年弥存至今。《通典·礼六·吉五》记载："黄帝祭于山川，与为多焉。虞氏铁于山川，遍于群神。周制，四坎坛祭四方，以血祭祭五岳，以埋沈祭山林山泽。"可见，在我国的上古时代，

---

[*]　本文系 UNDP-GEF（联合国开发计划署全球环境基金）青海三江源生物多样性保护项目的阶段性成果。

[①]　（明）董斯张：《广博物志》中条引《五运历年纪》。

祭祀神山和山神的习俗就已经逐渐形成一套完整的体系；在更近一些的中国文化中，无论是贵为黄胄的天子还是隐逸的士大夫，抑或平民，都与山有着千丝万缕的联系。据《尚书·舜典》记载，在五岳神山系统形成以前，上古时期就已经存在"五载一巡守"的四岳神山体系。四岳神山是先民大山崇拜心理与原始统治方式相结合的产物，舜作为部落联盟首领，五年一巡狩天下四方（四岳）。《史记》卷二八封禅书引《周官》云："天子祭天下名山大川，五岳视三公，四渎视诸侯，诸侯祭其疆内名山大川。"历代帝王热衷于封禅，即王者功成治定，告成功于天，五岳（特别是泰山）是王者向上天述职，与"帝"对话的地方，被视为"近神灵也"；故，山也是人与天（神）沟通的桥梁。

在历史时期，山在宗教中有独特而重要的意义，或成为神的居所，或成为道场，也是世间凡人拜祭祈福之处。例如，佛教中的须弥山被认为是世界之中央；晋译《华严经·菩萨住处品》曰："东北方有菩萨住处，名清凉山。过去诸菩萨常于中住，彼现有菩萨，名文殊师利，有一万菩萨眷属，常为说法。"同样，道教和山的联系也十分紧密：不周山是盘古大神的脊骨所化、首阳山为太清太上老君的道场、昆仑山为玉清元始天尊的道场等。世俗社会中，神山崇拜也是十分普遍的文化现象，天子祀五岳，百姓祭本地名山。在漫漫的历史长河中人们创造了众多的山神、形成了各种祭山的观念、风俗、仪式，"中国宗法性传统宗教以天神崇拜和祖先崇拜为核心，以社稷、日月、山川等自然崇拜为翼羽。以其他多种鬼神崇拜为补充，形成相对稳固的邦社制度、宗庙制度以及其他祭祀制度，成为中国宗法等级社会礼俗的重要组成部分，是维系社会秩序和家族体系的精神力量，也是慰藉中国人心灵的精神源泉"。[①] 山崇拜在原始文化消失之后，和中古时期的宗教、政治相结合，融入其中，传承至今。例如，封禅五岳成为帝王"君权神授"、定鼎中原的象征，是宣扬文治武功、示威异族和巩固自身统治的方式之一。

① 牟钟鉴：《中国宗教与文化》，台北，唐山出版社，1995，第82页。

一　山崇拜的来源

（一）　山崇拜的物质基础

《尔雅·释山》曰："'山，产也。'言产生万物。"巍峨的高山，孕育着万物的丰产与繁荣，为上古时期的人们提供了赖以生存的物质资料。从现代科学的角度可以更清晰理性地阐释山地气候、土壤、生态等对早期人类生活的影响。首先，山区地形复杂，易形成各类小气候，适于古人选择居住。鉴于地形的优势，山区可以防风避雨免于洪涝之灾，反之平原则易洪水频发，且平原遍布湿地灌丛，易滋生蚊虫传播疾病。与平原比较，山区分布有更多的洞穴，为古人洞穴栖息和生活提供了更稳定的条件，同时山区林木丛生，使古人更容易躲避大型凶猛禽兽，便于隐藏或爬树躲避猛兽攻击，此外洞穴也是很好的躲避场所。其次，山区的海拔梯度改变了气候分异，进而形成各类植被带谱，这大大提高了区域生物多样性。物种多样性增加了食物来源并延长了供应时间，不同的季节都能够有丰盈成熟、可供食用的果实；此外，山地地形更容易设下陷阱、投掷石块（山区有用不完的石块），便于古人捕获猎物，这都为狩猎和采摘的古人提供了丰富多样的食物。在古代缺乏医疗条件的情况下，饮水安全对身体健康至关重要，降低感染疾病的风险是人们选择栖息地的重要条件之一。山区富有洁净清冽的山泉，水中微生物较少，很适宜直接饮用。正如《尚书大传·略说》所述："夫山者，鬼克然草木生焉、禽兽蕃焉、材用植焉、四方皆无私焉。出云雨以通乎天地之间，阴阳和合雨露之泽、万物以成、百姓以飨。"千百年来葱翠紫蔚、纡郁青云的高山给人们带来无尽的物产，也提供了基本的物质来源。因此，在万物有灵的时代，山被赋予了极高的价值，郁郁苍苍的山林被视为万物之源，受万人敬仰。

（二）　山崇拜的精神基础

古人之所以产生山崇拜并赋予神灵的思想，追其根源是由于早期人类抵御自然灾害的能力很弱，他们无法控制自然的原始力量从而对其产生畏惧、崇敬和膜拜的心理。"万物有灵"是原始人对世界的基本认知方法，也是世界上所有原始文化的共同特征。正如《礼记·祭法》所述："山林川谷丘陵，能出云，为风雨，见怪物，皆曰神。"由此可以看出，先民已经把孕化万物的山神格化了，也即《抱朴子·登涉》中所言："山无大小，皆有神灵。山大则神大，山小即神小也。"这种万物有灵的思维和对山的丰产崇拜导致上古先民对山的敬仰、畏惧与迷恋。在山的物质意义基础之上，更进一步，山与先民们的精神世界联系在一起，成为他们的崇拜对象。

如"《山海经》中就共记载了四百四十七座大山，并按照山之功能将其分为四类：物产之山、神灵之山、天梯之山和日月之山"。同时，各类文献古籍不仅记载了最原始的山体崇拜，还记载了人格化的山神形象及对其进行祭祀的礼仪。再如佛教名山峨眉山、泰山、武夷山、普陀山、鸡足山，道教名山太白山、武当山等都是由古代宗教文化信仰建立起来的圣山，受到历代帝王和人民的严格保护，保存着较为完整的自然生态系统。又如西双版纳的傣族自古就有"垄山"信仰，"垄"即傣族语言"神林"的音译。凡是傣族居住的村寨每年都有一至两次的祭"垄山"的活动，傣族人相信"垄山"上的动植物都是"神"的家园里的生灵，是"神"的伴侣，而"神"的家园不可侵犯。"垄山"是原始宗教祖先崇拜的产物，是傣族人民淳朴的自然生态观的表现。[①] 可见，在很多地区都发展有自己的神山信仰体系并与生态保护息息相关。

二 藏区的神山文化

藏族人民在浩瀚的历史长河中逐渐形成了其特有的原始信仰体系，而这一原始信仰体系的基础就是藏族先民的神山崇拜。[②] 藏族多生活在青藏高原多山之地，南有世界屋脊喜马拉雅山脉，北有巍巍昆仑山脉和皑皑祁连山脉，西部有众山之王冈底斯山脉，东部蜿蜒着纵横南北的横断山脉和巴彦喀拉山脉，中部坐落着著名的唐古拉山脉。伊利亚德认为"世界体

① 裴盛基、龙春林：《民族文化与生物多样性保护》，中国林业出版社，2008，第 74 页。
② 谢继胜：《藏族的山神神话及其特征》，《西藏研究》1988 年第 4 期。

系"（System of the world）是一系列的宗教思想和宇宙生成论的模式，它们被紧密地联系在一起，形成了一种在传统社会中广泛流行的系统：首先，一个圣地在空间的均质性中形成了一个突破；其次，这种突破是以一种通道作为标志的，正是借此通道从一个宇宙层面到另一个宇宙层面的行为才成为可能；再次，与天国的联系通过某些宇宙的模式来表达，这一切都被视为宇宙之轴即支柱，常被视为梯子、山、树、藤蔓等；最后，在这宇宙轴心周围围绕着世界（即我们的世界），因此宇宙的轴心是在我们宇宙的"中心"，即在"地球的肚脐"之处。许多不同的神话、仪式和信仰都源于这种传统的"世界体系"。① 根据伊利亚德的观点，山常被视为"宇宙柱"即"世界的中心"（或某个地域的中心），具有沟通天地的功能。在藏区，围绕着一座座神山形成了一个个神圣的场域，即"圣地"，藏区高耸入云、层峦叠嶂的神山更是增加了这一场域中的神圣感。巍峨神山是世俗世界与神圣世界沟通的通道，通过山，神圣世界向世俗世界传达着旨意，而世俗世界祈求着神圣世界的保护与庇佑。

青藏高原上的一座座山脉像巨龙交错盘旋在广袤的大地上，高耸的峰顶钻入湛蓝的天空，被云雾环绕，忽隐忽现，庄重而威严地俯瞰着脚下的万物生灵；太阳悬在近山的"头"顶，射出万道光芒，把云和山的"身影"与牛羊一起轻轻地撒在宽广的草地上，而把远处的雪山照得银光四射。然而阳光未散，风雪忽来，呼啸声回荡山谷，万物惊恐，唯有巍然高山镇定自若，似乎在从容地指挥这一切！藏族人民就在这瑰丽莫测、威严神秘的崇山峻岭之中世代生息繁衍。人们的日常起居与放牧劳作都依赖这里的雪域高山，然而高原瞬息万变的气象或突然崩塌的积雪常使人们感到面临大自然"灾难"时的无助与无力。人们在世代的生存经验中体会到了大自然的力量，认为自然界的万物都具有人类所不及的神力和灵气，那么山就成了具有神力的神山了，也成为藏族人民主要的崇拜对象。在万物有灵的思想意识中，人们认为神山中存在山神，他主宰着神山上的动物、植物等"财产"，"山神具有超能力既能保佑部落和村落，也会由于人们的触犯而降下灾难"。②

---

① 〔罗〕米尔恰·伊利亚德：《神圣与世俗》，王建光译，华夏出版社，2002。
② 王晓松：《王晓松藏学文集》，云南民族出版社，2008，第251~252页。

正因如此，每逢藏历的宗教节日，藏民们都会穿上鲜艳的服饰举行各种祭祀山神的活动。每每这时，藏族人民或手持转经筒或祷念经文，表情肃穆地围绕神山转经；神山四周桑烟袅袅，萦绕着七彩经幡随风飘扬，场面十分隆重，人们以此来表达对神山的虔诚崇拜之情。祭山仪式一般包括煨桑、插箭与放"风马"、血祭与放生、转山等，但是也会根据地区或不同神山的神性之差异而有所差别。每个神山的神性都会有各自的传说或历史由来，比如在传说中阿尼玛卿雪山的山神就被藏族人认为是位威猛的武士。在部落中，神山被认定为部落祖先和头人去世之后灵魂所在的那座山，比如青海果洛人认为年保玉则山是他们的祖先神和保护神。藏族人民用流传下来的一些传说①或诗歌来记载、歌颂神山或山神，以此表达人民对神山的虔诚之心以及对美好生活的无限憧憬。神山在人们心中神圣而不可侵犯，在藏区神山上的植物、动物都不可以随意采摘或猎取，这已经是民间传承已久的传统习俗。这些禁忌或习俗都已约定俗成，藏民都认为一旦触犯就一定会遭到山神的惩罚。

经过自然崇拜、灵魂崇拜、苯教及藏传佛教的影响形成了现今的神山观念，再经过宗教教义的整合，神山已经不再是山与山神的事情而已，而是成为一个将山、神、山上及周围的万物囊括为一体的完整的生态意义上的神山观念。② 这种在山神崇拜观念的基础上形成的宗教禁忌已经成为藏民特有的朴素的环保理念，使当地的自然生态环境得到了有效的保护。青藏高原物种丰富、资源独特，生态系统多样，由于当地人们跟大自然的和谐相处，这里虽历经岁月沧桑却未曾改变"容颜"。当人们在惊叹高原精灵藏羚羊的完美身姿和高原雄鹰展翅翱翔的优美姿态之时，又怎能不感慨神山育化万物的神奇与伟大。

三 神山文化与生物多样性保护

本文系统调查了青海省内的 7 座神山，并对神山的生物多样性进行了

---

① 丹珠昂奔：《藏族神灵论》，中国社会科学出版社，1990，第 14、15 页。
② 洲塔：《崇山祭神——论藏族神山观念对生态保护的客观作用》，《甘肃社会科学》2010 年第 3 期。

数据收集和分析，在此基础上，探讨神山崇拜与生物多样性及其保护。青海省地处青藏高原北缘，平均海拔在3000米以上，境内不仅山脉高耸，地形多样，还分布有很多神山。[①] 像古人的依据社会地位划分等级一样，神山也被分为高低等级，这些级别的划分因素包含了自然地貌状况、信奉神山的信徒状况。比如阿尼玛卿神山为藏区著名的神山，果洛藏区的年保玉则神山、热贡的阿尼夏琼神山等都为地区性的神山，再下一级就是部落神山及农区的村落神山。神山按照等级体系可划分为众山之首、地域之神、次级神山、村落神山、家族神山等级别。

　　青海省独特的地理自然环境赋予其丰富的生物多样性。省内有国家Ⅰ级、Ⅱ级保护动物73种，占全国的29.2%。其中Ⅰ级保护动物有21种，占全国的21.6%；Ⅱ级保护动物有52种，占全国的34.0%。此外，青海还有省级保护动物35种。丰富的物种多样性和遗传多样性，使青海享有"高原物种基因库"的殊荣。长期以来，人们认为青海省保留下来的丰富的生物多样性与当地传统的山崇拜文化可能有密切关系，但一直缺乏实证数据，正是基于此，本研究开展了对神山生态环境及其物种多样性的数据分析。

　　神山作为藏族宗教文化的产物，通过代际交流得以传承，依靠信仰约束得以维护。那么，神山对当地生物多样性的保护究竟有多大作用呢？本研究涉及的神山分别是：（1）格拉丹东峰，海拔6621米，属唐古拉山脉，位于东经91°10′，北纬33°29′，属格尔木市，是唐古拉山脉的主峰，冰雪覆盖面积达595平方公里，周围有40多条现代冰川，我国第一大河长江发源于此；（2）青新峰，海拔6860米，属昆仑山脉，位于东经90°52′，北纬35°01′，属青海海西蒙古族藏族自治州与新疆交界处，又称布喀达坂峰，是青海省的最高峰，海拔5000米以上的姊妹峰有28座，白雪皑皑，气势磅礴；（3）错日尕则峰，海拔4610米，属昆仑山脉，位于东经97°31′，北纬34°54′，在果洛藏族自治州玛多县；（4）玉珠峰，海拔6178米，属昆仑山脉，位于东经94°15′，北纬35°39′，属格尔木市管辖；（5）马兰山，海拔6056米，属昆仑山脉，位于东经90°44′，北纬35°50′，属玉树藏

---

① 巨晶：《神山、自然与部落——安多藏区神山体系研究》，兰州大学硕士学位论文，2011。

族自治州治多县；（6）湖北冰峰，海拔 5769.3 米，属昆仑山脉，位于东经 92°59′，北纬 35°50′，位于玉树藏族自治州与海西蒙古族藏族自治州交界处；（7）五雪峰，海拔 5805 米，属昆仑山脉，位于东经 91°25′，北纬 35°53′，属玉树藏族自治州治多县。

本研究根据《青海省生态系统服务价值评估报告》中提供的物种调查数据和栖息地空间分布图，通过 GIS 叠加分析得到青海省 59 种珍稀濒危物种的丰富度（species richness）分布图，然后通过叠加上述 7 座神山的地理位置，再围绕每座神山划定半径为 30 公里的同心圆及其外围 30~60 公里的环状对照区，并对两个区域的物种丰富度分别进行计算。结果发现，神山周边 30 公里以内的物种丰富度平均为 1.41 种/平方公里，其周边对照区的平均物种丰富度为 1.27 种/平方公里，统计分析（成对 t 检验）表明前者显著高于后者（p = 0.03），说明这 7 座神山周边 30 公里范围内的濒危物种多样性（物种丰富度）显著高于外围（30~60 公里）的多样性。此外，通过比较神山所在区域（半径 30 公里范围）与周边对照区的海拔高度，发现神山区域的平均海拔为 4884 米，对照区的海拔为 4825 米。按照生物多样性分布的垂直梯度理论，高海拔区域的物种丰富度应该低于低海拔区域，但本研究发现神山区域的物种丰富度显著高于外围低海拔地区，更显神山之保护功效。综上，神山与生物多样性之间有着积极的正相关性；神山和山崇拜促进、保护了生物多样性；生物多样性和保存良好的生态资源也反馈于神山和千百年来生活在山下的族群；宗教信仰与生物多样性之间形成了良性循环。更多的关联性还有待我们进一步从实证的角度进行分析探讨。

"神山"这一威严的信仰，让民众自觉地扮演了环保卫士的角色。在神山崇拜的观念和行为层面蕴含着敬畏大自然、爱护大自然、维护生态平衡和回归大自然的环境意识和环保精神。"环境意识"也称为"生态意识"，第一个提出生态意识的是 A. 莱奥波尔德，他于 1933 年在《大地伦理学》中指出："没有生态意识，私利以外的义务就是一种空话。所以，我们面对的问题是，把社会意识的尺度从人类扩大到大地（自然界）。"[①]

① 余谋昌：《生态意识及其主要特点》，《生态学杂志》1991 年第 4 期。

B. 基鲁索夫认为，生态意识是一种正在形成的独立的意识形态，是根据社会和自然界的具体可能性，最优地解决社会和自然关系问题方面所反映的观点、理论和感情的总和。在现实生活中我们可以看到，一方面，在理论上对人与自然的相互依存、相互作用关系有从具体到抽象的系统研究；另一方面，在人们的感情、风俗、习惯上也会表现出一些保护、利用自然生态系统的观念和知识，而且这些观念和知识往往并不是通过正规的教育和训练产生的，而是直接来自生产劳动和日常生活，不能不承认这也是一种环境意识。

本文通过研究发现，在青海藏区的神山信仰和禁忌习俗中隐含着丰富的环境意识或生态保护意识。在该地区的神山信仰和禁忌习俗中既有观念层面上对破坏环境行为的预防措施，又有行为层面上限制环境破坏的信仰禁忌，这些民间的信仰和禁忌习俗客观上起到了保护生物多样性的作用。在民俗社会中，那些民间信仰和禁忌起着一定的习惯法的作用。这种不成文的民间习惯法，对人们的行为所发挥的约束力和规范作用是无形的。神山信仰的环境保护作用是通过"神治"的方式表现出来，以"神"的名义来治理环境和防止生物多样性丧失的一种民间民俗措施。这种措施的效用只局限在民俗共同体内部，如果超出一定的民俗共同体范围，它的约束力就会弱化或松弛。研究证明，这种"神治"的方式在物种的多样性和环境保护方面起到了积极的作用，但在今天的社会形态下，如何对宗教与生态之间的关系进行扬弃，强化宗教信仰中对生态环境保护的积极因素，仍然任重道远，需要自然科学家和人文学者共同的努力。

四　结论

本研究通过调查数据有力地证明了神山在保护生物多样性方面的积极贡献，肯定了神山的作用，证实了以往关于神山保护生物多样性的推断，为该地区生物多样性保护提供了新思路，探索了自然保护区以外的保护途径，为加强对神山的保护提供了科学依据。此外，本研究也表明宗教文化和社区参与确实能够有效地提高对珍稀濒危物种和生物多样性的保护水平。藏民族对神山崇拜所产生的生态文化对青藏高原的生态环境保护起到了良好作用，因此，应该重视和发掘山崇拜文化中的积极成分，探求其有利于生态保护的积极要素，并将其纳入生态文明建设当中。利用当地居民的地方性知识及其传统文化来促进现代生物多样性保育是目前国际上生物多样性保护领域的研究热点，青海神山的研究案例和结果也将为国际同类研究提供参考和借鉴，为全球生物多样性保护做出贡献。

环境、 生态与地方性知识

藏文古籍《拔协》中关于西藏灾害史的记载及其分析

苏发祥　索太吉（中央民族大学）

　　摘　要：由于海拔高、自然环境严酷，自古以来青藏高原上各种自然灾害发生频繁，对农牧业生产和当地民众生活造成了极大的威胁。同时，在同各种自然灾害的长期斗争中，藏族人民也积累了丰富的经验和知识。虽然藏族没有关于灾害史的专门书写传统，但在不同时期的古籍中，关于自然灾害的记载及相关描述还是不少。本文通过整理散见在藏文古籍《拔协》中有关自然灾害的记载，分析当时西藏自然灾害的主要类型及其影响，以及当时人们对自然灾害的认知与应对方式。

　　关键词：西藏；韦协；拔协；桑耶寺；自然灾害

　　青藏高原是世界上海拔最高、最年轻的高原，被称为"世界屋脊""第三极"，其范围南起喜马拉雅山脉南缘，北至昆仑山、阿尔金山和祁连山北缘，西部为帕米尔高原和喀喇昆仑山脉，东及东北部与秦岭山脉西段和黄土高原相接，位于北纬 $26°00'\sim39°47'$，东经 $73°19'\sim104°47'$。由于海拔高、地形差异大、含氧量低，当地不但自然灾害频发，而且各种疾病不断，这些情况在早期的汉文、藏文古籍文献中都有零星的记载。《拔协》是首部全面系统地记载佛教传入西藏情况的藏文典籍，其中也不乏这方面的内容。

一　《拔协》的版本及其主要内容

　　《拔协》是最早系统记载佛教在西藏传播发展的藏文典籍之一，不仅有多个版本，也有多个不同名称。根据当代著名藏族学者巴桑旺堆先生的研究，最早的版本名称应该是《韦协》（dbav-bzhed），成书于8世纪末，是根据吐蕃赞赤松德赞（742~797）的敕令而撰写的一部史书，作者或组织者据说是吐蕃时期著名佛教人士韦·赛囊（dbav-gsal-snang），[①] 所以取书名为《韦协》，意为"韦氏之见"。韦·赛囊是藏族历史上第一批出家人之一，出家后的法号为益西旺波（yes-shes-dbang-po）。

9世纪，吐蕃王朝崩溃后，由于社会动荡，战乱不断，许多吐蕃时期的历史文献遗失殆尽，不知所踪，但《韦协》似乎幸免于难。11世纪，随着西藏社会的逐渐稳定，人们开始对流传下来的吐蕃历史文献进行改写、删减和增补，《韦协》也在其中。其结果是出现了多个内容繁简不同的《韦协》版本，而原稿本却不知遗落何地。2011年《中国藏学》第1期、第2期全文发表了巴桑旺堆先生的《韦协》译注，引起了国内外学术界的广泛关注。巴桑旺堆先生认为，他翻译整理的《韦协》从文字书写风格来看，仍属于11世纪的手抄本，不是原稿本。虽然如此，但此版本保留了许多原稿本的行文特点和叙事风格，具有很高的学术价值。

巴桑旺堆先生译注的《韦协》由五部分组成，其中正文三部分、补录两部分，主要内容包括：

（1）有关吐蕃赞普拉脱托日年赞至赤德祖赞时期佛教在西藏最初的传播情形的记述。（2）有关吐蕃赞普赤松德赞派使者赴唐引入佛经和从印度迎请菩提和莲花生大师前来吐蕃传播佛法的记载；记述8世纪赤松德赞时期西藏第一座佛、法、僧俱全的寺院桑耶寺建寺过程和佛经翻译以及佛法在吐蕃传播过程中与苯教的斗争。（3）记述印度佛教中观渐门派和唐朝禅宗顿门派之争。（4）一小段增补的内容，以极其简略的语言记述了9世纪上半叶赤祖德赞时期的弘法业绩。（5）另一段增补的内容，是关于9世纪初牟尼赞普时期的佛苯之争的一段记述，不见于以往已知的史料。[②]

---

① 巴桑旺堆：《韦协》译注（一），《中国藏学》2011年第1期。
② 巴桑旺堆：《韦协》译注（一），《中国藏学》2011年第1期。

在《韦协》改写出来的版本中，除了巴桑旺堆先生翻译整理的《韦协》版本外，最有名、流传最广的是《拔协》（sbav-bzhed，vbav-bzhed）本，《拔协》又有《拔协广本》、《拔协中本》、《拔协略本》和《拔协增补本》等之分，其中《拔协增补本》成书于14世纪，属于最晚的版本。[1]

2009年民族出版社出版了藏文版《〈巴协〉汇编》，该书收录了四种同版本的《拔协》。国内最早的藏文影印本是1980年北京民族出版社出版的《拔协》。1983年，四川民族出版社出版了中央民族学院佟锦华和黄布凡两位先生译注的汉藏对照本《拔协增补本译注》。佟、黄两位先生的译本是根据1961年法国藏学家石泰安先生的《拔协》影印本完成的。

除增补部分外，不同版本《拔协》的核心内容跟《韦协》大致相同，如佛教在西藏的早期传播和西藏第一座佛教寺院桑耶寺的修建过程，但其他叙事内容有详略之分，叙事顺序差别较大。因为《拔协》的主要内容是叙述桑耶寺的修建过程，所以也称《桑耶寺志》（bsam-yas-kyi-dkar-chag）。

二 《拔协》中关于西藏灾害史的记载

科学研究表明，2.8亿年前（地质年代的早二叠世），今青藏高原是波涛汹涌的辽阔海洋。这片海域横贯现在欧亚大陆的南部地区，与北非、南欧、西亚和东南亚的海域沟通，称为"特提斯海"或"古地中海"。当时，特提斯海地区的气候温暖，成为海洋动植物发育繁盛的地域，其南北两侧是已分裂的原始古陆（也称泛大陆），南边称冈瓦纳大陆，包括今南美洲、非洲、澳大利亚、南极洲和南亚次大陆；北边的大陆称为欧亚大陆，也称劳亚大陆，包括今欧洲、亚洲和北美洲。

藏文古籍中也有对青藏高原形成及其地理特点的相关记载，与上述科学研究结果基本一致。关于青藏高原隆起前西藏的地形，藏文古籍《贤者喜宴》中有如下记载：

其时雪域西藏，上部阿里三围（stod-mngav-ris-bskor-gsum）状如

---

① 德吉编《〈巴协〉汇编》（藏文），民族出版社，2009，第1页。

池沼，中部卫藏四如（dbus-gtsang-ru）形如沟渠，下部朵康三岗（mdo- khams- sgang gsum）宛似田畴，这些均淹没于大海之中。[①]

距今 2.4 亿年前，由于板块运动，分离出来的印度板块以较快的速度开始向北向亚洲板块方向移动、挤压，其北部发生了强烈的褶皱断裂和抬升，促使昆仑山和可可西里地区隆生为陆地。随着印度板块继续向北插入古洋壳下并推动着洋壳不断发生断裂，在约 2.1 亿年前，特提斯海北部再次进入构造活跃期，北羌塘地区、喀喇昆仑山、唐古拉山、横断山脉脱离了海浸。

到了距今 8000 万年前，印度板块继续向北漂移，又一次引起了强烈的构造运动。冈底斯山、念青唐古拉山地区急剧上升，藏北地区和部分藏南地区也脱离海洋成为陆地。当时这一区域整个地势宽展舒缓，河流纵横，湖泊密布，其间有广阔的平原，气候湿润，丛林茂盛，高原的地貌格局基本形成。地质学上把这段高原崛起的构造运动称为喜马拉雅运动。

随着印度板块不断向北推进并不断向亚洲板块下插入，青藏高原在此上升阶段中形成，每次抬升都使高原地貌得以演进。其上升曾几度停止，但有时又非常迅速。距今一万年前，高原抬升速度更快，曾达到每年 7 厘米，最终成为当今地球上的"世界屋脊"。今天的青藏高原中部以风化为主，而边缘仍在不断上升。

作为青藏高原的主体所在，历史上的西藏一直是个自然灾害频繁、各种疾病不断的地方。由于人类自身认识所限和科学技术的落后，人们对自然灾害和地方疾病的认识和处理多依靠原始宗教理念，而且自然灾害和流行疾病还往往成了地方各种政治势力之间博弈和统治阶级内部进行权力斗争的抓手和借口，这种现象在《拔协》中也有反映。

佛教虽然于 7 世纪从中原内地和印度两个方向传入了西藏，但在西藏扎根发展却是在 9 世纪，也就是吐蕃王朝赤松德赞时期。755 年，赤松德赞继赞普位时只有 13 岁，大权掌握在支持本教的大臣手中，佛教遭到全面的打击和禁止，供奉在小昭寺的佛像也未能幸免于难：

[①] 巴卧祖拉陈瓦著，黄颢、周润年译注《贤者喜宴——吐蕃史译注》，中央民族大学出版社，2010，第 2 页。

此时，上下又有人在传言，说兆头与占验相符，种种恶兆皆为汉地佛像发怒施害之故。而汉地佛像最初源自天竺，应当把释迦牟尼像送往其故土天竺的近邻泥婆罗。于是用两骡子驮载把佛像送到了芒域，时遇该地四处遭灾闹荒也。①

随后，赤松德赞欲派人到印度拜见印度国王，但使者路遇大雪，不得已返回拉萨：

父王一心要弘扬佛法，而佛法兴于印度，为了使印度国王欢喜，便派使者携带礼品究竟有南方尼泊尔前往印度。途中，当使者来到"登坡"险道时，下了七天七夜的大雪，他们没有吃的了。②

赤松德赞年龄稍长后，在赞同佛教大臣们的支持下，用计谋剪除了苯教势力的代表人物玛尚仲巴杰，并听从拔·赛囊（即前面提到的韦·赛囊）的建议，把印度著名佛教僧人寂护（Santaraksita, zhi-ba-mtsho）迎至西藏。寂护到西藏后不久，西藏就发生了洪灾，还出现了瘟疫，苯教势力和一些不了解佛教的人借此认为寂护触怒了苯教神祇，要求赞普赶走寂护。

克什米尔人阿难陀为翻译，请大师在龙促宫中宣讲了"十善"、"十八界"、"十二缘起"等佛法，共讲了四个月。对此吐蕃邪恶的鬼神等大为不喜，发水冲了旁塘宫，轰雷击毁拉萨玛保山（意为红山，即今指布达拉山），出现瘟疫和荒年。③

迫于各方压力，赤松德赞不得不把寂护送回印度。离开之时，寂护向赤松德赞建议将来可邀请印度的一位名叫白玛桑巴瓦（即莲花生）的比

---

① 德吉编《巴协》汇编（藏文），民族出版社，2016，第243页。
② 拔·赛囊著，佟锦华、黄布凡译注《〈巴协〉增补本译注》，四川民族出版社，1990，第5页。
③ 拔·赛囊著，佟锦华、黄布凡译注《〈巴协〉增补本译注》，四川民族出版社，1990，第18页。

丘，认为白玛桑巴瓦法力高强，可以降服吐蕃的神灵鬼怪，而他自己可以与吐蕃之人比试"因明"。

虽然送走了寂护，但赤松德赞仍决心支持佛教在吐蕃的传播和发展，抵制宫廷中的苯教势力。赤松德赞派遣以拔·赛囊为首的30人使团赴唐朝都城长安学习佛法。拔·赛囊学成返回拉萨后，赤松德赞又派他到印度邀请寂护推荐的莲花生。莲花生不仅接受了邀请，寂护也再次陪同他进藏。一路上，莲花生"降魔服妖"，来到了西藏山南的桑耶地方。

> 夜叉念青唐拉（即念青唐古拉山山神）大怒，掀塌雪山，密布乌云，降落冰雹，电闪雷鸣，搅得地方不宁。[①]

把自然灾害解释为神鬼发怒是藏文典籍中常见的情景，即使在佛教在西藏社会完全扎根站稳后，也是如此。莲花生不仅能够降服吐蕃本地的诸多神灵，而且知道他们的名称：

> 他（莲花生大师）说出了吐蕃的全部不驯服的神、龙的名字：水淹旁塘的是香保神，雷击拉萨红山的是唐拉神，制造旱灾、荒年、瘟疫的是12个地方女神等等全都说了。[②]

莲花生到西藏后不久，佛教与苯教之间进行了一场大辩论，最后佛教获胜，赞普的鼎力支持是佛教获胜的重要原因之一。于是，赞普决定接受莲花生的建议，在赞普冬宫扎玛所在地修建一座佛教寺院，寺院地址由莲花生选定，寺院形式和规模由寂护仿照印度著名佛寺欧丹达菩黎寺（Otantapuri）设计，奠基仪式由赤松德赞亲自主持。《拔协》记载，莲花生大师选中修建寺院的地方非常殊妙：

---

① 拔·赛囊著，佟锦华、黄布凡译注《〈巴协〉增补本译注》，四川民族出版社，1990，第21页。

② 拔·赛囊著，佟锦华、黄布凡译注《〈巴协〉增补本译注》，四川民族出版社，1990，第23页。

于是菩提萨陲大师、赞普、聂·达赞东思等三人研究要修建白吉扎玛尔桑耶米久伦吉竹巴寺（桑耶寺之全称）。三人便到开苏山顶上去，请大师勘察地形。大师一边察看，一边指点着说："东山好象（像）国王稳坐宝座，实在佳妙；小山东有如母鸡卵翼雏鸡，实在佳妙；药山好似宝贝堆积，实在佳妙；开苏山象（像）是王妃身披白绸斗篷，实在佳妙；黑山宛如铁橛插地，实在佳妙；麦雅地方宛似骡马饮水，实在佳妙；朵塘地方如象白绸帘缦铺展，实在佳妙。这个地方就像装满藏红花的铜盘，若在此处修建寺庙，可是实在佳妙啊！"如此指点完了，以手杖画出地基图线。这个地方除了包茅草漫（蔓）生以外，连莒草土包等什么也不生长。在这白茫茫的荒原上，聂·达赞东思节草为记说："此处可做赞普的马棚！"[①]

约779年，西藏第一座佛、法、僧俱全的寺院桑耶寺建成，吐蕃举行了隆重的庆祝仪式。不久，7名吐蕃贵族弟子出家为僧，藏族历史上第一批佛教僧侣产生，被称为"七试人"，《拔协》的作者拔·赛囊便是其中之一。之后，为了取得赞普和吐蕃臣民们的支持，莲花生又运用各种神变，使干涸渠道有水、沙地变良田，但结果却是事与愿违：

大师又说："赞普，我可以使你的国土变成良地，把昂许沙滩变成草原和园林，使扎、妥、达拉和丕索以下原来没有河水的地方，变得水源充足，使河滩全部变成良田以供养全吐蕃。向巴夏诺玛尼财神讨取财物，使吐蕃富有而幸福。将世间一切财物都招聚吐蕃。把藏布河与湖泊引入水渠，人们从渠上跳过。乌仗那地方有一条比这还大的河，我也把它引入水渠了。"

为了试验一下是否可行，大师观修了一个上午，果然在龙池中有了水。大师说："再试验一下！"于是摇动扎玛尔湖，使湖中水满，碧波荡漾，随后，又把扎玛尔拉哇园变成森林。第二天清晨又禅修定观想，使松呷尔地方的旧河道延长，出现了泉眼，有了水。

---

① 拔·赛囊著，佟锦华、黄布凡译注《〈巴协〉增补本译注》，四川民族出版社，1990，第28页。

  大臣们见此情况，便开了御前小会议讨论道："如果靠咒师的法力而使吐蕃富饶起来，那么吐蕃就会归属于印度了。"因此商定让大师就此作罢。大师说："现在要良田啦！"大臣们答道："雅隆地区的良田足够了！"于是，献给咒师（即莲花生大师）很丰厚的酬礼，请他依然回印度去。[①]

  上述文字乍看起来神秘荒诞，但稍做分析就会发现，赤松德赞时期的西藏可能耕地面积不足，经济发展和社会财富积累有限。这一方面跟西藏严酷的地理环境有关，另一方面也可能与频发的自然灾害和各种疾病有关。莲花生可能正是看到了吐蕃社会发展的问题所在，所以才有了上述看似不着边际的言论。实际上，也就是找个噱头，树立自己的威望，取悦吐蕃君臣而已。

  838年，支持苯教的大臣谋杀了赞普赤祖德赞（815~838年在位），立赤祖德赞的哥哥达磨为赞普。达磨借天灾镇压佛教势力，尽一切可能支持苯教势力：

  在此期间，拉萨出现霜灾，庄稼生锈病，发生旱灾、兽疫和人疫，赞普趁此机会对全体百姓说："拉萨发生人疫灾害，是怎样造成的，你们知道吗？"答说："不知道。"赞普说："我知道，就是那个叫文成公主的母夜叉，请来了不吉祥的夜叉之神释迦牟尼。"[②]

  朗达玛（达磨）借口自然灾害和疾病，对佛教势力进行了严厉打击，开展了西藏历史上规模最大的一次灭佛运动。随着佛教势力的衰微，吐蕃王朝也走向崩溃，西藏地方历史进入了分裂割据时期。

[①] 拔·赛囊著，佟锦华、黄布凡译注《〈巴协〉增补本译注》，四川民族出版社，1990，第25页。

[②] 拔·赛囊著，佟锦华、黄布凡译注《〈巴协〉增补本译注》，四川民族出版社，1990，第65页。

三 结语

无论是《韦协》还是《拔协》，从篇幅上讲，在浩如烟海的藏文典籍中只能算是沧海一粟。巴桑旺堆先生发表在《中国藏学》上的《韦协》译注共 50 页，而佟锦华、黄布凡先生出版的《〈拔协〉增补本译注》汉文有79 页、藏文有 282 页。但《拔协》内容丰富、信息量大，可以说是早期藏族史学著作中的代表作。虽然灾害和疾病不是《拔协》作者关注的重点，但该书中对西藏自然灾害及其疾病的记载有以下三个特点。

1. 记载零星，也没有比较具体、详细的描述，但从中可以看出，洪水、大雪、干旱乃是当时西藏的主要自然灾害，瘟疫似乎是主要的地方性流行病。

2. 自然灾害和疾病是西藏古代政治斗争和宫廷争权的有力抓手和借口，凡发生激烈的权力斗争之时，也是遇有严重自然灾害的时期。

3. 《拔协》中把自然灾害或疾病流行之因都归结于人，这跟世界上不少族群对自然灾害和疾病的认知有相似或共同之处，即借神灵之名争人间权力是西藏地方历史的一大特点。

虽然没有撰写灾异志或疾病史的传统，但如《拔协》等藏文典籍中不乏对自然灾害和各种疾病的记载，这是我们进一步进行西藏灾害和疾病研究的基础和出发点。

The Traditional Knowledge in Water Resource Management for the Climate Change Adaptation in Tibetan Village, Eastern Himalayas China

Lun Yin, Misiani Zachary, Yanyan Zheng

(Yunnan Academy of Social Science*)

Abstract: Climate change has a major impact on water resource management. For the traditional ethnic societies, climate change influences the way to manage water resource which includes the cultural and traditional ecological knowledge. Conversely, traditional knowledge and practice of water resources management also provide a local perspective and adaptation for understanding global climate change. Tibetans people have a rich information and traditional knowledge about the water and play a central role in the management of water resources, furthermore, water was seen as a cultural and spiritual issue. In the context of climate change, the culture and traditional knowledge of Tibetan water resource management can not only become a way for local understanding and recording climate change, but also can adapt to the challenges and impacts of climate change through dynamic development and innovation.

Keywords: adaption; Traditional ecological knowledge; water resource management; Tibetan

Introduction

Himalayas is the Asian water towers, and it is the source of the largest rivers

* Center for Ecological Civilization, Southwest Forestry University, Kunming, China; Kenya Meteorological Department, Ministry of Environment and Forestry, Nairobi, Kenya; Yunnan People's Publishing House Ltd, Kunming, China.

of Asia. The rivers and their tributaries sustain about 1.4 billion people (Immerzeel W. W. et al., 2010). Changes in the distribution of river flows and groundwater recharge over space and time are determined by changes in temperature, evaporation and crucially, precipitation (Chiew, 2007). Some climate change impacts on hydrological processes have been observed already (Rosenzweig et al., 2007). The rivers in Himalayas are likely to face consequences due to climate change occurring in the region (Immerzeel W. W. et al., 2010).

Climate change impacts are already occurring in the Himalayas (Beniston 2003; Cruz et al., 2007). Limited studies on temperature and precipitation for a few localized places show that warming in Himalayas is 3 times greater than the global average. So the Himalayas are among the regions most vulnerable to climate change (Xu et al., 2009), and are undergoing rapid environmental change (Bawa et al., 2010). Upstream snow and ice reserves of Himalayas, important in sustaining seasonal water availability, are likely to be affected substantially by climate change (Immerzeel W. W. et al., 2010). A shift in winter precipitation from snow to rain, as temperatures rise, leads to change in the timing of the peaks of streamflow. The spring snowmelt peak is brought forward or eliminated entirely and winter flows increase. As glaciers retreat due to warming, river flows increase in the short term but decline once the glaciers disappear (Kundzewicz et al., 2008). Ongoing climate change over succeeding decades will likely have additional negative impacts across these mountains, including significant cascading effects on river flows, groundwater recharge, natural hazards, and biodiversity; ecosystem composition, structure, and function; and human livelihoods (Nijssen et al., 2001; Parmesan, 2014; Bates et al., 2008; Ma et al., 2009). And the formation of lakes is occurring as glaciers retreat from prominent Little Ice Age moraines in Himalayas. These lakes thus have a high potential for glacial lake outburst floods (Bates et al., 2008).

Traditional ecological knowledge held by local communities about climate change can benefit climate science and policy (Cruikshank, 1981; Reidlinger & Berkes, 2001; Moller et al., 2004). And the traditional ecological knowledge can contribute towards improved understandings about the impacts of climate change, and provide insight for development of equitable and effective climate change adaption strategies. Recent studies on traditional knowledge have examined perception about climate change in Tibet, the Eastern Himalaya and the Western Himalayas (Vedwan & Rhoades, 2001; Salick & Ross, 2009; Byg & Salick, 2009; Sharma et al., 2009; Tse-ring et al., 2010). But those studies do not examine impacts on water resource.

In this article, we report, for the first time, traditional ecological knowledge about climate change and its consequences for water in the Himalayas. We explore the critical role traditional ecological knowledge andculture of water plays in the community based water resource management in the Eastern Himalayas Tibetan village of north-west Yunnan, China, and how these knowledge and culture may influence future decision-making about water resource and how to go about adapting to climate change. In this paper, we first provide a brief overview of recent research into traditional ecological knowledge and culture of water, community based water resource management, and climate change. We then proceed to discuss the historic, geographic and social setting of this research as well as the methodology we adopted. Finally we outline our research findings, which are structured into four themes: beliefs, custom law, ecological knowledge, and management techniques.

Background

The Deqin County, located in the northwest of Yunnan province, China. Deqin County is under the administration of Diqing Tibetan Autonomous Prefecture, and in latitude has a range of 27°33′–29°15′ N and in longitude has a range of 98°36′–99°33′ E, covering an area of 7596 km², bordering the Tibet Autonomous Region to the northwest and Sichuan to the northeast.

Being located at an altitude from 2000 meters to 6740 meters, Deqin lies in the transition between a subtropical highland climate (Köppen Cwb) and humid continental climate (Köppen Dwb), which is remarkable for its latitude. Although mean maximum temperatures stay above freezing year-round, minima are below freezing from November to March, and temperatures average − 2.1℃ (28.2℉) in January, 12.7℃ (54.9℉) in July, while the annual mean is 5.65℃ (42.2℉). Rainfall is concentrated between June and September, accounting for nearly 60% of the annual total of 622 mm (24.5 in); snowfall is rare but still causes major transport problems in the winter. With monthly percent possible sunshine ranging from 29% in July to 62% in December, the county seat receives 1989 hours of bright sunshine annually, with autumn and winter sunnier than spring and summer.

Deqin is located in the Eastern Himalayas and also central part of the Hengduan Mountains, and contains the valleys of the Salween, Mekong, and Yangtze Rivers. Mainri Snow Mountain is a mountain range in Deqin, it is bounded by the Salween River on the west and the Mekong on the east. The crest of the range rises to over 6000 meters above sea level, making for impressive prominence over the river valleys to the east and west, which are between 1500 meters and 1900 meters in elevation. The highest peak is Kawagebo, which rises to 6740 meters. Kawagebo is considered sacred for Tibetan Buddhists.

In Deqin, 80% of its 55000 inhabitants are Tibetan, the Tibetans in this area live at a range of elevations, from relatively low-lying warm and dry valleys (around 2000m) to high, cool and moist mountain area (above 3000 m). Most Tibetan people in Deqin make use of a diversity of ecological and climatic zones distributed along the elevation gradient (Salick et al., 2004, 2005). The agro-pastoralist is the main and important traditional livelihood to local Tibetan people in Deqin.

In this article we focus on theTibetan people, the research was conducted in nine Tibetan villages, these villages are situated in the watershed of Mekong River. Just like the other villages in Deqin, the elevations of these villages are between 2000 m and 3200 m.

Methodology

The research methodology consisted of a combination of ethnographic research methods and community-based action research applied.

1. Ethnographic research and participatory rural appraisal (PRA)

This research first draws on ethnographic research carried out in the Tibetan villages in Deqin between June 2010 and September 2015. The research used a mixed method approach, including semi-structured interviews with individual and group, participant observation, oral history recordings, literature review, and participatory rural appraisal (PRA).

The research consider the traditional knowledge as a lens for observing the influence of climate change to water resource, so the research questions were not explicitly designed to focus on climate change, but rather focused on traditional knowledge and changes on the water resource.

Since some traditional knowledge is strongly link with the water resource in community level, the classification of traditional knowledge of the water should be constrained under the frame of community-based water resource management. Based on the classification system for traditional knowledge categories (Xue and Guo, 2009), and a wide work in investigation, organization and documentation of traditional knowledge in the Tibetan villages in Deqin during the past years, in this research, traditional knowledge of the water is divided into four parts:

Knowledge for use of water resources.

Customary law for use of water resources.

Technical innovations for use of water resources and traditional farming and lifestyle practices.

Knowledge of traditional cultures related to conservation and sustainable use of water.

We used PRA to investigate the questions based on the above classification. According to the location of village, including the altitude and climate conditions, and most important, the water, the villagers' answers could be related to differences in the location of watershed and water resources conditions of village. So the total nine villages were divided by grouping three villages into three types as shown in the flowchart below.

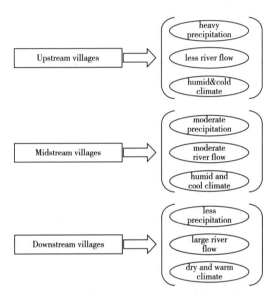

Figure 1: Simple flowchart showing the division of the river stream discharge.

In each of the nine villages 30 people interviews were undertaken, also a questionnaire survey was carried out. The villagers who choose to interview and investigate are older than 40 years old, and try to choose each household owner. The reason is that the traditional knowledge is closely related to one's time in the local life, the accumulated natural environment experience and the social and cultural background. At the same time, the villagers over 40 years of age can make a significant and valuable comparison between the past and present climate and environment changes, and can also recognize the variability of traditional knowledge based on long-term environmental experience and social cultural background. In addition, gender equality should be paid attention to in the selection of respondents, so as to highlight the gender perspective. Interviews were conducted in Tibetan and Chinese with the aid of the interpreters. The interviews focus on local villagers' traditional knowledge about water, as well as associated with the phenomena's of climate change (e. g., rain, snow, river flow, and glacier) and also disasters (e. g., flood, avalanches, landslides and drought). Villagers were also asked reasons for the changes and how these changes influenced their water resource and their lives, and the role of their traditional knowledge in this changing process.

2. Participatory action research (PAR)

Action science attempts to bridge the gap between social research and social practice by building theories which explain social phenomena, inform practice, and adhere to the fundamental criteria of science (Friedman, 2001). Action research is driven by reflection on interventions aimed at changing certain situations (Argyris et al., 1985), and action research is specifically suitable for initiating and guiding change processes. Action research is a productive method to give shape to more reflective practice, in and between organizations, through direct collaboration between practitioners and researchers (Duijn et al., 2010). The participatory action research (PAR) methodology used in this research because we actively involved villagers in exploring new insights about feasible arrangements for alternative strategies for community-based water resources management.

The PAR methodology was designed as an iterative interaction process between three stakeholders: villagers, local experts, and researchers. The researchers facilitated the iterative interaction between these stakeholders. The PAR methodology is a way to empower local villagers and experts to co-design community-based water resources management, and will support the villagers formulate local adaption strategies to climate change. The PAR methodology include eight steps, and it is important to be aware of how each step either leads to another, different aspect to be considered or diverges from the path and requires action at that particular point.

Meeting with community. To introduce the research and identify the problems of water, and how does climate change or variability in the area affect water resource such as precipitation, river flow, glacier etc., also including indirect effects such as floods, droughts, landslides etc., how are locallivelihood and infrastructure affected and the intensity of the effects. Sort out the intensity of different effects through villagers scoring, determine the research topic according to the sort.

Identifying the local experts of traditional knowledge and selecting village researchers, and establishing research teams according to research topics, the local experts elected by the villagers become the leaders of the research teams.

With the help of facilitators, the research teams began to make schedule and plan for fieldwork, and then carried out fieldwork according to the plan. Through taking photographs, videos recording, notes and other methods in the fieldwork, the research teams gathered raw data for each research topic.

After the first stage of fieldwork, meeting to discuss the detail. The facilitators help each research teams convene a meeting, in addition to team leaders and members, but also invited 10 to 15 villagers' representatives to participate. The purpose of the meeting is to discuss the fieldwork in the first stage, to collate the achievements and data to reflect on the shortcomings of the investigation.

The facilitators make the first draft for local experts and village researchers to comment and add, then the stakeholders work together to make a plan for the second stage fieldwork.

Second stage fieldwork, collecting more data. In-depth interview with different key stakeholders, and involve the researcher from academia and water conservancy department of local government to the research teams, to work together with local experts and village researchers, to build a scenario and mechanism for mutual exchange and cooperation between traditional knowledge and scientific knowledge.

Organize and focus group discussion with different groups which were differentiated by age, gender and structure of village in community to document socio-cultural aspect, and verify final results of fieldwork with community.

Based on the research teams and the achievements of fieldwork, set up the water committee in each village, which involve different stakeholders, start community-based water resource management in village level, making plan and implement activities.

3. Community-based water resource management (CBWM)

Community-based water resource management (CBWM) is an approach that enables individuals, groups, and institutions to participate in identifying and addressing water-related local issues (Ali, 2011). It is led by the local communities that empower local people for coping with climatic vagaries. In this system, local priorities, knowledge, needs, and capacities are key factors for making an adaption plan (Prabhakar et al., 2014).

The agro-pastoralist is a weather-dependent livelihood, so the Tibetan community in Deqin is the most vulnerable to climate change. The climate change-related water disasters such as droughts, floods and landslide have been occurring frequently and seriously affecting the lives of local people. At the same time, although villagers, especially the local experts with rich traditional knowledge, have much knowledge and experience of coping with unexpected climatic events, today climate change phenomenon and disasters may push situation beyond their knowledge and ability. For example, the uncertainty of rainfall has affected the crop selection, sowing time, irrigation time, and harvesting time in agriculture; the droughts has affected the pasture environment: including grass growth time, grass maturity time, grass nutrition, and wetland disappearance in pastoralist. In this case, CBWM offer opportunity of interactions between traditional knowledge and science technology, also a platform of exchange knowledge among the different stakeholders.

As a consequence, it is to be expected that villagers will choose to take different paths to different extents, depending on their village's particular situation just like the altitude and climate conditions, the location and water resources conditions. Moreover, each village may require specific way to manage the water resource depending on their specific social and natural circumstances.

In order to implement more effective water resource management, based on the survey data and results of PAR in different villages, we have formulated three community-based water resource management models:

Water environment conservation model. This model mainly based on the knowledge of traditional cultures related to conservation and sustainable use of water, the villages locate in the upstream of watershed take this model to protect the environment of the water source.

Water resource allocation model. This model mainly based on the knowledge for use of water resources and the customary law for use of water resources, the villages locate in the midstream of watershed usually take this model to equitably distribute the water resource among the different parts andhouseholds in the villages.

Water disaster risk reduction model. This model mainly based on the knowledge for use of water resources and the technical innovations for use of water resources and traditional farming and lifestyle practices, the villages locate in the downstream of watershed take this model to reduce the risk of water disaster such as drought, flood and landslide.

Results and Discussion
The perspective of water in climate changes

1. The perspective of water change

All the villagers interviewed perceived changes related to water, including rain, snow, river flow, and glacier.

From the above figure 2, we can see that the villagers in the upstream

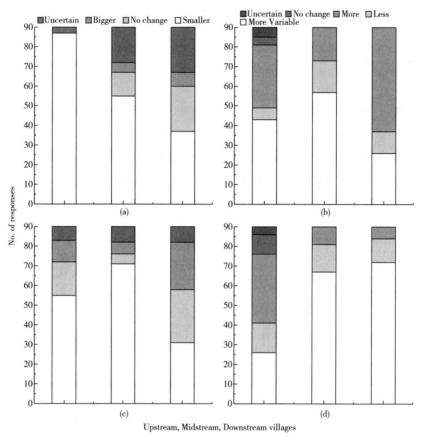

Figure2: Show the changes in climate related features discussed in perspective of water change: (a) represent the glacier, (b) represent river flow, (c) represent snow and (d) represent snow. The first column represent the upstream villages, second column represent midstream villages while third column represent the downstream villages.

villages are most aware that the size of the glacier became smaller, and also feel the changes in the flow of rivers caused by the melting of the glaciers, and their feelings of snow and rainfall are not too much; in the three midstream villages, the villagers' perception of river flow changes, snowfall and rainfall changes were obvious, while most of the people noticed that the glaciers became smaller; in the three downstream villages, the villagers obviously felt the change of river flow and rainfall, but the glacier size became smaller and the change of snowfall was not too concerned.

2. The perspective of water disasters

Also all the villagers interviewed perceived hazards and disasters related to
water, including flood, avalanche, landslides and drought.

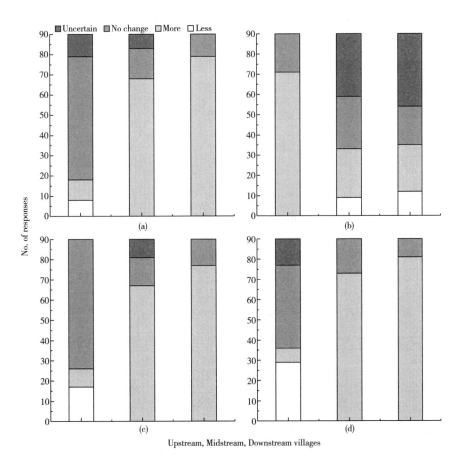

**Figure 3: Show the changes in climate related features discussed in perspective of
water disasters: (a) represent the floods, (b) represent Avalanche,
(c) represent Landslides and (d) represent Drought. The first column represent
the upstream villages, second column represent midstream villages while third
column represent the downstream villages.**

By comparing the villagers' perception of the disasters, we can see that the
villagers in the upstream are more sensitive to the avalanche, but are not aware of

the other disasters. The villagers in the midstream have an obvious perception of drought, floods and landslides, and have a certain perception of avalanches. The villagers in the downstream villages are most sensitive to drought, floods and landslides, but have little perception of avalanches.

3. The traditional knowledge of water and climate change

The analysis of the PAR results according to the four dimensions of traditional knowledge of water.

3.1. Knowledge and practice for use of water resources

For villagers the water is divided into four distinctive types: sacred water, domestic water, agricultural water and medical water. Each type of water has different sources: lake, river, rain, spring among others.

The melting of glacier and snow forms the alpine lake and falls at high altitudes, the villagers consider these lake and falls are the treasures of sacred mountain, so the water from them is sacred also. The sacred water can be used in the ritual of Buddhism and the ceremony of worship the sacred mountain.

The domestic water comes from river, villagers use large cylinder to store water, and this cylinders are placed in a special house, which is a symbol of family wealth. The daily use of water for a family is taken from the large cylinder.

The water used for livelihood come from precipitation and river, to irrigate farmland and feed water to livestock. But the villagers think that the water in the river is different from the rain, the rain is better for the growth of the crops. A senior male elder villager said:

In normal rainfall years, the irrigation of crops relies mainly on rainwater, and then combined with river water to irrigate seven or eight times. In the drought years, the irrigation of crops depends on the river water, which needs to be irrigated 20 times a year, compared with the water in the river, the crops irrigated by the rain are stronger and more delicious.

The medical water comes from spring, in the local traditional Tibetan medicine, the water from spring is a medicine for treating disease, just like plants, animals, and mineral medicines. Different springs are used to treat different diseases, an elderly Tibetan practitioner explains:

We judge what diseases can be treated by the water according to different rocks, soil and plants near the springs. Also we can judge what kind of disease can be cured by the water according to the taste, color and smell of spring. The effect of treatment of high altitude spring water is better than that of low altitude. And we usually mix the medical water and sacred water together, so that the treatment is better.

The time to collect, hazards and disasters are related to the water, the associated climate conditions, andphonological events. For instance, during the dry season, the villagers know the drought is coming through the observation of shape of clouds, the sound of the wind and the leaves of the cedar tree; during the wet-season, the villagers know the flood is coming through observing the velocity of flow and the sound of the river.

The knowledge and practice for use of water resources of Tibetan villagers consists of the identification and classification of distinctive component of the watershed environment. It contains empirical observations and information about the water. Tibetan villagers traditionally relied on such knowledge to ensure drinking water andlivelihood, to reduce the risk of hazards and disasters. Tibetan villagers' traditional water knowledge consists of a set of personal observations, perceptions and experience accumulated for a long time period, and reinforced by the observations, perceptions and experience of other local traditional knowledge experts. However more in-depth analysis reveals that the Tibetan villagers' traditional water knowledge contains information derived from perceptions and adaptions to changing climate and environmental conditions over a prolonged period of time. The Tibetan traditional water knowledge offers considerable insight into climate change on a local level.

3. 2. Customary law for use of water resources

In addition to knowledge for use of water resources, the traditional knowledge of water also contains customary law for use of water resources as well as management of watershed, which includes methods to prepare the anticipated hazards and reduce the risk. The villagers have developed a variety of customary law and strategies to use the water resources and to cope with the water risk which affected by theclimate change, such as water source sanctifying, watershed conserving, water resource sharing and water disaster resisting.

Water source sanctifying is related to the belief of Buddhism and especially the sacred mountain worship of local villagers. The Tibetan villagers think, just like other nature resources, water belongs to the god of sacred mountain, so whether it is the water melted by glaciers and snow, or the water flowing out of the mountain, after the formation of rivers, lakes, waterfalls and springs, it is a gift from the gods of sacred mountain. So the villagers thought that the water source area was sacred and sanctified the place, they hang the Buddhist Scripture flags and build themani heap (prayer stones) in the water source, at the same time prohibit any damage and pollution to water sources.

Watershed conserving is a customary law related to the forest conservancy. On the one hand, the villagers forbid the felling of the forest vegetation on both sides of the river. On the other hand, the villagers also plant trees on the riparian slopes prone to landslides and debris flows. There are special villagers in the village who are responsible for the care of the forest. If anyone is found to have felled trees, those who cut trees will be fined. The purpose of this customary law is to protect the watershed environment and prevent the risk of landslides and debris flows during the rainy season.

The customary law of water resource sharing is usually used in drought. When the dry season comes, without rainfall, the amount of water in the river is also decreasing. At this time, for one village, a collective meeting of villagers will be held inside the village to discuss how to allocate water resources. The local Tibetan villages in Deqin are divided into two parts according to their geographical environment, the customary law arranges farmers who live in the upper part of the village to irrigate farmland in the morning and farmers in the lower part of the village in the afternoon. For several villages, village meetings are also required to arrange the use of water resources, so that the upstream and downstream villages can take turns and make fair use of water resources. The customary law of water resource sharing avoids the conflict of water use during drought and makes the most efficient use of water resources.

The customary law of water disaster resisting is mainly for villages that located in the middle anddownstream of river. During the rainy season, especially when heavy rainfall occurs, the risks of flood and debris flow are increased, and the villagers will build and reinforce the river dykes and dams. At the same time, they are divided into two groups according to the customary law. They will check the situation of the river in the daytime and night, and help the villagers living in the higher risk areas to move away.

3.3. Traditional cultures related to the water

The final facet of the Tibetan traditional water knowledge discussed in this article is the traditional cultures and value systems, including the worldviews and cosmologies. For local Tibetan villagers, their traditional water knowledge forms part of their belief system: sacred mountain. From the traditional cultures and worldviews, like the rest of the world, water is positioned as sentient, and water is also a way of communication between god of sacred mountain and people. A local Tibetan Buddhism monk explain:

The sacred lake, falls and river have feeling, the gods of those sacred water are very sensitive, and people should be very respectful to them. For example, People should not destroy the surrounding environment of the sacred lake, pollute the water of the lake, even do not speak loudly and frolic by the lake. If this is done, it is disrespectful to the sacred lakes, and the lakes will punish people with rainstorms, floods and debris flows.

But in the dry season, especially when drought strikes, this way of disrespecting the sacred lake has turned into the ceremony of pray for rain. The monk continued to explain:

> In the droughts, people will go to the monasteries to pray for the blessing of Buddha and sacred mountain, the monks will give them three deity stones. Then people get the water from the Lancang (Mekong) River, also pick up a stone and a small piece of wood at the bank of River. After all the things are ready, people will take these things to the sacred lake on the high mountains, throw everything into the lake, break the calm of the lake, irritate the god of lake, and it's beginning to rain. When the rain falls enough, people will go to the sacred lake to chant scriptures and hold rites to pray for god's understanding, if the god forgives that the raining will stop.

Because of the sacred mountain belief, the villagers believe that their behavior will affect the environment, including climate and water. For instance, people's incorrect behavior just like hunting, logging in the sacred mountain, these acts will irritate the god of sacred mountains, and god will punish people with avalanche, floods, droughts, rainstorm and other water related disasters or dangerous weather conditions. On the contrary, some correct actions, such as planting trees, releasing flowers and pilgrimage, the god of sacred mountain will give people an appropriate precipitation and a favorable climate conditions as a reward.

Such knowledge, customary law and cultures of water, which are located within local Tibetan villagers' traditional water knowledge, protect the water environment such as lakes, rivers and springs, reduce the risk of water disaster, and effectively meet the demand for water for livelihoods, at the same time, it also laid the foundation for Community-based water resource management (CBWM) in village level.

Table1: The classification of water

Type	Conditions	Use	Management
Sacred water	Water from sacred lake, falls and river.	Water for ritual of Buddhism and sacred mountain; Water for ceremony to pray for good weather; Water for ritual of avoiding disaster.	Forbidding polluting the water resources; Forbidding speaking loudly by the water.
Domestic water	Water from river.	Drinking, making food, bathing and washing.	Built the canal to divert the water to households in the upper reaches of the river to avoid water contamination; Storage of water in the household.
Livelihood water	Water from precipitation and river.	Farmland irrigation, livestock drinking water.	Building the canal to divert the water to the farmland; Building the reservoir to store water resources, to irrigate farmland in the dry season; Building the river embankment to prevent floods from destroying farmland.
Medical water	Water from spring.	Treatment of gynecopathy, gastropathy and other diseases.	Protecting the environment around the spring.

3. 4. The management of water to adapt to climate change

The local Tibetan villagers are well aware that water resource and climate conditions are changing, they observed changes in water resources under the influence of climate change, and also their traditional knowledge of water respond to the impacts of climate change. For them, these changes have more cultural sense andspiritual meaning. Thus, based on observation and traditional knowledge, villagers and other stakeholders work together, formulate and implement an acceptable and effective climate change adaption strategy: the community-based water resource management plan.

Each adaption strategy is underpinned by a set of values that define what is considered to merit the effort of adaption (Adger et al., 2009a, b; Ford, 2009;

Ford et al., 2010; Dumaru, 2010). For Tibetan villagers, these values are related to their traditional water knowledge, the traditional knowledge guide villagers to choose suitable adaption plan according to the specific conditions of their villages, these values identify and form the goals of the adaption plan.

In this context, the villagers have formulated and implemented community-based water resource management plans of different trends and orientation. For the villages in the upstream of the watershed, villagers adopt water environment conservation model. The aim of this model is conserving and improving the ecosystem of river and Lake. Villagers conserve water environment is more based on traditional culture, they invited monks from monastery to perform Buddhist ceremonies, which not only sanctify the water sources, but also made the forests around the river sacred. As a sign of sanctification, the villagers also invite monks to build white pagodas. White pagoda is a sacred object in Buddhism, and the construction of white pagoda means the water, forest and land are protected by sacred mountain and Buddha. Any behavior that destroys the environment and pollute the water source is not allowed, otherwise it will be punished. At the same time, villagers should plant trees in the watershed to please the god of sacred mountain, so as to pray for better water and climate conditions.

The villages located on the midstream of the watershed, villagers use Water resource allocation model. The aim of this model is to allocate water resource equitably to the farmland of the different households during the dry season. Villagers distribute water resources is based on traditional customary law. First, villagers modify the customary law and redistribute the potable water resource. The villagers built the water diversion channel in the upper part of the village, which directly brought water into every household, including the lower part of the village, and changed the custom of using water separately in the upper and lower parts of the village, so that the households in the lower village could use cleaner water and distribute water resources more fairly with the households on the upper part of the village. Secondly, villagers strengthen the customary law and allocate their livelihood water. During the dry season, villagers still maintain the traditional custom of separate use of water resources. On Monday, Wednesday and Friday, the households in the upper part of the village irrigates their farmland in the morning, while the households in the lower part of the village irrigates in the afternoon; On Tuesday, Thursday and Saturday, the households in the lower part of the village irrigates the farmland in the morning, while the households in the upper part of the village irrigates in the afternoon. The villagers think that the temperature of the water in river is different in the morning and the afternoon, so the influence of the crop growth and the harvest is different. The cold water can promote the growth of the crop, and the warm water can make the harvest better. Therefore, it is more equitable to allocate water resources to households in the upper and lower parts of the village.

For the downstream Villages, villagers employ water disaster risk reduction model. The aim of this model is to reduce the risk of water hazards and disasters, including floods, droughts, landslides and debris flows. Villagers reduce the water disaster risk is more based on Knowledge and practice for use of water. During the drought, in addition to equitable distribution of water resources, villagers also built reservoirs to store water. The reservoirs are built and used collectively to ensure that every household in the village can use water . The rule of distributing water in reservoirs is the same as distributing the water from river. In the rainy season, in response to disasters such as floods, mudslides and landslides, villagers regularly inspect rivers, reinforce embankments, and build diverted channels. Villagers who live in high-risk areas will transfer their property and livestock to safe places ahead of time until the rainy season is over.

The traditional water knowledge integrate into the community-based water resource management. Whereas community-based water resource management that draw on Tibetan villagers traditional water knowledge and embrace their aspirations for increased ability to manage their water resource in the context of climate change.

Conclusion

This research demonstrates the three aspects of the traditional water knowledge in the context of climate change: the local perception about climate change impacts on water, the traditional knowledge of water and climate change and the management of water to adapt to the climate change.

Climate change is different in different places. Even in the same place in a small geographic area, because of different altitude and environment, the impact of climate change on the local water resource is also different. To understand these local changes phenomena, locals and their observation and feelings are very important. For local Tibetan villagers, onlythey can explain the local manifestation of climate change and its impact to the water and to observe, feel and assess the impact of these changes. At the same time, villagers in different location of watershed are different in observing and feeling these water changes and water disasters. Furthermore villagers' perception and observation influence their traditional water knowledge, and the way they manage the water resource to adapt climate change.

Local Tibetan villagers have rich knowledge of water, through participatory action research, the villagers themselves studied their water knowledge, and this article reveals the value and significance of water to the local society: water is not only a resource problem, but also a social and cultural phenomenon. And the impact of climate change on water resources is not only an environmental problem, but also an issue of spirit and belief. At the same time, the villagers felt the influence of climate change on their traditional water knowledge, some knowledge became inaccurate, some knowledge failed, but in more cases, the villagers tried hard to use traditional water knowledge to cope with the effects and risks of climate change, which laid the foundation for community-based water resource management.

The local perception and the traditional knowledge can improve understanding of the influence ofclimate change to water, and provide ideas to develop an equitable and effective water resource management plan to adapt the climate change. For local Tibetan villagers, compare with the externally driven adaption options, they are more willing to take the community-based water resource management plan, because such a plan enables them to apply their experience and traditional knowledge according to the geographical location and environment of their village, so that their strategies and actions to adapt to climate change are more effective.

Acknowledgements

First and foremost Yin wish to extend his sincere gratitude tothe YASS Team of Ethnological Research Innovation for their encouragement and great support during this important project. Misiani is also thankful to the People's Republic of China Government and Kenya Meteorological Department for granting his a fellowship and study leave, respectively, without which this work will not have been possible. We also appreciate the insightful suggestions made by the reviewers whose comments contributed greatly to improve the readability and quality of this paper.

References:

Adger, W. N., Barnett, J., Ellemor, H., 2009a, "Unique and Valued Places at Risk," in chneider, S., Rosencranz, A., Mastrandrea, M. (eds.), *Climate Change Science Policy*, Island Press, Washington, DC, pp. 131–138.

Adger, W. N., Dessai, S., Marisa, G., Hulme, M., Lorenzoni, I., Nelson, D. R., et al., 2009b, "Are There Social Limits to Adaptation to Climate Change?" *Climatic Change* 93, pp. 335–354, https://doi.org/10.1007/s10584-008-9520-z.

Ali, M. H., 2011, *Practices of Irrigation and On-farm Water Management*, London, U. K.: Springer, https://doi.org/10.1007/978-1-4419-7637-6.

Argyris, C., R. Putnam, D. McLain Smith, 1985, *Action Research: Concepts, Methods, and Skills for Research and Intervention*, San Francisco, CA: Jossey-Bass Publishers.

Bates, B. C., Kundzewicz, Z. W., Wu, S., & Palutikof, J. P. eds., 2008, "Climate Change and Water," *Technical Paper of the Intergovernmental Panel on Climate Change*, IPCC Secretariat, Geneva, p. 210.

Bawa, K. S., Koh, L. P., Lee, T. M., Liu, J., & Ramakrishnan, P., et al., 2010, "China, India, and the Environment," *Science* 327, pp. 1457 – 1459, https://doi. org/ 10. 1126/science. 1185164, PMid: 20299578.

Beniston, M., 2003, "Climatic Change in Mountain Regions: A Review of Possible Impacts," *Climatic Change* 59, pp. 5-31, https://doi. org/10. 1023/A: 1024458411589.

Byg, A. & Salick, J., 2009, "Local Perspectives on a Global Phenomenon-climate Change in Eastern Tibetan Villages," *Glob Environ. Change* 19, pp. 156 – 166, https:// doi. org/10. 1016/j. gloenvcha. 2009. 01. 010.

Chiew, F. H. S., 2007, "Estimation of Rainfall Elasticity of Streamflow in Australia," *Hydrol. Sci. J.* 51 (4), pp. 613-625, https://doi. org/10. 1623/hysj. 51. 4. 613.

Cruikshank, J., 1981, "Legend and Landscape: Convergence of Oral and Scientific Traditions in the Yukon Territory," *ArcticAnthropol*, 18, pp. 67-93.

Cruz, R., et al., 2007, "Asia," pp. 469-506, in Parry, M., et al., eds., Climate Change 2007: Impacts, Adaptation and Vulnerability, Contribution of Working Group Ⅱ to the Fourth Assessment Report of the Intergovernmental Panel on Climate Change, Cambridge University Press, Cambridge, United Kingdom.

Duijn, M., Rijnveld, M., & van Hulst, M. J., 2010, "Meeting in the Middle: Joining Reflection and Action in Complex Public Sector Projects," *Public Money and Management*, 30 (4), pp. 227-233, https://doi. org/10. 1080/09540962. 2010. 492183.

Dumaru, P., 2010, "Community-based Adaptation: Enhancing Community Adaptive Capacity in Druadrua Island," *Fiji. WIRE Climate Change* 1, pp. 751 – 763, https:// doi. org/10. 1002/wcc. 65.

Ford, J. D., 2009, "Dangerous Climate Change and the Importance of Adaptation for the Arctic's Inuit Population," *Environmental Research Letters* 4, pp. 1 – 9, https://doi. org/ 10. 1088/1748-9326/4/2/024006.

Ford, J. D., Pearce, T., Duerden, F., Furgal, C., Smit, B., 2010, "Climate Change Policy Responses for Canada's Inuit Population: The Importance of and Opportunities for Adaptation," *Global Environmental Change* 20, pp. 177 - 191, https://doi. org/10. 1016/ j. gloenvcha. 2009. 10. 008.

Friedman, V., 2001, "Action Science: Creating Communities of Inquiry in Communities of Practice," in P. Reason and H. Bradbury (eds.) *The Handbook of Action Research*, pp. 159-170, London: Sage.

Immerzeel, W. W., Van Beek, L. P. H., Bierkens, M. F. P., 2010, "Climate Change will Affect the Asian Water Towers," *Science* 328, pp. 1382 - 1385, https://doi.org/10.1126/science.1183188, PMid: 20538947.

Kundzewicz, Z. W., Mata, L. J., Arnell, N. W., Döll, P., Jimenez, B., Miller, K., Oki, T., Şen, Z. & Shiklomanov I., 2008, The Implications of Projected Climate Change for Freshwater Resources and Their Management, 53, pp. 1, 3-10.

Leonard, S., et al., 2013, "The Role of Culture and Traditional Knowledge in Climate Change Adaptation: Insights from East Kimberley, Australia," *Global Environ, Change*, http://dx.doi.org/10.1016/j.gloenvcha.2013.02.012.

Ma X, Kang Y, Khan S. Climate change impacts on crop yield, crop water productivity and food security-a review. Prog Nat Sci. 2009; 19 (12): 1665 - 74. https://doi.org/10.1016/j.pnsc.2009.08.001.

Moller, H., Berkes, F., O'Brian, L. P. & Kislalioglu, K., 2004, Combining Science and Traditional Ecological Knowledge: Monitoring Populations for Co-management. Ecol. Soc. 9, p. 2. See, http://www.ecologyandsociety.org/vol9/iss3/art2. https://doi.org/10.5751/ES-00675-090302.

Nijssen, B., O'Donnell, G. M., Hamlet, A. F., and Lettenmaier, D. P. (2001). Hydrologic sensitivity of global rivers to climate change. Clim. Change 50, 143-175. https://doi.org/10.1023/A: 1010616428763.

Prabhakar S. V. R. K., Binaya Rai Shivakoti, Bijon Kumer Mitra, 2014, "Climate Change Adaptation in Water," in Sangam Shrestha, Mukand S. Babel and Vishnu Prasad Pandey (eds.) *Climate Change, and Water Resources*, pp. 209 - 238, N. W.: Taylor & Francis Group, LLC.

Reidlinger, D. & Berkes, F., 2001, Contributions of Traditional Knowledge to Understanding Climate Change in the Canadian Arctic. Polar Rec. 37, pp. 315 - 329, https://doi.org/10.1017/S0032247400017058.

Rosenzweig, C., et al., 2007, "Assessment of Observed Changes and Responses in Natural and Managed Systems," in Climate Change 2007: Impacts, Adaptation and Vulnerability, Contribution of Working Group II to the Fourth Assessment Report of the Intergovernmental Panel on Climate Change, M. L. Parry, et al. (eds.), pp. 79 - 131,

Cambridge University Press, UK.

Salick, J., Anderson, D., Woo, J., Sherman, R., Cili, N., Ana, Dorje, S., 2004, Bridging Scales and Epistemologies: Linking Local Knowledge and Global Science in Multiscale Assessments, Millenium Ecosystem Assessment, Alexandria, Egypt.

Salick, J. & Ross, N., 2009, "Traditional Peoples and Climate Change," *Glob. Environ*, Change 19, pp. 137 - 139 (doi: 10. 1016/j. gloenvcha. 2009. 01. 004), https: // doi. org/10. 1016/j. gloenvcha. 2009. 01. 004.

Salick, J., Yang, Y., Amend, A., 2005, "Tibetan Land Use and Change Near Khawa Karpo Eastern Himalayas," *Economic Botany* 59, pp. 312-325, https: //doi. org/10. 1663/ 0013-0001 (2005) 059 [0312: TLUACN] 2. 0. CO; 2.

Sharma, E., Chettri, N., Tse-ring, K., Shrestha, A. B., Jing, F., Mool, P., & Eriksson, M., 2009, *Climate Change Impacts and Vulnerability in the Eastern Himalayas*, Kathmandu, Nepal: ICIMOD.

Tse-ring, K., Sharma, E., Chettri, N. & Shrestha, A. (eds.), 2010, *Climate Change Vulnerability of Mountain Ecosystems in the Eastern Himalayas: Climate Change Impact An Vulnerability in the Eastern Himalayas—synthesis Report*, Kathmandu, Nepal: ICIMOD.

Vedwan, N. & Rhoades, R. E., 2001, Climate Change in the Western Himalayas of India: A Study of Local Perception and Response, Clim. Res. 19, pp. 109 - 117, https: // doi. org/10. 3354/cr019109.

Xu, J., Grumbine, R., Shrestha, A., Eriksson, M., Yang, X., et al., 2009, "The Melting Himalayas: Cascading Effects of Climate Change on Water, Biodiversity, and Livelihoods," *Conserv Biol* 23, pp. 520 - 530, https: //doi. org/10. 1111/j. 1523 - 1739. 2009. 01237. xPMid: 22748090.

Xue, D. Y., Guo, L., 2009, "On the Concept and Protection of Traditional Knowledge," *Biodiversity Science*, 17 (2), pp. 135 - 142 (in Chinese), https: //doi. org/10. 3724/ SP. J. 1003. 2009. 08256.

地方性知识与民族地区生态环境保护

——以侗款为例

商万里　崔朝辅（贵州民族大学）

摘　要：侗款是侗族的一种民间规约，也是一种地方性知识，在长期的发展过程中，侗款不仅维系着侗族社会的稳定与团结，而且对侗族地区的生态环境保护发挥着效力。本文以侗款为例，探讨侗款中所包含的生态环保的地方性知识、在侗族经济社会变迁的背景下这些地方性知识如何调适与转型以及是否能够成为制约生态环境问题恶化的有效力量。侗款中蕴含着丰富的少数民族传统文化和环境保护的地方性知识，只有辩证地认识，发挥其功效，才能实现人与自然的和谐统一。

关键词：地方性知识；生态环境保护；侗款

一　问题的提出

各民族的文化都是该民族对所生存的自然生态条件适应的产物，不同的地域共同体在不同的生存环境中造就了自己的文化，从而产生了具有地域性差异的地方性知识。地方性知识是一个地方所独享的知识文化体系，是本地人民在长期的生产生活实践中所形成的具有地域性特征的本土知识体系。地方性知识往往和多元文化相关，相对主流文化，各少数民族文化基本上都属于地方性知识。地方性知识中蕴含着丰富的生态文化，它是人类社会所形成的尊重自然、保护自然的物质技术手段、制度措施、生产生活方式、思想观念和价值体系的总和。① 自工业革命以来，环境问题一直备受关注，从根本上讲，环境问题是人与自然如何和谐相处的问题。人类在生存与发展的过程中，不断尝试、探索并熟知自然的习性与特征，进而通过代代相传积累与自然和谐相处的经验并凝结为智慧结晶，最终将其作为一种制度文化，调适人类与自然的关系，求得共生共存。

吉尔兹在《地方性知识：从比较的观点看事实和法律》一文中提到，"法律也是一种地方性知识"，② 并且由于政治、经济、文化、社会等背景的不同，在不同地域、不同时期以及不同民族间也会产生不同的地方性法律。侗款是侗族的一种民间规约，侗款款约在侗族看来就是法律。侗款是以保护本族群利益为基本原则，通过盟款即立法制定各种行为规范来维护侗族的社会秩序以及社会关系，这些行为规范涉及侗族社会生活的方方面面，不仅包括社会治安、民事纠纷、刑事诉讼等维护社会稳定与团结的地方性知识，还包括封山育林、保护水源、保护庄稼等富含生态环境保护思想的地方性知识。

本文以侗款为例，回答以下问题：侗款中所包括的生态环境保护的地方性知识有哪些？在侗族经济社会变迁背景下这些地方性知识如何调适与转型，以及是否能够成为制约生态环境问题恶化的有效力量？对这些问题的探讨，不仅拓宽了少数民族生态文化研究的理论视阈，而且在实践上有助于少数民族地区的生态环境保护。

二　侗款中关于生态环境保护的地方性知识

侗款是侗族的优秀文化遗产，早在原始社会晚期，侗族社会内部就出现了一种民间社会组织，通过"邀集各村寨头人、族众'彼此相结、歃血誓约''缓急为援、名曰门款'，以处理氏族和村寨内外的重大事务"，侗语称之为"款"。款又分小款、中款和大款。小款是由多个相邻村寨组成

---

① 王明东：《独龙族的生态文化与可持续发展》，《云南民族学院学报》（哲学社会科学版）2001年第3期。
② 〔美〕克利福德·吉尔兹：《地方性知识——阐释人类学论文集》，王海龙、张家瑄译，中央编译出版社，2004，第273页。

的联合，各个小款的联合形成中款，而大款则由中款的联合组成。整个款组织包括"款众"（款组织辖区内的全体民众）、"款首"（由款众推选德高望重、办事公正的长者或寨老担任）、"款军"（由青壮年"款众"组成）、"款坪"（集众议事、制定款约、发布款规、处理违款事件的场所）、"款词"（款约款规，由款众共同协商议定，款首当众发布，盟誓执行）、"款碑"（款组织的碑记铭文）。侗款款词的内容主要包括款坪款、约法款、出征款、英雄款、族源款、创世款、习俗款、祝赞款、请神款、祭祀款十个方面的内容，其中也蕴含着丰富的有关生态环境保护的地方性知识。

（一）人与其他自然万物同根共祖、和谐共生的生态伦理观念

各民族在历史发展的早期阶段，生产力低下使得人类对自然既敬畏又依赖，形成了最初的朴素的生态伦理观念。尽管生态伦理作为一门学科是现代西方自然环境保护运动的产物，但是生态伦理思想自古有之。在西方，美国哲学家梭罗首先提出了"回归自然"的生态主张，被美国人誉为"国家公园之父"的缪尔早在1892年就和他的支持者创建了美国最早、影响力最大的自然保护组织之一——塞拉俱乐部；在中国，中国传统文化中也蕴含着丰富的生态伦理思想，如儒家的"敬畏天命"，道家的"道法自然""天人合一"，佛教的"万物一体""众生平等"以及少数民族的"万物有灵"的生态伦理思想。侗族先民也不例外，他们在与自然相处的过程中也形成了独特的生态伦理观念，侗族先民认为，自然不仅是人类的衣食之源、栖息之所，更孕育了人类，是人类的母亲。自然界其他生物同人类一样都有共同的祖先，人类必须与自然互相尊重、和谐共处，否则会导致灾难，两败俱伤。这些生态观念也体现在侗款中，《九十九公合款》中写道："四个棉必①祖婆孵四蛋，孵四个蛋在山村。三个坏蛋丢掉了，剩个白蛋生松恩。松恩生有七子，第一个蛇王，第二个龙王，第三个大熊（虎），第四个雷公，第五个姜良，第六个姜妹，第七个猫郎。"② 可以看出侗族祖先认为人类与蛇、龙、熊、虎、雷、猫等其他自然界的生物或非生物一样，都是松恩的子孙，有着共同的祖先。而在《族源款》中，关于人的起

---

① 棉必在侗语中是人名，传说是人类最早的始祖母。
② 湖南少数民族古籍办公室主编《侗款》，岳麓书社，1988，第85、205页。

源写道：姜良和姜妹结为夫妻后，生了一个男孩，但是这个男孩有头没有耳朵，有眼睛但是没有鼻子，有手但是没有脚。因此，姜妹就将其斩碎，他的手指落地变成尖峰岭，骨头落地变成粗糙的岩石，头发落地变成万里河山，脑壳落地变成土塘田墈，牙齿落地变成黄金白银，肝肠落地变成长江大河。① 这段款词体现了侗族先民的人与自然和谐共生的生态观念，在他们看来，自然万物与人类息息相关，是人类的一部分，保护自然其实就是在保护人类自己，伤害自然就是在伤害人类自己，因此，人与自然只有和谐相处，才能共赢。这些生态伦理观念是侗族先民对自身及其周边世界的最初认知，尽管以现代的科技知识和观念来看，这些认知十分幼稚，但可贵的是，解决当今环境问题的"药方"就是体现在对自然的这种朴素的认识之中，而这种认识，在久远的年代，已经为侗族的先民所重视。

（二）保护生态环境的民间款规款约

侗款通常以款规款约的形式出现。其是在盟约的基础上形成的，这个盟约形式在早期阶段是存在于人们心中的，外在表现是刻在一块石头上的文字，后来则是在人们的口头上即口头文本中的款约或款词，再后来是存在于碑刻上的。② 在内容上，侗族的很多精神文化现象都可以归入款词当中，但最重要的还是侗族社会内部的各种法规法令。《约法款》中制定了六面阴（死刑）、六面阳（活刑）、六面厚（重刑）、六面薄（轻罪）、六面上（有理）、六面下（无理）共计 2612 条款约和 2918 条款规，其中，涉及保护生态环境的内容如下。

1. 保护家畜、谷物等生产生活资料

侗族是以种植水稻为生的民族，其经济文化形态是典型的稻作经济社会形态，牛是侗族及其先民不可或缺的重要生产资料，因此侗款对偷盗牛以及其他家畜的犯罪行为给予了重刑惩罚，如对"桶猪圈、拱牛栏，盗走牛、偷走羊。偷了圆角黄牯，盗走扁角水牛"的要"邀集众人，象（像）水獭追鱼尾、狗脚跟兽脚；寻到你们村前寨后"并且对于抓住的偷盗家畜

---

① 湖南少数民族古籍办公室主编《侗款》，岳麓书社，1988，第 277 页。

② 石开忠：《侗族款组织及其变迁研究》，民族出版社，2009，第 111~112 页。

者给予死刑的重罚，"把犯者三个处葬，五个一坑埋"。① 谷物是侗族重要的粮食来源，侗款对偷盗谷物的罪犯采取"取得赃物，拿到把柄，游乡示众来告诫各寨村人"的惩罚，并将他以及父母双亲驱逐出村寨，"以后不许他父住寨中，母也不许进村里，赶他去远处，抛他天脚下"。② 猪、鸡、鸭、鹅也是侗族重要的生活资料，在《创世款》中分别载有它们的由来以及如何将它们喂养得肥美、繁多，从而供大家享用。

2. 按界管理山林、田塘、园地

《约法款》规定山林树木有界碑，田塘土地有青石做界线，不许他人强谋强占。对于"挖池破塘"者给予"赶他去远处，抛他天脚下"的惩罚。③ 对山坡的树林采取按界管理，"不许过界挖土，越界砍树"，对房屋、园地、田塘、禾晾要"各管各业，各用各的"。④《出征款》中的刻在橙寨的一个碑文款《扎屯条款》中也有相关款项："一议归屯猪羊牛马，各自牧养严守，勿得擅放，庶免践踏麦子油菜。"⑤

3. 合理使用水资源

侗族以种植水稻为生，因此大多数的侗寨都是依山傍水而建的，层层梯田，片片杉林，必须有充足的水源灌溉。《约法款》对田塘用水也进行了规范，强调水资源要共享，要合理使用，"共源的水，同路的水，公有共用，田塘有利。大丘不许少分，小丘不许多给。引水浇傍田，灌冲田，上面先灌，下面后浇。不许谁人，挖断田塍，破坏田口"。⑥

三 侗款中对生态环境保护的地方性知识的现代变迁

文化变迁是由于文化自身的发展或者同异文化的接触交流造成的文化

---

① 湖南少数民族古籍办公室主编《侗款》，岳麓书社，1988，第85页。
② 湖南少数民族古籍办公室主编《侗款》，岳麓书社，1988，第86页。
③ 湖南少数民族古籍办公室主编《侗款》，岳麓书社，1988，第86页。
④ 湖南少数民族古籍办公室主编《侗款》，岳麓书社，1988，第89页。
⑤ 湖南少数民族古籍办公室主编《侗款》，岳麓书社，1988，第246页。
⑥ 湖南少数民族古籍办公室主编《侗款》，岳麓书社，1988，第90页。

内容或者结构的变化。① 变迁性是文化的基本特征之一，文化是人们不断再生产的"产品"。侗款是侗族的一种民间组织，也是社会组织，因此随着社会内容的改变，侗款也随之变化。从侗款款组织的结构上看，侗族地区最后一次起款是在民国时期，新中国成立之后，侗款款组织被各级人民政府辖区所取代，成为乡、镇人民政府以及村民组。从侗款款约的内容上看，其变迁历程为从最早的石头规约到款词规约、碑刻规约，到民国时期的保甲制度，再到新中国成立以后的"乡规民约"。这类"乡规民约"具体可以分为乡规民约、村规民约、街规民约、镇规民约以及专项民约。从石头规约到碑刻规约在本质上没有变化，而民国时期保甲制度的实施则是侗款款组织瓦解的标志，至此，侗款规约被保甲制度代替，新中国成立以后，其又发展成为"乡规民约"。保甲制度是对民国时期保甲法的补充，"乡规民约"是对新中国成立以后各项法律的补充。从侗款规约到现在的"乡规民约"，变化的不仅是规约数量上的增减，其在内容方面也有很大变化，其中涉及环境保护的内容变化有如下特征。

（一）传统生态伦理观念弱化

侗款规约在内容上不限于约法规约，还包含了侗族生态文化的内容，如在创世款、英雄款、族源款、习俗款、祝赞款、请神款、祭祀款中还蕴含了大量的生态伦理思想。对自然的敬畏和崇拜是人类社会早期的基本特征，自然界起初是作为一种完全异己的、有无限威力的和不可制服的力量与人们对立的，人们同它的关系完全像动物同它的关系一样，人们就像牲畜一样屈服于它的力量，认为只有对自然表现温顺、谦卑才是正当的、向善的，因此他们"敬天、敬地、敬鬼神"，以神灵的名义要求人们必须敬畏自然、祭拜自然；以禁忌的形式保护自然，维护生态平衡。侗族先民信仰多神，是万物有灵的崇尚者，他们认为山、水、树木、石头、花草、牛羊等自然物都是有灵魂的，人类不能触怒、伤害栖身于自然界的各种生灵，否则就会受到惩罚、报复。侗族先民将这些体现感恩自然、与自然万物和谐共生的朴素的生态伦理思想也写入侗款之中，提醒着侗族百姓在自

---

① 陈国强：《简明文化人类学词典》，浙江人民出版社，1990，第136页。

然环境中开展活动时必须小心谨慎，不要随意在山上砍树、挖药材、杀害野生动物等，因而使得生态环境得以保护。随着科学技术的发展和科学观念的传播，人们对自然界的依赖程度有所减弱，对自然的敬畏感开始弱化，那些用来改善人与诸神关系的仪式也被赋予了更多的民俗化、娱乐化和象征化的色彩。新中国成立以来，国家法律法规日益健全，而作为这些法律法规补充的"乡规民约"也剔除了这部分内容，传统生态伦理观念开始弱化，新一代的年轻人的自然观也发生了很大改变，对崇拜自然、敬畏自然的观念更具有思辨的精神和质疑的态度。

（二）规约对违反者的处置方法更加合理

"乡规民约"是对国家法律法规的补充，是针对乡村地区的偷盗、赌博、斗殴、山界纠纷、林权纠纷、乱砍滥伐等现象进行的"乡自为治""村自为治"。"乡规民约"在内容上与传统的侗款款约《约法款》大同小异，但是在处置方面已经发生了根本的变化。《约法款》通常采用敲锣喊寨、送肉串、罚酒肉放炮"洗面"、罚款、进家吃喝、抄家、驱逐出寨等处置方法，而这些方法已不见于"村规民约"的条文之中，如今对杀人、放火、投毒等犯罪行为村民一般都将犯罪者扭送公安机关进行报案处理。"村规民约"对偷窃、乱砍滥伐、扰乱社会治安、破坏公共设施、妨碍执法、火灾事故等情况以及在环境卫生、村容村貌、计划生育、教育等方面都规定了详细的处罚细则和处罚金额，其处置方法更加合理。以《从江县往洞乡乡规民约》为例，该规约共计25条，其中涉及生态环境保护方面内容共有8条，分别是第2条对纵容牲畜破坏庄稼、林地的处理，每头每次罚款100~500元；第3条对盗伐各种经济用材林的处罚，处以500~3000元罚款，对破坏尚未产出效益的药材苗以每株10元计价；第4条对盗窃牛、马、猪、谷物等，主谋、惯犯、重犯每人每次罚款2000元，从犯每人每次500~1500元，严重者送交司法机关处理；第5条对偷盗未收割粮食、苗木的，每人每次处罚20~150元；第7条对非法倒卖山林者，处以倒卖总额两倍的罚款，对直接策划者处以1000~2000元罚款；第8条对乱砍滥伐者，处以受损金额五倍的罚款；第12条对在公共河流炸鱼、毒鱼、电鱼者，每人每次罚款300~500元，对进入他人池塘、稻田盗鱼、毒鱼、电鱼者，每次每人罚款 600~1000 元；第 19 条对引发火警者罚款 500 元，对引发火灾者罚款 1500 元，并赔偿全部经济损失。从以上《从江县往洞乡乡规民约》可以看出，"乡规民约"较之前的传统规约对具体违法者做了详细的处理，罚款金额明确，更加规范、合理。

（三）增加了环境保护的专项规约

"乡规民约"还包括社会治安、村寨卫生、保护桥梁、保护森林等的专项规约，其中涉及环境保护的专项规约有《防火公约》《禁放耕牛公约》《封山育林公约》等。以贵州省黎平县岩洞镇竹坪村的《村规民约》为例，第 2 条是对乱砍滥伐森林的处理，同传统规约一样，其规定山林土地按界管理，但是对于乱砍滥伐的不同情形分别有不同的处罚金额。对有纠纷的山林，未经政府调处而乱砍和占用的，除没收所砍伐的木材外，每立方米罚款 200 元，对组织策划者以及哄抢林木人员，每人罚款 100 元。专项规约体现了侗族人民对于生态环境保护的重视，并制定了详细的"民间立法"来有效地保护侗族地区的青山绿水和生态平衡。

四 侗款对侗族地区生态环境保护的正效应

生态环境保护是民族地区在发展过程中所面临的一个重大现实课题。地理生态环境是各民族的生存空间，在长期的适应和改造过程中，人与自然之间已形成一种和谐的关系，这种关系通过传统文化表现出来，因而传统文化中具有保护生态环境、维持生态平衡和可持续发展的功能和作用，否则一个民族的生计方式不可能千百年长期延续下去。[1] 作为侗族传统文化，侗款在侗族地区的生态环境保护中发挥了至关重要的作用，它是当地民众经过长期实践探索所积累形成的民间规约，是制约侗族地区经济社会发展对自然环境产生消极影响的重要力量。侗款在侗族社会的变迁过程中也在不断转型和调适，根据本地区经济发展、人口流动、外来文化影响等各种因素做出调整来契合时代的要求。

---

① 宋蜀华：《论中国的民族文化、生态环境与可持续发展的关系》，《贵州民族研究》2002 年第 4 期。

（一） 侗款规约减小了侗族地区经济社会发展对自然环境的负面影响

随着经济社会的发展，人们的各种行为越来越影响人类赖以生存的环境，如乱砍滥伐树木、偷盗或者杀害耕牛、破坏村寨卫生环境等。因此，约束这些不良行为能够减小由于经济社会发展所带来的生态环境恶化的负面影响。无论是传统的侗款规约还是"变体"的"乡规民约"，其对于这些行为都进行了相应的处罚。经济社会的发展必然带来人口的增加，而人口的增加则带来对修建房屋的需求，侗族房屋多是木头建造的，这也增加了对木材的需求量，而各侗族村寨的"乡规民约"对村民建房木材的砍伐量进行了限制，这有助于约束村民对森林资源的过度利用。经济社会的发展也促进了侗族地区乡村旅游的发展，并且随着乡村旅游的发展，越来越多的游客涌入侗族村寨，他们产生的旅游垃圾、生活污水等使村寨产生了沉重的生态负担，因此一些侗族村寨的"乡规民约"对村寨卫生环境也进行约束，有效缓解了因旅游发展而造成的生态环境破坏问题。另外，"乡规民约"中还有大量的专项规约，深刻规范和约束着村民利用资源和保护环境的行为。

（二） 侗款的传承有利于侗族地区生态文明的建设

我们今天所面临的全球性生态危机，起因不在于生态系统本身，而在于我们的文化系统。要度过这一危机必须尽可能清楚地理解我们的文化对自然的影响。① 为了使人类及其所创造的文明能够延续，人类需要选择一个与自然协调发展的新文明模式即生态文明，生态文明时代的到来作为一种共识已经确立和形成，牢固树立起可持续发展的生态文明观，大力弘扬天人和谐的生态文化，已成为时代发展的大趋势。侗款中蕴含着丰富的尊重自然、爱护自然、崇敬自然等朴素的环境知识，其在传承发展中作为一种旧社会遗留下来的传统文化，在新的历史时期并没有完全消失，而是在高度重视生态文明建设的今天更彰显出新的生命力和价值，对于维护侗族

---

① Donald Worster, *Nature's Economy: A History of Ecological Ideas*, Cambridge U. K.: Cambridge University Press, 1994, p. 27.

地区的生态平衡、建设侗族地区现代生态文明提供了宝贵的传统文化精神和生态智慧，值得我们学习和借鉴。

五　结语

一切地方性知识都是特定民族文化的表露形态，相关民族文化在世代调适与积累中发育起来的生态智慧与生态技能，都完整地包容在各地区的地方性知识之中。① 因此，挖掘和利用各民族的地方性知识，可以为民族地区的生态建设和可持续发展提供丰富的理论支持，有助于民族地区的生态环境保护。作为侗族的一种地方性知识，侗款中蕴含着丰富的少数民族传统文化和关于环境保护的地方性知识，只有辩证地认识、发挥其功效，才能实现人与自然的和谐统一。

---

① 杨庭硕：《论地方性知识的生态价值》，《吉首大学学报》（社会科学版）2004 年第 3 期。

东北民族萨满教的女神崇拜及其现代意义

——兼与西方生态女性主义相比较

李春尧（暨南大学）

一　萨满教与东北民族

（一）萨满

"萨满"这一名词，最早出现于《三朝北盟会编》。[①] 在这部著作中，作者徐梦莘（1126~1207）有如下记载："兀室奸猾而有才……国人号为珊蛮。珊蛮者，女真语巫妪也，以其通变如神。"根据这条史料可知："珊蛮"（萨满）是女真语的音译，意为"巫妪"，其特点是"通变如神"。康熙三十一年（1692年），俄罗斯莫斯科大公的使节伊达斯偕同布兰特来华访问。他们在旅行笔记中记载了满族萨满的活动，由此"萨满"渐为外国所知。

据现代语言学定义，"萨满"是通古斯语，词根为"Sar"，意为"知晓""知道"。在萨满教史诗《乌布西奔妈妈》中，"萨满"被解释为"晓彻"，即"通晓神意"。据此，似可以将"萨满"理解为"智者"。

然而，令人遗憾的是，由于文化隔阂，"萨满"一词的内涵长期以来并未得到准确的阐释。在1981年出版的工具书《宗教词典》中，"萨满"被解释为"因兴奋而狂舞的人"。[②] 这一解释虽然从一个侧面捕捉到了"萨满"的某些特点，但是这一定义却与"萨满"的精神内涵相去甚远。在宗

---

① （宋）徐梦莘：《三朝北盟会编》，上海古籍出版社，1987。"三朝"，即宋徽宗朝、宋钦宗朝、宋高宗朝。

② 任继愈主编《宗教词典》，上海辞书出版社，1981。

教学家埃利亚德看来：“萨满不只是神秘主义者，萨满确实可以称得上是部族传统经验知识的创造者和保护者。他是原始社会的圣人，甚至可以说是诗人。”① 萨满教研究专家王宏刚先生在讲解“萨满”的含义时，也反复强调：从词根出发，“萨满”最重要的特质就是“通晓神意”“与神沟通”，这是“萨满”区别于其他人的根本之处；“兴奋而狂舞”只是“萨满”在某些特定场合中的表现，这一表现不足以揭示“萨满”的本质。②

“萨满”可以被视为氏族的精神领袖。富育光、王宏刚两位先生曾将其文化功能归纳为如下十点：

（1）为本氏族驱秽治病。（2）是氏族或部落举行萨满教祭礼的主祭人。（3）创造并传承本氏族祭乐、神器、神像、神谱、神服，培养新萨满与侍神人。（4）协助氏族长筹办和组织定期的瞻谱、拜谱、续谱等阖族大事。（5）萨满为氏族生产、生活观测地理、天象、星状、地貌、风态、云色、居宅、洪涝、地震、雪况等，绘制雪况、地貌、星图等。（6）参与氏族首领的重要决策，常作社交使臣。（7）萨满是本氏族族史的权威承袭者和讲述者。（8）被公推为最具权威性的氏族之间或氏族内部的纠纷、选拔、竞比的仲裁人，常以神示、神判和卜象等办法仲裁事件。（9）萨满主持或参与如孕生、育子、成年、婚礼、寿礼、葬礼等人生礼仪，在人生的重要抉择期传授氏族传统知识与进行集体英雄主义教育。（10）萨满主祭的祭礼中，相当一部分是传承狩猎、网罟、农耕、航运等生产技艺及相关的天文、地理、医学知识。③

（二）萨满教

“萨满教”因“萨满”而得名，不过作为自然形成的原始宗教，“萨满教”的内涵与外延并不清晰。在当前的学术研究话语中，“萨满教”至

---

① 详见《世界宗教资料》1983 年第 3 期，第 40 页。
② 王宏刚教授是笔者在上海社会科学院攻读硕士学位时的任课教师。上述观点，整理自笔者的课堂笔记。
③ 富育光：《萨满论》，辽宁人民出版社，2000，第 70~72 页；王宏刚《通古斯萨满教的文化史价值（三）》，《满语研究》2006 年第 2 期。

少有广义、狭义两种定义。^① 其中，狭义的萨满教指 "北半球的北部尤其是以北亚、东北亚为典型的原始宗教"，^② 或曰 "萨满教是广布于北亚、北欧、北美温带、亚寒带、寒带地域等，以氏族为本位的原始宗教"。^③ 另有一些学者认为，"世界各地的原始宗教都类似'萨满现象'"，^④ 所以，他们 "将人神相通的原始宗教通称萨满教"，^⑤ 是广义的理解。本文拟探讨我国东北地区的萨满教，对 "萨满教" 的理解基于前一种定义（狭义）。

（三）萨满教：东北民族的文化血脉

王宏刚先生根据他 20 余年的田野调查得出结论："萨满教保留了相当完整和生动的自然宗教特点，是古代文化的聚合体，包括宗教、哲学、历史、经济、道德、婚姻、文艺、民俗、天文、地理、医学等文化内容，有多方面综合性的文化史价值。萨满教传承了北方先民某些健康的文化基因，记录了他们文化精神发展的历史步履。萨满教可视为人类童年文化的一个典型。""萨满教的重要价值之一就是其保存了北方古人类自人猿揖别后，在漫长的蒙昧时期、母系氏族时期萌生形成的文化精神及部分表现形态。"^⑥

在中国历史上，鲜卑族、契丹族、女真族、蒙古族、满族相继建立了魏、辽、金、元、清这五个强大的封建王朝，开拓了祖国疆土，护卫了北

---

① 除了下文将要提及的两种定义之外，还有学者从语言学的角度界定 "萨满教"：萨满教，是操阿尔泰语系满-通古斯语族诸语言的族群的原始宗教形态。显然，这种定义比下文提及的两种定义更为严格。

② 王宏刚、王海冬、张安巡：《追太阳——萨满教与中国北方民族文化精神起源论》，民族出版社，2011，第 7 页。

③ 王宏刚、于国华：《满族萨满教》，台北：东大图书公司，2002，第 3 页。

④ 王宏刚、于国华：《满族萨满教》，台北：东大图书公司，2002，第 3 页。

⑤ 王宏刚、王海冬、张安巡：《追太阳——萨满教与中国北方民族文化精神起源论》，民族出版社，2011，第 7 页。根据这种广义的理解，几乎所有的原始宗教都可以被冠以 "萨满教" 之名。更有学者认为，萨满教的根本精神即 "万物有灵"，由是，以万物有灵为主要观念的原始宗教即可称为萨满教。这种界定过于宽泛，本文不取。附带说一句，笔者在跟随王宏刚先生学习萨满教的过程中，曾同王宏刚先生探讨萨满教有别于其他原始宗教信仰的特质。王宏刚先生认为，萨满教的根本特点在于 "人神交通"，并非习以为是的 "万物有灵"。

⑥ 王宏刚、王海冬、张安巡：《追太阳——萨满教与中国北方民族文化精神起源论》，民族出版社，2011，第 28 页。

方边陲。这五个王朝的统治时间总计约 800 年，在此期间，王朝内部的各族文化平等交流，华夷界限逐渐消弭；同时，这几个强大的王朝也对东北亚、北亚、中亚的政治、文化格局产生了深远的历史影响。

从语言角度来说，这五个民族均属于阿尔泰语系；从宗教角度来说，这五个民族皆以萨满教为其原始信仰。萨满教作为"阿尔泰语系民族文化精神发展的载体"，[1] 在其勃兴过程中起到了非常重要的凝聚作用。

现代东北的少数民族与上述五个古代民族有着非常紧密的亲缘关系。虽然面临现代化与全球化的冲击，但萨满教作为民族文化血脉，仍旧留存在东北少数民族的精神魂魄之中。这一点，在东北满族、朝鲜族、鄂伦春族、鄂温克族、锡伯族、赫哲族之中表现得尤为突出。

二　萨满教的女神崇拜——以《天宫大战》为例

女神何谓？根据叶舒宪先生的观点，女神是"以女人为原型的一种神话形象，是神化、圣化女性的多棱镜中折射出的形象"。[2] "女神崇拜"至少包含以下两个要素。

第一，"女神崇拜"是对女性生殖能力的崇拜。在此意义上，"女神"可被称为"生殖女神"。

古代社会没有成熟的剖宫产技术，先民很容易直观地认识到：人皆孕育于母腹之中，且经由母亲的产道（女性阴道）来到人世。所以，"把女性神圣化，把女性和其生殖器官当作生殖之神来崇敬，这是很自然的，而这一信仰又为母系氏族社会尊重妇女的风尚所巩固。先民崇拜女性首先是崇拜她们的生育能力，很自然地便把崇拜重点放在女性身体的生育部位，并用造型艺术加以表现。这是一种世界性的史前宗教现象，已为各地考古资料所证实"。[3]

---

[1] 王宏刚、王海冬、张安巡：《追太阳——萨满教与中国北方民族文化精神起源论》，民族出版社，2011，第 29 页。

[2] 叶舒宪：《千面女神——性别神话的象征史》，上海社会科学院出版社，2004，"女神五问"第 2~3 页。

[3] 牟钟鉴、张践：《中国宗教通史（修订本）》，社会科学文献出版社，2003，第 25~26 页。

第二，"女神崇拜"又表现为对女性祖先的崇拜，这表现在"女始祖创世神话"之中。在此意义上，"女神"可被称为"祖先女神"。

"祖先女神"和"生殖女神"的区别在于：前者主要负责创建、维持、保护氏族的安定团结，而后者则主要负责繁衍。在造像方面："生殖女神"的生殖部位被特别强调，而"祖先女神"则拥有较为完整的女性形象。比如，东北辽西地区的牛河梁女神面部器官完好，神情栩栩如生，虽然同时出土的残块中也有乳房等部位，但是并没有被刻意夸张，所以牛河梁女神被认为"不是严格意义上的生殖女神，而是始祖女神，是氏族的保护神"。①

"女神崇拜"的这两点要素，在萨满教中都有所体现。下面，本文结合萨满教的神话、传说略做说明。

王宏刚先生的研究指出："在形态各异的萨满教祭礼中有许多女神崇拜，而女神崇拜观念主要反映在萨满教创世神话《天宫大战》中。"② "天宫大战"讲述了在创世过程中，善神与恶神的斗争。这类故事，在东北的满族、鄂伦春族、鄂温克族，甚至是西伯利亚地区的阿尔泰语系民族之中都有流传，最典型的则是满族萨满教传承的版本。

现存的《天宫大战》故事由富希陆、吴纪贤两位先生记录于1937年，故事的讲述者是一位满族萨满，名叫"白蒙古"。这位萨满口述的故事被称为"乌车始乌勒本"，意为"神龛上的故事"。由于故事的主要内容是善神、恶神的斗争，所以该记录之后被称作"天宫大战"。③ 这个故事共有九个"腓凌"（可以理解为"章"），处处洋溢着"女神崇拜"的色彩。

第二章（贰腓凌）介绍了世界的创生："世上最古最古的时候是不分天不分地的水泡泡，水泡里生出阿布卡赫赫。她像水泡那么小，可她越长越大，有水的地方，有水泡的地方，都有阿布卡赫赫。她小小得像水珠，她长长得高过寰宇，她大得变成天穹。她身轻能漂浮空宇，她身重能深入水底。无处不生，无处不有，无处不在。她的体魄谁也看不清，只有在小

---

① 牟钟鉴、张践：《中国宗教通史（修订本）》，社会科学文献出版社，2003，第48页。
② 王宏刚、王海冬、张安巡：《追太阳——萨满教与中国北方民族文化精神起源论》，民族出版社，2011，第29页。
③ 王宏刚、王海冬、张安巡：《追太阳——萨满教与中国北方民族文化精神起源论》，民族出版社，2011，第331页。

水珠中才能看清她是七彩神光，白亮湛蓝。她能气生万物，光生万物，身生万物……阿布卡赫赫下身裂生出巴纳姆赫赫（地神）女神，上身裂生出卧勒多赫赫（希里女神），好动不止，周行天地，司掌明亮……阿布卡气生云雷，巴纳姆肤生谷泉，卧勒多用阿布卡赫赫眼发生顺（太阳）、毕牙（月亮）、那丹那拉呼（小七星）。三神永生永育，育在大千。"①

由本章故事可知，在萨满教的观念中，宇宙万物的创生过程是：混沌的水泡—阿布卡赫赫—阿布卡赫赫分裂出巴纳姆赫赫、卧勒多赫赫—三女神创造日月群星、山河林泉。关于宇宙的发生过程，我们可以归结为以下几个要点：宇宙始于混沌中出生的女神；生命的增殖始于女神的自我分裂；三女神合作创造了世间万物。

第三章（叁腓凌）讲述了女神造人的故事："阿布卡赫赫和卧勒多赫赫两神造人，最先造出来的全是女人，所以女人心慈性烈。……阿布卡赫赫见世上光生女人，就从身上揪块肉做个敖钦女神，生九个头，八条臂，侍守在巴纳姆赫赫身旁。阿布卡赫赫、卧勒多赫赫这回同巴纳姆赫赫造男人。巴纳姆赫赫身边有个捣乱的敖钦女神不得酣睡，姐妹又在催促快造男人，她忙三迭四不耐烦地顺手抓下一把肩胛骨和腋毛，还有姐妹的慈肉、烈肉，搓成了一个男人，所以男人性烈、心慈，还比女人身强力壮。因为是骨头做的，不过是肩骨和腋毛合成的，所以男人身上比女人须发髯毛多。肩胛骨常让巴纳姆赫赫躺卧压在身下，肩胛骨有泥，所以男人比女人浊泥多，心术比女人叵测。巴纳姆赫赫慌慌忙忙从身边的野熊胯下要了个'索索'，给男人的胯下安上了。所以，男人的'索索'跟熊黑的'索索'长短模样相似。"②

这段故事说明：女人先来到世上，而男人则是女神"忙三迭四""慌慌张张"的作品；男人虽然身强力壮，但是不及女人精致、纯净；男性的生殖器（"索索"）是从熊的身上借来的。由此可见，同是女神的造物，但是男人的质量要远比女人低。

---

① 富育光、王宏刚：《萨满教女神》，辽宁人民出版社，1995，第78~79页。
② 富育光、王宏刚：《萨满教女神》，辽宁人民出版社，1995，第80~82页。王宏刚、王海冬、张安巡：《追太阳——萨满教与中国北方民族文化精神起源论》，民族出版社，2011，第332~333页。

在第四章（肆腓凌）中，敖钦女神学会了各种本领，和三女神之一的巴纳姆赫赫产生了矛盾。在争斗之中，巴纳姆赫赫用两块山尖击中了敖钦女神，一块变成了头上的角，另一块变成了胯下的"索索"，敖钦女神变成了"九头八臂"的两性怪神。此后，她自我生育，产生了"耶鲁里大神"，从此之后，"恶神之首"耶鲁里大神处处与三女神作对。① 这段故事记述了众神纷争的起源：敖钦女神长出了"索索"。这似乎向我们暗示：男性生殖器即不和谐的根源。

第五章（伍腓凌）讲述了"世上最早、最惨烈的拼争"②：耶鲁里凌辱三女神，三女神在战事中屡陷绝境。紧接着，第六章（陆腓凌）讲述了：恶神耶鲁里袭击了阿布卡赫赫，阿布卡赫赫被烧，身体融解，变成了森林、河流……在第七章（柒腓凌）中，多位善神在与耶鲁里的斗争中牺牲，善神阵营中的西斯林女神因为玩忽职守被剥夺了神牌，从此改投恶神阵营，还变成了男性神。

第八章（捌腓凌）是"天宫大战"的高潮部分。在这一章中，战争一波三折，耶鲁里与阿布卡赫赫单独对决，耶鲁里败阵逃走。此章中，"三百女神一齐出战，为战胜以耶鲁里为代表的黑暗势力，殊死相搏，创造了适于人类生存的光明世界"。③ 但是，耶鲁里逃跑后留下的魔气化成了疾病、恶瘴，人间并不安乐。

第九章（玖腓凌）叙述了大战的结局：三女神最终打败了耶鲁里，并把他变成了九头恶鸟。另外，阿布卡赫赫又派神鹰哺育了一个女婴，教导她成为世界上第一个大萨满。有趣的是，神鹰还"用耶鲁里自生自育的奇功诱导萨满，使她有传播男女媾育的医术"。④

在《天宫大战》中，阿布卡赫赫并不是一个战无不胜的女神形象，相反，在和恶神耶鲁里的斗争中，她常常被逼入绝境，颇为狼狈。王宏刚先

① 王宏刚、王海冬、张安巡：《追太阳——萨满教与中国北方民族文化精神起源论》，民族出版社，2011，第 333~334 页。
② 王宏刚、王海冬、张安巡：《追太阳——萨满教与中国北方民族文化精神起源论》，民族出版社，2011，第 334 页。
③ 王宏刚、王海冬、张安巡：《追太阳——萨满教与中国北方民族文化精神起源论》，民族出版社，2011，第 340 页。
④ 王宏刚、王海冬、张安巡：《追太阳——萨满教与中国北方民族文化精神起源论》，民族出版社，2011，第 342 页。

生认为："这就意味着萨满教的主神并没有天生的无敌神力，她有的仅仅是孕生众神与人类的生育能力，母性生殖能力的高扬，才使阿布卡赫赫成为主神，而她的神力的获得来自于众神祇，也就是说，她凝聚了整个善神集团的整体力量，才真正无敌于天地。"① 阿布卡赫赫并不像男性至上神（如宙斯）那样具有压倒性的支配力，她是由于自己的生殖能力才登上众神之首的尊位的。人间的第一个女萨满是阿布卡赫赫安排的，我们可以认为：女萨满就是阿布卡赫赫的化身。她既是人类的始母，也是人间的智者。与男性（男神）主导的希腊神话相比，萨满教的《天宫大战》展现出另一种艺术魅力。"在古希腊神话中，也有许多有关女神的优美传说，但从总体看，女神毕竟成了男神的附属，它是父系英雄时代的精神产物，而《天宫大战》不仅再现了一个较为完整的女神王国，而且女神充满了历史主动性，它是母系时代的精神娇女。"②

《天宫大战》还记录了萨满教的"三百女神神系"。其中较为重要的女神有：

> 天地三姊妹尊神阿布卡赫赫，巴纳姆赫赫，卧勒多赫赫；
>
> 生命女神多喀霍；
>
> 突姆女神；
>
> 领星星神那丹那拉呼，
>
> 太阳女神顺；
>
> 月亮女神比牙；
>
> 百草女神雅格哈；
>
> 花神依尔哈；
>
> 护眼女神者固鲁；
>
> 迎日女神兴克里；
>
> 登高女神德登；

---

① 王宏刚、王海冬、张安巡：《追太阳——萨满教与中国北方民族文化精神起源论》，民族出版社，2011，第344~345页。

② 王宏刚、王海冬、张安巡：《追太阳——萨满教与中国北方民族文化精神起源论》，民族出版社，2011，第346页。

大力女神福特锦；

九彩神鸟昆哲勒；

大鹰星嘎思哈；

西方女神洼勒格；

东方女神德立格；

北方女神阿玛勒格；

南方女神朱勒格；

中位女神都伦巴；

女门神都凯；

计时女神塔其妈妈；

鱼星神西离妈妈；

天母侍女白腹号鸟、白脖厚嘴号鸟；

九色花翅大嘴巨鸭；

人类始母神女大萨满；

盗火女神其其旦。

以上的女神都有独立的故事。除此之外，“九层天宇中有各层的女神神系：一九雷雪女神 30 位；二九溪涧女神 30 位；三九鱼鳖女神 30 位；四九天鸟长翼女神 30 位；五九地鸟短翼女神 30 位；六九水鸟肥腿女神 30 位；七九蛇、猬追日女神 30 位；八九百兽金洞女神 30 位；九九柳芍银花女神 30 位，共计 270 女神。实际上，在《天宫大战》中，出现或提及的女神要超过三百位，统称三百女神”。[①] 在整部神话中，男神的数量相对很少、地位不高，恶神耶鲁里、西斯林也都是从女神变身而来的。由此可见，整部神话的性别倾向非常明显。

在另一部满族萨满教史诗《乌布西奔妈妈》中，也记载了“三百女神”的名讳，这和《天宫大战》中的记录可以互相参看。其中的神名，“大部分是女真语或萨满教通用的通古斯古语，今已难确考，但从中已经

① 王宏刚、王海冬、张安巡：《追太阳——萨满教与中国北方民族文化精神起源论》，民族出版社，2011，第 346~347 页。

看到一个相当完整的女神王国"。[①] 相比较而言，《天宫大战》的三百女神多为自然女神，"内容与形式都更为古老与原始，更有人类童蒙文化的意蕴与特色"。[②]

参观完萨满教的"万神殿"，再回顾《天宫大战》的故事情节，不难发现：在以满族为代表的东北少数民族的萨满教神话中，女神是绝对的主角，她们同时担当了"生殖女神""祖先女神"的双重角色。一代代的萨满将女神的英雄事迹深情传颂，纵使千百年后，闻之犹能动容。

三 萨满教精神与生态女性主义的契合[③]

生态女性主义兴起于 20 世纪 70 年代，是女性主义的一个新流派，是女性解放运动与生态运动结合的产物。该派别认为：人类对自然的剥削类似于男性对女性的压迫，两者都立足于男性家长制的逻辑。所以，女性解放与生态保护可以兼容，二者可以在同一个过程中完成。生态女性主义在赞美女性本质的同时，批判男权和父权的价值观，反对人类中心主义和男性中心主义。她们认为，男权的思维逻辑必然导致二元对立，随之便是剥削、统治、攻击、征服，在这套逻辑的运行下，女性和自然同为受害者。

从哲学角度来说，生态女性主义的攻击矛头直指西方哲学的沉疴顽疾——二元论思维，以及近现代兴起的机械论、科学主义。由是之故，前现代的世界观便获得了生态女性主义者的青睐。在前现代的思维中：世界是一个不可分析的有机整体，自然本身即具有内在价值，男人和女人、人类与动植物，所有的物种都有平等存在的权利。

具体地说，在生态女性主义者的信念中，女性更加接近于自然，但在男性主导人类历史之后，自然与文化、动物与人类、男性与女性都被迫进入了二元分立的状态，而且女性与自然被归属于一类，男性与文化被归为一类，前者被贴上繁殖的标签，后者被贴上生产的标签。如此一来，女性

---

① 王宏刚、王海冬、张安巡：《追太阳——萨满教与中国北方民族文化精神起源论》，民族出版社，2011，第 348 页。

② 王宏刚、王海冬、张安巡：《追太阳——萨满教与中国北方民族文化精神起源论》，民族出版社，2011，第 349 页。

③ 本部分仅为粗浅的探讨，进一步的论述有待日后撰文。

与自然都固定在了被宰制的地位。生态女性主义同时认为：地球上的众生是互相联系的，高低、上下的等级之分是后来人为强加的；世间万物的平等是自然而然的；等级的制定与区隔，正是男权思维逻辑运转的结果。

显而易见，这些思想和萨满教精神有着一种内在的默契。在萨满教的神话史诗中（如《天宫大战》），世界原本是混沌的水泡，之后才有了女神阿布卡赫赫。阿布卡赫赫下身裂生出巴纳姆赫赫，上身裂生出卧勒多赫赫，之后又一步步化生出三百女神，虽然产生有先后，但是在与恶神的战斗中，她们一直是精诚合作的。作为主神，阿布卡赫赫可以被视为"众神之首"，但从史诗的描述来看，她更像是三百女神之中的大姐，而毫无家长之风，更谈不上什么特权。在《天宫大战》中，恶神耶鲁里是男神，他是敖钦女神长出"索索"之后出现的。这个情节似乎暗示：在萨满教的思维中，"索索"（男性生殖器）是战乱的根源，有了"索索"，灾难就随之而来。如此的情节安排，可能是因为信仰萨满教的先民发现，男性掌握统治权以后，人与自然的关系同时开始改变，人类社会渐渐失去了和谐。

在神话中，人间的万物皆是女神创造的，从这个角度说，万物是平等的。天体、山河，大都是女神的身体器官所变化，本身即具有神圣性，当然不能被贬低为供人任意使用的客体。男人和女人也同样由女神创生，女神赋予了男性身强力壮的属性，但男性并不因此比女性尊贵；相反，根据创生的顺序、创造的精细程度，女性反倒是优于男性的。

总之，在研读西方生态女性主义者的论述时，我们很容易发现它与古老的萨满教之间存在某种精神上的呼应。虽然产生于不同的语境，但不容否认的是：生态女性主义关心的议题，即人与自然的和谐、两性之间的和谐，同样是萨满教产生之初的关切。

科尔沁沙地半农半牧区生态复合体的
特点与机制

——以内蒙古库伦旗海斯嘎查近 30 年变迁为例

韩·满都拉（中央民族大学、内蒙古党校）

王　清（丽水学院）

摘　要：本文通过对内蒙古东部半农半牧区的一个较为典型的蒙古族村落的田野调查，采用生态复合体的理论工具，对近 30 年来影响这一村落的人口、组织、环境和技术四大要素的特点和相互关系进行了描述和分析。在此基础上，对生态复合体这一概念的时空界限问题和生态复合体各构成要素的影响机制进行了初步的讨论。

关键词：生态复合体；半农半牧区；科尔沁沙地

一　问题的提出

内蒙古科尔沁地区曾经是水草丰美、牧业发达的蒙古族聚居区。近代以来，随着大量移民的涌入，越来越多的土地被开垦为农地，逐渐形成了农地与牧区交错的土地利用格局和半农半牧的生产生活方式。与这一过程相伴随的是该地区自然环境的恶化与退化，原来的科尔沁草原变成了科尔沁沙地。近年来，就这一问题，不同学科、不同专业的学者开展了大量的研究，提出了各自的观点并取得了研究成果。有些学者从自然地理和生态学的角度，探讨了科尔沁地区气候、水文和植被条件的相互作用；有的学者研究了农业开发作为一种产业方式对环境生态的影响；也有学者从经济学角度分析了产权制度与草场利用开发之间的关系。但是，从环境社会学的角度，对这一地区的自然与人文生态因素的相互影响进行的研究尚不多见。

在环境社会学研究中，生态复合体（ecological complex）是一个用来分析社会生态的重要概念，它指在一定空间内将人口、组织、环境、技术四大要素整合在一起的地域共同体，亦称区位复合体。这一概念最早是由美国学者 O. D. 邓肯在研究生态系统结构时提出的。人口是指生态系统中的人口集体；组织是指人们在区位系统中的社会群体结构；环境是指地形、地貌、气候、资源等，它是社区所处的自然条件；技术是指人们认识、利用、改造环境的知识体系，其发展水平对社会的发展和自然环境的改变有着重大的影响。本文拟从生态复合体的视角出发，分析地处科尔沁沙地南部的一个半农半牧区蒙古族村落的状况，试图发现其中各种环境与社会因素的特点和相互作用的规律与机制。

二 海斯嘎查的基本情况

（一）环境与生态

海斯嘎查（村）位于内蒙古自治区东部库伦旗（县）茫汗苏木（乡），在地理上属于科尔沁沙地南缘，狭长的塔敏查干沙带沿东西方向穿越其间。海斯共有土地 41600 亩，全部是颗粒细小的沙地。细软松散的沙地流动性强，很难用人工进行平整，因此即便是较为平坦的地块，也常常出现不规则的倾斜。因为风力的搬运作用，在塔敏查干沙带之外还形成了一些较为独立的沙丘，高度在 2~20 米。沙地表层的保水效果较差，加之地势不平，作物生长很容易造成高处旱、洼处涝的情况。海斯嘎查境内没有地表水，年降水量仅为 440 毫米，农牧业生产基本上是三年两旱的局面；但是，沙地的地下水位较高，一般在地下 2~4 米，可以满足一些耐旱植物的生长需要。即使是完全没有植被的沙丘，只要能控制住外围，不让其随风移动，那么只要一两年的时间，上面就会自然地长出一些草和灌木。

（二）人口状况

十几年来，海斯的人口情况相对稳定。2001 年，全嘎查共有人口 90

户 398 人，全部是蒙古族。2001 年以后，除自然出生和死亡外，还陆续有分户和户口迁出，到 2017 年 7 月，共有人口 89 户 399 人。根据笔者的调查，近二十年来，因计划生育政策的施行和生育观念的逐步改变，海斯嘎查的生育状况以一对夫妇生育两个孩子为主，独生子女所占比例不到 15%，个别家庭会有三个孩子。

（三）经济生活

直到 20 世纪 90 年代末，海斯嘎查的居民从事的基本上是纯牧业经营，耕地面积很少；牲畜养殖以山羊和绵羊为主，其次是牛、马、猪。近十年来，农作物的种植面积迅速扩大，作物种类以玉米为主，兼有绿豆、豇豆、黄瓜等，因为没有地表水，降水量又少，所以灌溉条件很差，只有住家附近的园地或条件较好的家庭才可以用电动机抽取井水对耕地做有限的灌溉。为保护生态，自治区以下各级政府对于粮食和其他作物的种植面积都有严格的限制，即按土地承包时的人口数，每口人每年的种植面积不得超过 8 亩。但事实上，出于各种考虑，各户都会根据自己家里的情况多种一些。同样由于 20 世纪 90 年代末政府开始实施的生态治理措施，农牧民的畜牧业结构也发生了变化，从以往的以养羊为主变成了以养牛为主。据嘎查干部估计，2017 年全嘎查养牛数量在 800 头左右，各户少的有五六头，最多的有 18 头，一般在 10 头左右；羊总共不到 300 只，只有七八户人家在养；马主要用来拉车和耕地，每户一般养一两匹；猪全部是圈养的，各家情况不一样，有些人家不养，大部分只养一两头，最多的养四五头加一两只猪仔。

海斯嘎查的这种农牧兼营的生产方式在茫汗苏木是有很强的代表性的。它最大的特点在于以牧业为中心，农业围绕牧业服务。为了保护生态环境，库伦三旗政府于 2001 年制定了禁牧政策，规定羊和马全年禁止放牧，只能圈养；牛只能在每年的 6 月 1 日到 12 月 1 日的半年时间里放牧，余下的半年也要圈养。在这种情况下，圈养牲畜的饲料来源就成了很重要的问题。种植玉米不仅是因为它耐旱而且产量相对较高，更重要的是玉米本身连同其秸秆都可以作为牲畜的饲料在青储窖中长期保存，满足冬、春两季禁牧期间的饲养需要。事实上，各家收获的玉米留作食用和牲畜饲料的只占 1/4 到 1/3，余下的大部分都卖出了，成为一项收入来源。除了畜牧业和种植业，近些年来，林业也成为海斯居民的一种经营项目。海斯嘎查现有的树木绝大部分是在 10 年以内栽种的，品种以杨树为主，有一小部分柳树，成材的树木可以卖到 50 元一棵。

三 海斯嘎查生产承包的基本情况

蒙古族牧民传统的游牧生活方式与汉族的农耕生活有着巨大的区别，这使得牧区的生产承包制度经历了多次的调整和改变，其影响也远远超出了单纯的经济生活的范畴。为了叙述和分析的方便，这里先将海斯嘎查自改革开放至今四十年来的生产承包的沿革情况做一个简要的介绍。海斯嘎查在传统上是一个以牧业为主的蒙古族聚居地。改革开放初期，在全国农村开始实行家庭联产承包责任制的大背景下，海斯于 1983 年开始第一轮生产承包。承包的办法是按人口分牲畜到户，只分牛羊，不分草牧场。草牧场仍然归嘎查集体所有，当时的少量耕地因为要轮歇，所以每年分一次。1995~1996 年，根据自治区的有关文件和精神，第一轮土地承包开始。海斯嘎查每人分了 5 亩地的口粮田，同时还用"土政策"，以"经济圈"的名义，给每户分了 70 亩到 80 亩好地或 100 亩较差的地。用于分配的土地都是有植被生长的，嘎查的明沙（没有植被覆盖，裸露的沙地）荒地没有分配。各户在经济圈内可以种草、种粮食，也可以植树，放牧仍使用集体的牧场。

1998 年，根据上级政府的要求，对之前已分的所有土地落实了"双权一制"，即使用权、经营权和承包制，承包期限为 30 年。2001 年，第二轮土地承包开始，这次承包原则上要求所有的土地都要分到各户。这样，海斯按照人口占 60%、牲畜占 40% 的比重折算计分，明沙荒地按 50% 的面积折算，将嘎查剩下的可分配土地全部分到各户。这次分配，最多的户分到了 500 亩地，少的约 100 亩，最少的一户（两口人，没有牲畜）只分到 50 多亩。经过两轮土地承包，现在海斯嘎查平均每户有 300 亩左右的土地。这里需要说明的是，在海斯全部的 41600 亩土地中，有三部分土地没有纳入承包分配的范围，分别是：（1）1993 年，国家林业系统划出了 1600 亩作为林场；（2）1998 年，在通辽市的统一部署下，划出 6400 亩作为“万亩林”生态示范项目，这一部分林场也划片分给了各户，但是并没有承包合同，各片之间的边界也不清楚，还有 4 万亩林属于生态林，里面的植被大都是自然生长的，缺乏经济价值，所以对于海斯嘎查来说没有直接的经济效益；（3）海斯嘎查尚有 3 片林场归集体所有，总面积约 700 亩，没有分配到户。

四　生态环境、农牧民生产生活
和政府政策三者之间的相互作用

近十年来，上至内蒙古自治区政府，下至茫汗苏木，对严重恶化的生态环境进行保护和治理成为各级政府的重要工作内容，其认识水平、重视程度不断提高，各种措施相继出台，工作力度不断加大。茫汗苏木的现任党委书记曾明确地表示，生态治理是必须抓的重中之重的工作。海斯嘎查所在的茫汗苏木，在 20 世纪 90 年代以前，生态环境是很好的，据茫汗的哈副苏木长回忆，那时营子（当地人对村子的叫法）里的草木又高又密，人有时候都进不去，基本上看不到明沙。90 年代中期以后，由于过度放牧，沙地生态开始快速恶化，一坨坨的明沙开始显露，并且借助风力迅速地扩张。风大的时候可以将两寸高的低草完全掩埋掉，大风裹携起沙子，打在人的脸上、耳朵上，非常痛。到 1998 年，茫汗地区的生态环境达到历史最低点，全苏木沙化面积高达 48%，海斯嘎查在同一时期沙化面积也一度高达 50%。为治理这一严重的生态问题，各级政府、各职能部门先后出台了一系列的措施，包括前面所提到的“万亩林”生态建设、禁牧令，此外还有各种鼓励和支持农牧民造林植树的项目和工程。经过近十年的努力，截止到 2018 年，整个茫汗苏木的沙化面积已减少到了 20%，而在海斯嘎查，除了有限的几座沙丘之外，已经几乎看不到有明沙的存在了。

生态环境与人类社会生活之间仅仅是简单的“破坏—恶化”“保护—恢复”的关系吗？或者仅仅是用种植玉米增加饲料来源就可以解决草原对牲畜的承载力有限的问题吗？根据实地的调查，本文认为，生态环境的变化和土地承包制度也有密切的关系。20 世纪 80 年代初期，牲畜分给个人，同时外部的市场也开始搞活，这就意味着牧民养殖的牲畜越多，收入也就越高。另外，因为草场是公有的，所以不需要付出成本，养的牲畜越多，从集体草场中取得的收益就越多。在这样一个局面下，牧民们开始不约而同地增加自己的养殖数目，草场的承载能力迅速达到饱和，甚至超过可以承受的极限。同时，与养牛相比，养羊可以每年都获得羊毛和羊绒，比养牛的收益高，而且羊每天吃草的时间较短，大约只是放牛所需时间的一半，牧民的劳动相对轻松，所以在1999年禁止养羊之前，海斯嘎查的畜牧业是以养羊为主的，最盛时全嘎查的羊群数目在1万只以上，加之山羊在进食时会刨出草根一起吃掉，所以对草场的破坏尤其严重。1996~1998年，因草场退化严重，海斯的部分牧民甚至要靠购买饲料才能维持牲畜的养殖。

实行牲畜承包之后草场生态开始恶化，而草场土地承包给个人正是在生态恶化程度达到顶点的时候开始的。1998年是库伦旗生态恶化最为严重的一年，也正是在这一年，农牧民百亩经济圈的"双权一制"正式得到落实，各家各户纷纷将属于自己的那片土地用铁丝网围了起来，这样既在形式上标明了土地的产权关系，又在实际上防止了别人家的牲畜进来啃食牧草和粮食。这使经济圈内的生态环境（本身的条件都是较好的）得到了责权明确的保护。到2001年，几乎所有的土地，包括明沙荒地都分到了各户，在又一轮的围网圈地之后，草场生态在几年之内迅速地恢复了。通过调查发现，在草牧场完全分给个人之后，各户的养殖数量很少超过自己草场的承受能力。根据笔者的计算，在海斯嘎查，平均每头牛要占用10~15亩草场，牧民们的养牛数量基本上是以这个比例与各自的草场面积相匹配的，只有个别家庭会因为家里劳力不够而少养几头。在放牧时，牧民会将自己的草场划分成两片或多片，每片地方根据草的长势放牧一星期或半个月的时间，然后转移到另一片草场，以保证各片草场有足够的休养时间。当饲养数量超过自己草场的承载能力时，一般会有偿地租用别人家富余的草场，按牛的头数和放牧的天数付给租金。这种新的放牧模式形成后，草场的利用与牲畜的数量逐渐达到了一种自发的甚至是精妙的平衡。而这一形成平衡的时期，正是沙化面积迅速减小、草场生态得以恢复的时期。

因此，我们可以看出，海斯嘎查生态环境的变化，不仅与牲畜数量、种类、养殖方式有关，也不仅与政府的环境保护、生态治理的工作有关，而且与畜牧业生产的所有制方式和经营方式有关。而生态环境问题，也不仅是生态学、管理学所需要关注的问题，也需要用社会学的理论和方法进行研究和分析。

五　生态复合体视角下的海斯社会生态状况

（一）海斯作为生态复合体的基本特点

结合上文的叙述，我们可以将海斯这一生态复合体四个要素的特点简单归纳如下。

1. 人口

近 30 年来，海斯嘎查的人口状况相对稳定，人口数量呈现缓慢的变化趋势，除了少量考入大学造成的户口迁出（共有 13 名）外，没有更大规模的人口流动。

2. 技术

这一要素主要体现在生产方式上。这方面的变化一是农业所占的比重和地位在逐渐提高，并且支持了牧业的发展；二是自 20 世纪 90 年代后期以来，林业成为海斯的一个新的产业，并且已经显露其独特的优势和效益，总的来说，都属于"大农业"的概念范畴之内。另外，生态保护与治理的技术也已引入海斯，"万亩生态林"的建设就是一个典型的例子。

3. 环境

海斯的环境要素可以归纳为两个特点，一是资源单一，二是生态脆弱。海斯境内没有发现矿产资源，因为自然条件较为恶劣，也缺乏发展工业或第三产业的基础。生态的脆弱性前文已有详细的说明，此处不再赘述。

4. 组织

相比其他要素而言，海斯的组织要素是最为复杂和特殊的。作为一个规模不大的社区，海斯有自己的嘎查委员会和党支部，管理嘎查的各项事务。同时，作为一个基层的单位，嘎查委员会和党支部又接受着上级政府和党委的领导。上到中央、自治区，下到通辽市、旗、苏木，各级各部门的法规、政策和措施都通过完整有力的科层制权力体系渗透到海斯这个最基层的村落。除了前文所述的土地和生产承包方式的变革、为保护环境而开展的生态林的建设和禁牧令的实施，还有退耕还林、休牧还草、种粮补贴等项目的落实，对林业发展的积极引导和扶持。所有这些，无不显示出国家的行政组织强大的制度调整能力和资源调动能力。

（二）生态复合体中各要素对其他要素的影响

生态复合体理论认为，构成生态复合体的四个要素之间，是相互影响、相互制约的，各要素的整合促成了生态复合体的形成和变化。这些影响和制约有什么样的特点，这些变化背后存在怎样的规律和机制，是需要我们进一步分析和讨论的问题。下面，就以海斯为例，分析近30年来各个要素对其他三个要素的影响。

1. 人口

这在海斯是最稳定、变化最小的一个要素。表面上看，人口对组织、环境和技术等要素都没有明显的、太大的影响。但应该注意到的是，生存和发展是任何一个社区的人口都具有的本能的并且常常是非常强烈的要求。不论是草牧场公有时期造成的类似"公有地的悲剧"的局面还是土地完全承包后生产方式的变化，人们逐利的动机和发展的要求都在背后起着深层次的驱动作用。

2. 组织

单就海斯嘎查来说，组织要素的力量主要来源于外在的、上级的各级政府各部门（社区内部的嘎查委员会和党支部主要扮演的是上级政策执行者的角色，但在有些时候，如组织村民分配草场时，采取的一些分配方式和办法也对村民的生活产生了一些影响，甚至在一定程度上加剧了嘎查内部的贫富分化，限于篇幅，本文对此不多加论述）。在人口方面，国家的计划生育政策使海斯维持了较为稳定的人口规模，义务教育的推行和大学扩招提高了海斯的人口素质，也为海斯优秀的年轻人提供了走出去的机会。在技术方面，上述几乎所有项目的实施，都是由各级政府发起、组织、实施的，并且给予了技术上的扶持和资金上的补贴。组织因素更是通过直接或间接的方式影响着环境。20世纪90年代末期环境的急剧恶化与草场分配制度有着相当程度的关联，之后的生态环境的治理、恢复保护，也都有赖于各种生态项目、禁牧规定和补贴制度的推行，有赖于政府把生态工作当作"必须抓的重中之重"。总的来说，组织要素的力量最为强大，影响范围更广，影响程度更深刻，它在一定程度上外在于海斯这一较小的生态复合体，并且有着更大、更灵活的调整范围和更丰富的可以调配的资源。

3. 环境

海斯所在的科尔沁沙地生态条件脆弱，对人类活动的反应非常敏感，往往能够直接影响到人们的生产生活。近30年来，海斯的环境改变促使人们不断采取各种措施，在不同的层次、不同的方面来应对它的变化。本文提到的几乎所有事实，都与环境因素有着直接或间接的关系。小结海斯地区环境要素的变化和特点，可以认为有以下三个方面：一是变化速度快，30年间先是迅速地由好变坏，近年来又由坏变好；二是影响范围广，迫使人们改变各种生产和生活方式；三是变化维度单一，只是生态环境好坏的变化，较少有新的自然资源的发现和开发利用。

4. 技术

"万亩林"作为一项生态恢复工程，保护并改善了当地的自然环境；林业的引入也能够起到保护环境的作用，并且在不需要投入太多资金和劳动的前提下增加了农牧民的收入；玉米种植、"青储窖"的使用减轻了牧业的劳动强度。以上这些，都包含着技术对环境和人口的影响。但技术要素对组织要素之间的影响，暂时并不太明显。

六　对生态复合体理论的几点思考

通过对海斯嘎查这一小型的、比较简单的生态复合体近30年来发展变化的观察与分析，重新审视生态复合体理论，我们可以有以下几点思考。

（一）生态复合体的时间与空间界限

传统上，生态复合体主要是一个空间上的概念，强调一定地域内的生态与人文状况与内部关系，这一概念容易使研究者倾向于对研究对象做静态的描述。但是，复合体内部各要素的状况并不是一成不变的，各要素之间的相互影响的范围、强弱是随时间变化各有不同的,其作用的显现也需要经过一定的时间才能为人们所察觉和感知。因此,仅仅静态地看待一个生态复合体的要素构成和相互关系是不够的,有时需要把生态复合体看作一个变动不居的过程,放在一定的时段或历史时期内考察,才能获得更清楚的认识,发现更深刻的规律。另外,正像本文在分析海斯的组织因素和技术因素时所注意到的,影响因素可能来自复合体外部,而不仅仅是内部的既有因素的相互作用。

(二) 各因素之间的作用机制

通过对海斯的人口、环境、技术、组织四要素相互作用的分析,我们可以发现以下三点有意思的现象。

(1) 如果某一要素在一定时期内相对稳定,变化不多,那么它对其他要素的影响就有限 (如本文中的人口要素)。

(2) 在复合体状态相对稳定时,如果某一个要素发生突然的变化,那么很有可能会对整个生态复合体的面貌造成巨大的影响 (如 20 世纪 80 年代的生产承包制度对环境造成的破坏)。而人文地理学家对科尔沁地区更长时段的研究也表明,造成该地区半农半牧生产方式和生态恶化的一个重要原因是自清末开始的大规模的移民涌入。

(3) 上述情况如果更加极端,人口、组织和技术三个社会性要素中的一个异常强势 (如本文中的组织要素),其可变动范围很大、可调动的资源 (包括复合体内部的,也包括外部的) 很多,不仅可以控制其他两个要素,还可以对环境产生直接且深刻的影响,则可以认为该要素是核心要素,它的改变将可能带来整个生态复合体面貌的改变。

作为地方性知识的法律若干问题简析

——以蒙古族传统生态法制为视角

朝克图 （呼和浩特民族学院）

摘　要： 对地方性知识的探讨应极力避免误入地方性常识的怪圈，地方性知识本身具有意义情境之视界，对研究者的要求则是去他人社会、研究他人的存在、承认地方世界自秩序形成机制。本文以蒙古族古代草原保护和野生动物保护为切入点，对地方性知识的法律化问题进行了粗浅的探讨。

关键词： 地方性知识；蒙古族；传统生态法制

地方性知识的命题重点在于以地方经历者的姿态和视域，去认知那些本来就存在的非世界中心的地方性世界，去挖掘那些地方性世界中存续、变迁乃至消融的他人生活—他人规则—他人社会。地方性知识应揭示他人世界情境之意义，探寻形成地方性规则之诱因，承认他人社会的"异类"存在。法律在地方性知识体系中承载着地方性世界的习惯、禁忌、信仰、宗教、政治、文化等社会规范之立意，就是外化了的地方知识之载体。本文以蒙古族传统生态法制为切入点，对地方性知识与民族法律的若干问题进行探讨。

一　问题的提出：作为地方性知识的法律及其认识论

20 世纪 60 年代，结构主义学派的出现使得人类学中的普遍主义再度兴起，并且波及人文社会科学领域的方法论。人往往被视作仅仅是社会或心理结构之载体，并无其他。人类学者中越来越多的人拒绝接受这种结构假设，试图寻找新文化或社会研究方法。随后在英美出现的象征人类学与阐释人类学被看作对结构主义学派的积极回应。二者均受到以狄尔泰为代表的新康德主义哲学的影响，① 二者都强调应摒弃那种自然科学领域的普遍论和共性挖掘，重点应放在发现个人、个体和族群的独有精神品性和文化印记。不同的是，象征人类学的代表人物维克多·特纳（Victor Turner）受涂尔干社会学影响，侧重于从仪式的象征解释中去把握特定社会秩序的再生产；而阐释人类学的代表人物吉尔兹则受韦伯社会学的影响，要将文化视为一张由人自己编织的"意义之网"，于是文化的研究"不是寻求规律的经验科学"，而是"一门寻求意义的阐释学科"。这一转向的重要标志是文化文本（culture as text）概念的流行，不光是象征性明显的仪式、典礼等活动可以作为文本来解析，就连人类的一般行为也可以作为意义的载体来解释。与结构主义的符号学根本不同的是，吉尔兹的阐释人类学面对的不再是可以总括归纳为某种"语法"的普遍规则，而是具有多元链接和文化内涵的"地方性知识"。

地方性知识是一种区别于惯常所谓普遍知识的新的知识形态，它是意义之世界以及赋予意义之世界以生命的当地人的观念，它按照地方历史的模式来研究地方性知识。② 这一点显得意义非凡，它本身的显性意义在于摆脱过去那种成型古板的概念模型，进入当地历史的反哺与经验的辩论化考究，投入如何形成特定化的具体的情境搜索，去寻找"特定的历史条件所形成的文化与亚文化群体的价值观，由特定的利益关系所决定的立场、视域等"。③ 这样看来，"地方性知识"命题的意义就不仅仅局限在文化人类学的知识观和方法论方面，由于它对正统学院式思维的解构作用同后现代主义对宏大叙事的批判、后殖民主义对西方文化霸权的批判是相互呼应的，所以很自然地成为经"后学"洗礼的知识分子所认同的一种立场和倾向，成为挣脱欧洲中心主义和白人优越论的一种契机，成为反思自身的偏

① 叶舒宪：《地方性知识》，《读书》2001 年第 5 期。
② 肖琳：《作为地方性知识的法律——读格尔兹的〈地方性知识〉》，《西北民族研究》2007 年第 1 期。
③ 盛晓明：《地方性知识的构造》，《哲学研究》2000 年第 12 期。

执与盲点的一种借镜。[①] 无论怎样演化和评判，"地方性知识" 视角的广泛深入研究可谓研究少数民族传统法制的重要视点和有益突破口。

法律尤其是少数民族法制是地方性知识的不可分割的有机组成部分。美国学者布拉姆莱指出，法律无非是 "隐蔽在法律理论和法律实践中的一系列政治、社会和经济生活的不断重现或 '地方志'。用同一种方式来说，法律以各种形式依赖于有关历史的主张，所以它既界定又依赖一系列复杂的地方志和区域理解"。[②] 有志于研究民族法制和地方法制的学者绝无可能脱离其带有历史与文化烙印的地方性知识。法律具备地方性知识的属性，长植于人类社会活动之中，是对动态社会关系的抽象确认与积极保护的产物，它在人的主观能动性的支配下，将复杂的社会关系明晰为受规制的权利义务关系，在政治、经济、财产、家庭、环境等各个方面提炼出异类关系的共性特征，并确定其中所属的各主体行为的范畴及其模式，制定成具有强制力的行为准则，使社会得以按照理性的价值目标运转和变革，从而使得人类社会存续于法律所制约的秩序之中。

二　诠释意义之情境世界：保护草原

意义之世界，绝非可以用书本知识去贴近和诠释的，这一点在吉尔兹本人对爪哇岛、巴厘岛和摩洛哥等地做过田野作业之后，就有了基本的结论。如巴厘人对孩子的循环式称谓实际并不能代表孩子出身的长幼秩序，"但却体现着一种往复无穷的生命观念，它不可翻译，却是具有文化特质的地域性的知识，故称之为 '地方性知识'"。[③] 美国人类学家康克林在《哈努诺文化和植物世界的关系》中揭示：菲律宾当地语言中用于描述植物各种部位和特性的词语多达一百五十种，而植物分类的单位有一千八百种之多，比西方现代植物学的分类还多五百项。[④] 很难想象一个并不被西方人类学家认知的小社会竟有如此丰富灿烂的 "地方性知识"。

---

① 叶舒宪：《地方性知识》，《读书》2001 年第 5 期。
② 李斯特：《政治经济学的国民体系》，陈万煦译，商务印书馆，1961，第 165 页。
③ 叶舒宪：《地方性知识》，《读书》2001 年第 5 期。
④ 叶舒宪：《地方性知识》，《读书》2001 年第 5 期。

在蒙古族传统世界里，草原是一切生命所要存续之来源，也是长生天赋予蒙古人祖先及后代的神圣财富，不可侵犯和剥夺，也只有在意义之世界的情境中才能逐步探知蒙古族保护草原之意义视界。蒙古族自受萨满教教义以来，深信万物皆有灵，认为天、地、水、火、山川、河流、风、雨、草木，乃至一切使用之器物均有生命和意志，不得侵犯和侮辱。成吉思汗①札撒②中就规定："禁于水中和灰烬上溺尿；禁跨火、跨桌、跨碟以及盛食物的各种器皿。禁民人徒手汲水，汲水时必须用某种器具；禁止洗濯、洗破穿着的衣服。"③ 这种以水、火及各种器物为神圣其实具有更古远的禁忌、习惯之渊源，但已无可能以文字的形式再现。

保护草原的重点是防火，遗火燎荒实则会对草原生态系统带来诸多失衡性恶果，也会危及蒙古统治者的经济根基，所以处罚也较重，试图用重刑威慑之，法制作为蒙古社会禁忌规则的载体对此体现得淋漓尽致。对此，李则芬先生记载有"禁遗火而燎荒，违者诛其家"。④《黑鞑事略》记载有："遗火而炙草者，诛其家。"⑤ 北元时期的《喀尔喀七旗法典》⑥ 规定："失放草原荒火者，罚一五（牲畜）。⑦ 发现者吃（奖励）一五。荒火

---

① 成吉思汗（1162~1227），蒙古开国君主，世界著名政治军事统帅。名铁木真，姓孛儿只斤，乞颜氏，蒙古人。元朝追上庙号太祖。参见薄音湖主编《蒙古史词典》，内蒙古大学出版社，2010，第177页。

② 札撒（jasa）或雅萨（yasa）又译"札撒黑""雅萨黑"。蒙古语为"法度"。成吉思汗依据古代约孙、额耶等习惯、习惯法及游牧民族法制传统，颁布了法律，汉文史籍记作"大札撒"。《元史·太宗纪》载："大扎撒，华言大法令也。"参见那仁朝格图《13~19世纪蒙古法制沿革史研究》，辽宁民族出版社，2015，第70页。

③ 参见那仁朝格图《13~19世纪蒙古法制沿革史研究》，辽宁民族出版社，2015，第70页。

④ 李则芬：《成吉思汗新传》，台北，中华书局，1970，第512页；赛熙亚乐：《成吉思汗史记》，内蒙古人民出版社，1987。转引自齐格等《古代蒙古生态保护法规》，《内蒙古社会科学》（汉文版）2001年第3期。

⑤ 参见齐格《古代蒙古法制史》，辽宁民族出版社，1999，第74页。

⑥ 《喀尔喀七旗法典》是16世纪末至1639年陆续颁行的蒙古地方性法规，是喀尔喀七旗首领制定的联合法规，由大小不一的18个法典组成。因其写在白桦皮上，汉译又称之为《白桦法典》。喀尔喀为北元时期的蒙古领主集团。参见齐格《古代蒙古法制史》，辽宁民族出版社，1999，第74页。

⑦ 蒙古社会罚畜刑的一种，古代蒙古以罚没一定数量和种类牲畜的方式对违法犯罪行为实施的处罚方法，罚畜的数量一般按罪错的大小决定，最常见的为罚九：九畜者，马2匹、牛2头、羊5只。也有罚七、罚五、罚三之法。详见周宝峰主编《蒙古学百科全书·法学卷》，内蒙古人民出版社，2007。

致死人命，以人命案论处。"① 1640年颁布的《蒙古－卫拉特法典》② 对草原火灾救助继续做出了赏罚分明的规定："如有人灭掉已迁出的鄂托克③之火，（向遗火人）要一只绵羊。从草原荒火或水中救出将死之人，要一五畜。在从草原荒火或水中想要救助别人而死去，以驼为首要一九。骑乘而死，以一别尔克顶立救出孛兀勒（奴隶）、头盔、铠甲这三种，各要一匹马。如救出甲士及其铠甲，要一匹马、一只绵羊。如救出帐篷及物品，要一匹马，一头牛分而吃之。"④ 牲畜为当时民众极其重要的生活来源，遗火即罚畜体现的是用重刑吓阻草原火灾的传统世界观，救火则奖励牲畜在客观上防止了草原火灾的肆意蔓延。

　　在草原上蓄意纵火的后果更加不堪设想，其处罚也更重。《蒙古－卫拉特法典》规定："因报复而放草原荒火，以大法处理。如杀塞因库蒙，要进攻而杀之。如杀顿达库蒙，罚三十别尔克、三百头牲畜。杀阿达克库蒙，罚五十别尔克。"⑤ 清朝的《理藩院则例》⑥ 也有相似的规定。康熙十三年（1674年）题准：挟仇敌放火致毙人者，系官拟绞，庶人拟斩，均监候，除妻子外，均籍没，畜产给予事主。⑦ 致伤牲畜者，系官革职，庶人鞭一百，除妻子之外畜产均给予事主。故意纵火者视官民身份之不同会受到不同惩罚，极力避免因火灾造成的蒙地动荡和财产损失。这些出现在法典中的草原保护条款只是浩瀚蒙古文明社会的微观视界，深入观察其法制进程也是民族法学者以"文化持有者的内部眼界"去查知外人难以理解的

---

① 参见齐格《古代蒙古法制史》，辽宁民族出版社，1999，第107页。
② 《蒙古－卫拉特法典》于1640年由喀尔喀和卫拉特蒙古各部共同制定，可谓一部反映蒙古法制特质和技术的巅峰之作，以体系完备、内容丰富著称。
③ 鄂托克，明代蒙古社会的经济单位，与元代的千户具有继承关系。每个蒙古人都属于一定的鄂托克。由鄂托克成员组成的军队成为"和硕"。鄂托克与和硕往往混用，后来，鄂托克被和硕取代。在清代，和硕译作"旗"。参见薄音湖主编《蒙古史词典》，内蒙古大学出版社，2010，第423页。
④ 参见那仁朝格图《13~19世纪蒙古法制沿革史研究》，辽宁民族出版社，2015，第70页。
⑤ 这里说的大法并不明确，可能是遗存下来的以大札撒为版底的地方性法规。这里的"库蒙"为蒙古音，汉译为人的意思。由于元朝开始推行公开的身份等级制，把人分成塞因库蒙（意为上等人，蒙古），顿达库蒙（意为中等人），阿达克库蒙（意为劣等人，汉人）。
⑥ 《理藩院则例》是清朝在《蒙古律例》等旧例的基础上编撰而成的以行政法规为主的综合性民族法规。参见那仁朝格图《13~19世纪蒙古法制沿革史研究》，辽宁民族出版社，2015，第277页。
⑦ 乾隆朝内府抄本《理藩院则例》，赵云田点校，中国藏学出版社，2006，第166~167页。

意义世界之可贵之处，终究是试图把文化践行者的感知经验转换成理论家们所熟悉的概括和表现方式。毕竟我们应极力避免使蒙古社会及对生态法制的研究陷入"妖魔化"或"理想主义"的尴尬境地。

三　理解他人之理解：保护野生动物

理解他人之理解，更多的是一种人类学研究地方性知识的文化视角，也是一种研究方法，但绝不是让我们以此为工具功能性地去试图贬低、改造甚至消融地方性知识视野中的众多民族性元素。蒙古族的传统生态法制更多的来源于其"平常的世界"体系，规则在被创造的同时也被实践冲击着，"要是我们刻意去寻找它是找不到的，因为它不断地扩张着、变迁着、被改造着"。① 保护野生动物也使我们进一步贴近了解蒙古族传统地方性知识的微观视域，以蒙古人的角度感知其地方性世界，以蒙古社会的规则建立起较贴近于历史真实的思想框架，虽然举步维艰，但也是地方性知识法律问题研究的一次有益尝试。理解他人之理解，可贵之处在于达成"被研究者的观念世界、观察者自身的观念世界以及观察者'告知'的对象（读者）——的观念世界的沟通，这犹如在一系列层层叠叠的符号世界里的跨时空漫游，其所要阐明的是意义的人生与社会的重要角色"，② 意义即为之奋斗的动力源，沟通则为人类学者具备的最起码之本能，以他人的视角诠释他人—社会—规则的存在才是重中之重。

注重生态平衡与修复，保证野生动物之可持续繁衍生息是蒙古族一贯之优良传统，其不仅绝对禁止杀害孕兽，而且对狩猎时段、狩猎区域和猎杀对象均做了详细的规定。有关狩猎时段，成吉思汗就规定"从冬初头场大雪始，到来年牧草泛青时，是为蒙古人的围猎季节"。③ 蒙哥汗时期下旨："正月至六月尽怀羔野物勿杀。"④《元史·刑法志》记载："诸每月塑（朔）望二弦，凡有生之物，杀者禁之。诸郡县正月五月，各禁杀十日，

---

① 盛晓明：《地方性知识的构造》，《哲学研究》2000年第12期。
② 王铭铭：《西方人类学思潮十讲》，广西师范大学出版社，2005，第116页。
③ 赛熙亚乐：《成吉思汗史记》，内蒙古人民出版社，1987，第499页。
④ 《元文类》卷四，十一，《经世大典》序录，鹰房捕猎。转引自齐格《古代蒙古法制史》，辽宁民族出版社，1999，第61页。

其饥馑去处，自朔日为始，禁杀三日。"① 《元典章》记载：大德元年
（1297年）二月二十八日，元成宗铁穆耳下旨："在前正月为怀羔儿时分，
至七月二十日休打捕者，打捕呵，肉瘦皮子不可用，可惜了性命……如今
正月初一日为头至七月二十日，不拣是谁休捕者，打捕人每有罪过者。"②
清代的《喀尔喀法典》的主要组成部分《三旗法典》第135条又规定：
"平时，在每月的初八、十三、十五、二十五、三十这些日子不要杀生。
如违反而杀生，看见之人到扎尔忽③处证明，所杀之物归其所有。"禁杀孕
兽及对禁猎时段的规定是一种来源于蒙古族传统生活的自然法传统，有受
佛教教义影响的烙印，更重要的是为了保持野生动物种群数量的相对稳
定，毕竟打猎在当时也是重要的经济食物来源。

至于禁猎动物则分类很多。元朝就出台律令禁止打捕野猪、鹿、獐等
动物，保护天鹅、鸭、鹍、鹤、鹰、秃鹫等飞禽。④ 北元时期的《阿勒坦
汗法典》规定：偷猎野驴、野马者，以马为首罚五畜；偷猎黄羊、雌雄狍
子者，罚绵羊等五畜；偷猎雌雄鹿、野猪者，罚牛等五畜；偷猎雄岩羊、
野山羊、麝者，罚山羊等五畜；偷猎雄野驴者，罚马一匹以上；偷猎貉、
獾、旱獭等，罚绵羊等五畜；等等。但允许打杀鱼、鸢、大乌鸦等。⑤ 清
代的喀尔喀《三旗法典》第136条又规定："不许杀无病之马、鸿雁、蛇、
青蛙、黄鸭、黄羊羔、麻雀、狗。谁看见捕杀者，罚要其马。"⑥ 可见其保
护范围近乎包括了当地的稀缺野生动物，体现的是一种万物皆有灵之世界
观，客观上防止了野生动物种群的灭绝。

---

① 《元史·刑法志》卷105，转引自齐格《古代蒙古法制史》，辽宁民族出版社，1999，第61页。
② 《元典章·围猎》卷38，转引自齐格《古代蒙古法制史》，辽宁民族出版社，1999，第61页。
③ 扎尔忽有裁判处、法庭之意。有尼伦扎尔忽（中央法庭）、也客扎尔忽（大法庭）、扎尔忽之分。参见那仁朝格图《13~19世纪蒙古法制沿革史研究》，辽宁民族出版社，2015，第245页。
④ 《元典章·围猎》卷38，转引自齐格《古代蒙古法制史》，辽宁民族出版社，1999，第62页。
⑤ 苏鲁克：《阿勒坦汗法典》，《蒙古学信息》1996年第2期。
⑥ 《三旗法典》是《喀尔喀》法典的主典，于1709年制定，分七部分194条。转引自齐格《古代蒙古法制史》，辽宁民族出版社，1999，第181页。

四　比较之不可比较：文化与文化相对主义

吉尔兹就文化相对主义在他的《地方性知识》绪言中写道：用别人的眼光看我们自己可启悟出很多瞠目的事实。承认他人也具有和我们一样的本性则是一种最起码的态度。但是，在别的文化中发现我们自己，作为一种人类生活中生活形式地方化的地方性的例子，作为众多个案中的一个个案，作为众多世界中的一个世界来看待，这将会是一个十分难能可贵的成就。只有这样，宏阔的胸怀、不带自吹自擂的假冒的宽容的那种客观化的胸襟才会出现。如果阐释人类学家们在这个世界上真有其位置的话，他就应该不断申述这稍纵即逝的真理。① 从事民族法学的学者在面对浩瀚庞大的人类学课题时，毫无例外地不免有些棘手和不知所措。很多民族相关的地方性知识并不一定是用文字的形式流传下来的，很多民族相关的地方性知识汇集了悠久灿烂的生活史的集体智慧和生存法则，研究领域的边缘化并不代表其本身存在的合理性。

至此，我们可以推断出研究地方性知识法律问题的三个基本轨迹。首先，诠释意义之情境世界。民族文化博大精深，其分支源远流长，应承认其他民族也有与其比肩的文化社会的存在，探究这种存在的意义，做到"入乎其内再出乎其外，把文化持有者的感知经验转换成理论家们所熟悉的概括和表现方式"。② 其次，理解他人之理解。吉尔兹说到他自己的经验：既不以局外人自况，又不自视为当地人；而是勉力搜求和析验当地的语言、想象、社会制度、人的行为等这类有象征意味的形式，从中去把握一个社会中人们如何在他们自己人之间表现自己，以及他们如何向外人表现自己。③ 研究者绝无可能以当局者自居，试图强势去剥开悠久文明的草原文化。相反，应以理解他人之理解视角去揭开那些众人看似不可理解的游牧社会的地方性知识。最后，比较之不可比较。从以上蒙古传统生态法

---

① 克利福德·吉尔兹：《地方性知识——阐释人类学论文集》，王海龙、张家宣译，中央编译出版社，2000，第19页。
② 叶舒宪：《地方性知识》，《读书》2001年第5期。
③ 叶舒宪：《地方性知识》，《读书》2001年第5期。

制的内容中我们可以捕捉到很多具有浓郁蒙古特色的地方性知识，如游牧式经济生产、草原及牲畜的极端重要性、法制化的游牧社会地方性知识（习俗、习惯、禁忌、罚畜刑）等。我们应该具备扎实的文化人类学、法律人类学和生态人类学的功底，不断地去实地调研和体验，涉及民族因素的地方性知识才能被揭开接近真实的概况。

河湟文化中的农耕文化
与游牧文化交流共生[*]

马婧杰（中央民族大学、青海省委党校）

摘　要：河湟地区是高原与中原地区交流与联系的门户和管道，是多种文化汇聚与交流的地方，是黄河上游特色文化单元之一。从地域文化角度看，河湟文化中包含了蒙古高原游牧文化、青藏高原游牧文化与中原农耕文化，这也铸成河湟文化多元、包容与交汇的内构性特征。本文从河湟文化形成的历史维度梳理了农耕文明与游牧文明的互动与共生的脉络，并以此为基础总结、辨析河湟作为文化地理空间，融汇农耕与游牧文化后所形成的文化特征和根本动因。

关键词：游牧文化；农耕文化；河湟文化；交流共生

河湟地区地处黄河上游，黄河、湟水河以及大通河三河之间，是青藏高原与中原地区的过渡地带。河湟地形以沿河两岸的川地为主，其南、北、西三面由农业区向牧业区渐次过渡，北向经海北藏族自治州，临近祁连山脉，连接蒙古高原；南向与甘南藏族自治州相接；西南跨黄南藏族自治州的同仁、尖扎等地；西面则经海南藏族自治州通向西部戈壁；东部如同走廊通道与中原地区互通。从地形地貌来看，河湟地区三面环山，属山河之间的半封闭的内聚型地形，地形特征使农业文明与牧业文明在河湟地区有了长期接触、交互发展的空间条件。

在河湟地区的历史境迁中，土著的古羌文化与其他迁徙往来的各族群

---

*　本文为国家社科基金西部课题"青藏地区道教与民间信仰关系及其综合管理研究"（15XZJ015）、2017年国家社科基金重大项目"'一带一路'沿线各国民族志研究及数据库建设"（编号17ZDA155）的阶段性成果。

的生计方式形成的文化彼此影响、吸收并逐渐融合而形成了构型特殊的河湟文化。其中，各族群的迁徙往来、交融共生或冲突对峙成为河湟文化的动态表征；而生计间的竞争或互补、信仰共生涵化、艺术多元整合、风土杂糅、精神上的和而不同层级交互，成为河湟文化中鲜明的内在要素。随着丝绸之路青海道、茶马互市、唐蕃古道等线开通，河湟地区更成为中原农耕文化与高原游牧文化交流与联系的门户和管道，历经农牧文化间的共生与互动，河湟文化逐渐具有开放、多元、包容的特质，成为黄河文化的重要组成部分，是华夏文明的源流之一。

一 河湟历史境迁中的农耕文化与游牧文化互动往来

河湟文化是由历代生活其间的各族人民共同创造的，土著的羌文化与迁徙往来于河湟地区的各个族群文化互动，逐渐形成了河湟文化体系。

（一）土著羌文化

古羌文化是河湟地区的土著文化，是河湟地区文化生成、发展的重要积淀，也是古老游牧文明的重要源流。历史文献中关于羌的记载最早出现在商代，在《风俗通义》中记载有"羌本西戎，卑贱者也，主牧羊，故羌字从羊、人，因以为号。无君臣上下，健者为豪"。① 这里反映了河湟地区羌人所处的自然环境、采取的牧业生计方式和风俗。考古发现也为这一古老文明的存在提供了佐证：河湟地区的民和县、乐都县、西宁市、大通县、同德县、湟中县等地出土的古遗址、古墓葬所涵盖的该地区远古文化上承新石器时期，下达青铜器时期，其主要文化类型有马家窑文化、辛店文化、卡约文化等。其中辛店文化分布于洮河中下游大夏河以及湟水河流域，以农业为主兼畜牧业；卡约文化早期农牧业并重，晚期以牧业为主。②

---

① （东汉）应劭：《风俗通义·佚文》。
② 崔永红：《青海通史》，青海人民出版社，1999，第16~17页。

也有学者在考证后认为，湟水河和渭水流域是炎黄文化的主要发祥地，[①]
就这些古文化遗存的时空分布来讲，其属于羌人所创造的早期文明，古羌
文化也因此成为黄河上游古文化的重要渊源和组成部分。

河湟地区在战国至先秦，历经了华夏农耕文明与西羌牧业文明的接触
与往来，羌部落逐渐接纳农业生产，农业生计逐渐推广。《后汉书·西羌
传》中记载有"遂俱亡入三河间……爰剑教之田畜，遂见敬信，庐落种人
依之者日益众"，不过河湟羌人在生产方式转变的同时保有游牧狩猎的旧
俗。此外，河湟间还有关于古羌的诸多神话传说，其中最为典型的是西王
母以及炎黄的神话传说，芈一之先生认为西王母在远古本是部落名，与虞
舜同出于"虞"幕之族；[②] 李文实先生考证了西王母在藏语中的意思
（"赤血洁毛"，汉语意为"万翼王母"），认为西王母的神话传说在一定
程度上是原始部落社会的写照。[③] 这些传说中，也隐喻了中原与羌地的接
触与交流，如《穆天子传》中描绘有周穆王西巡，与西王母会见的场景，
虽不能作为史学参照，但从侧面反映了中原民族与古羌的关系。

（二）两汉屯田戍边，河湟首历农、牧文化交汇融合

战国至秦汉时期，随着秦的西向扩张，中原文化与羌文化的接触更为
广泛和频繁，羌人从秦文化中汲取了农业文明的要素，开始农耕与畜牧并
举的生计方式，河湟地区开始了农业文明与牧业文明的融合。

秦汉之际，经营湟河地区的羌人开始迁徙分化，到了西汉，部分羌人
已渐渐融入其他民族之中，余下的主要分布于今之河湟地区、塔里木盆地
及其以南西域一带、陇南和川西北一带，[④] 羌人的迁徙客观上加快了黄河
上游文化融入下游文化的过程。余下的河湟地区羌人与移民来此的汉族共
同杂居，羌、汉文化开始更为广泛而深度地交流融合。

西汉依照郡县制度，通过屯田戍兵的方式建立亭、驿等军事设施，为
了便于中原对河湟的统治而设立专职官员"护羌校尉"，以政治上的羁縻

---

① 龙西江：《论藏汉民族的共同渊源——青藏高原古藏人"恰、穆"与中原周人"昭、穆"
制度的关系》，《战略与管理》1995 年第 3 期。
② 芈一之：《西宁历史与文化》，辽宁民族出版社，2005，第 18~62 页。
③ 李文实：《西陲古地与羌藏文化》，青海人民出版社，2001，第 11 页。
④ 崔永红：《青海通史》，青海人民出版社，1999，第 115 页。

策略促进中原农耕文化在河湟地区的发展。西平亭的设立开启了河湟城镇文化史，两汉的政治建制使农耕文明在河湟地区逐步渗透，落地生根，此时农耕文化与游牧文化互动共生，已经上升到制度、风俗的层级。

（三）鲜卑西迁，河湟农、牧业文化的互动、整合与发展

西晋时期鲜卑西迁进入河湟地区，带入了北方鲜卑文化，开始了鲜卑文化与汉文化、羌文化的交流与融合。

鲜卑本是辽东北的部落，东汉以前依附匈奴，魏晋时期分为东部鲜卑（宇文部、慕容部）和西部鲜卑（拓跋部、秃发部、乞伏部）。其中秃发部在曹魏时期迁入河西走廊和湟水流域，与汉族、羌族杂居，东晋时期在河湟地区建立南凉国政权；慕容部在伏俟城（青海湖西北）联合诸羌酋长，建立吐谷浑政权。以上两个政权作为融入河湟地域文化的鲜卑文化典型代表，在十六国至隋代的较长历史时期内，在河湟地区开疆拓土，兼并羌、氐等部落，由游牧到农耕，促进了鲜卑文化与河湟地区汉、羌文化的交流融合，在河湟地区形成了区别于鲜卑游牧文化的新的文化体系。在政治层面，鲜卑政权推行兼容整合的政治制度，通过联合羌部落首领的制度，使鲜卑文化与羌文化逐步融合。同时，在文化层面注重对中原儒家文化的吸纳借鉴；吐谷浑政权则注重借鉴中原制度文化，启用汉族担任司马、博士等官职，从而促进了鲜卑文化与汉、羌文化的整合与发展。

在生计模式的发展中，鲜卑政权尤其是吐谷浑非常注重与西域文化的沟通，其逐步创造了兼有东北和西北游牧文化特色的畜牧经济和精湛的手工技艺，著名的畜牧品种"青海骢"就是于这种经济文化之下产生的。此外，吐谷浑政权建立后积极发展与南北朝、中原地区的关系，对振兴丝绸之路的青海道产生了积极推动作用。十六国时期，丝绸之路的重要干线河西走廊因受到各国政权割据引发的战乱影响被阻塞，丝绸之路辅道——青海道进入繁荣时期。这条线路横穿河湟地区，实现了农业经济与牧业经济的交流和互补，使河湟地区的农牧文化交流融合，并迈向更高层级。吐谷浑时期，中原、西部文化往来频繁，带动了河湟地区佛教文化的广泛传播与兴盛，受佛教影响，青海鲜卑上层阶级改原始拜物教信仰（崇拜自然

物，日月星辰等）为佛教信仰，在信仰层面上实现了中原文化与鲜卑文化的融合。商贸文化交流同时促进了河湟文化艺术的繁荣，盛行一时的凉州乐融合了西域音乐，鲜卑音乐和羌、汉音乐，成为农牧文化合璧的艺术瑰宝。

（四）唐宋时期，吐蕃文化与汉文化的融合与发展

唐宋时期，河湟地区广受吐蕃文化浸濡和影响，实现了新的融合与发展，藏文化融合鲜卑、汉羌文化后成为河湟多元文化的要件。

唐高宗龙朔三年（663 年），吐蕃势力进入河湟地区，分布于今贵德、祁连、海晏、同仁等地，诸多部落开始了农耕兼营牧业的生计模式，使得吐蕃文化与汉文化得以不断深入融合与发展。吐蕃与唐朝积极拓展两地交通，实行贡赐往来，推进商贸发展，形成了闻名遐迩的唐蕃古道（东起西安经渭河，西行至临洮渡洮河，至河州后渡黄河到青海民和县境内，再经乐都、西宁、湟源峡、日月山、倒淌河、恰卜恰、切吉草原到花石峡即今果洛州界内，再至玛多黄河沿岸，经渡河到野牛沟，再南下渡通天河到玉树界内，最后进入西藏）。① 这条线路经过河湟地区，带动了此地经济文化的发展，同时促进了中原文化与河源牧业文化乃至包括西域文化在内的多元文化的互补、交往与融合。

宋景佑年间，吐蕃后裔角厮罗在湟水流域建立青唐政权，都城设立在今青海省会西宁。青唐政权引入中原封建政体，结束了河湟地区"族帐分离，不相君长"的局面。此政权之下，汉蕃杂居，垦荒耕田，灌溉等农业技术得以推广，吐蕃文化也因此在河湟地区实现了地方化发展：以贡赐经济文化为基础的茶马互市和藏传佛教下路弘传为标志，渐成具有河湟地域特色的牧业文化体系。茶马互市中的茶为农业生计模式的产物，而马为畜牧经济的代表，两者的流通与互市，宣示着两种生计模式的互补与共享，基于此农业文明与牧业文明在河湟交相辉映，形成了河湟文化的共生与交流的特质。

唐宋时期，藏传佛教在河湟地区广泛传播发展，与其他宗教文化尤其

---

① 陈小平：《唐蕃古道史料集》（中册），青海人民出版社，1987，第 32 页。

是儒道文化互借涵化，成为河湟多元宗教文化中的重要基因。朗达玛灭佛后，三位西藏僧侣辗转进入河湟地区传法，为喇钦·贡巴饶赛授戒，后贡巴饶赛在今化隆县内丹斗寺弘法，其弟子再度将藏传佛教传入西藏，河湟地区也因此成为藏传佛教后弘期的复兴中心地带。角厮罗政权建立后，河湟地区形成了以都城青唐城为核心的藏传佛教文化中心，藏传佛教一直兴盛于河湟地区，并逐渐发展出诸多地方特色。自此，牧业生产的信仰体系与中原的佛道信仰体系并流于河湟，对其间多元一体的文化格局产生深远的影响。

（五）元明清时期，新的多元民族文化共同体初步形成

元、明时期，是河湟地区民族迁徙往来最为频繁的时期，也是河湟地区新的多元民族文化共同体形成的重要历史时期。元政权的建立使得蒙古族迁入河湟地区，也促使北方蒙古高原的牧业文明与中原农耕文化合流并汇。明中后期，藏传佛教以河湟地区为起点，传向漠南、漠西和漠北的蒙古地区，河湟地区成为中原与藏地、蒙古高原进行文化传播的桥梁和纽带。随着各民族在河湟地区日益频繁的交流融合，河湟文化逐渐具有鲜明的过渡特征。多元文化也映射于封建统治政治制度之中，元朝为了便于对各族的统治，实行土官制度即"土官治土民"，针对藏传佛教盛行的情况设立僧职，给上层僧人授予国师、禅师等具有行政权力的官职。明政府对藏传佛教实行封赐和扶持政策，河湟地区广兴寺院建造之风，藏传佛教进入中兴时期，一些历史上有名的藏传佛教寺院大都兴建于明代，如噶举派寺院瞿坛寺，格鲁派寺院塔尔寺、民和弘化寺等，这些寺院在建筑形式、宗教艺术中融合了大量的牧业文化和中原文化内容。

明代的河湟地区形成了包括藏族、东乡族、保安族、土族在内的民族共同体或族群，成为中华民族多元一体格局中的重要组成部分，[1] 河湟地区多元民族文化渐具雏形，其中土族[2]作为新的民族共同体，其文化带有

---

[1] 崔永红：《青海通史》，青海人民出版社，1999，第268页。

[2] 学界对土族族源有争论，一说土族是由吐谷浑吸收融合羌、汉、匈奴等民族成分，与蒙古族融合、定居河湟后形成的。一说土族是由进入河湟地区的蒙古族吸收汉、藏等民族和蒙古化的突厥人、霍尔人成分后逐渐形成的。见蒲文成《河湟佛道文化》，青海人民出版社，2010，第19~20页。

典型的牧业文化与农耕文化合璧的特征，其宗教信仰中兼具中原佛、道文化和藏传佛教的内容，也包含北方游牧民族的萨满信仰。土族的风俗起居、文化心理中亦具有农业文明和牧业文化的特质。

明清之际，生活在河湟地区（今大通、湟中、平安等县）的藏族选择定居农耕的方式生活，尤其清政府在罗布藏丹津叛乱之后对青海藏族部落实行千百户制度，按生计类型对生活在不同地区的藏族采用差别化的贡赐政策。① 在此历史背景下，河湟农业区的藏族与牧区逐渐隔离，采取农业生产方式，使用汉语，这类特殊的族群被称为"家西番"，其习俗融汇汉、藏两种习惯，宗教信仰中藏传佛教文化与儒道文化并存。"家西番"的形成与存在，是河湟牧业文化与农业文化融合、过渡的典型。

河湟各民族文化经元、明的发展与积淀，到清代进入繁荣期，牧业文化与农业文化融合其他文化元素，不断地整合与再生产，蔚成河湟文化的新内容，体现在各种文化之中。如著名的热贡艺术、塔尔寺艺术以及富有河湟地方特色的民间艺术"花儿"、藏族民歌拉伊和尕尔等。

二　河湟农耕文化与游牧文化共生、交流的特征与表现

河湟地区民族迁徙、碰触、交流、融合的过程源远流长，使得各族群的历史、风物、信仰在这一动态历史进程中不断丰富发展，最终形成了层级丰富的河湟历史文化内容。河湟文化以各族群的交往互动为表征，以多元宗教共生涵化、艺术多元厚重、风俗包容与交汇为内构特征。更为重要的是，这种特征所表现的精神与中华文化包罗万象的核心特点一脉相承，其表现形式又富有地域特色。

（一）农牧文化更迭交替的过渡特质

河湟地区因处在青藏高原与黄土高原的交会地带，走廊式的内聚地理客观上促进了历史上各个族群的迁徙交流与交往，其拥有中原农耕文化与

① 崔永红：《青海通史》，青海人民出版社，1999，第340页。

高原游牧文化共存的特点，其内容和形式在各文化层面都有显现。

从过渡性来看，河湟地区建筑在居住形式、建筑风格和艺术性乃至精神内涵层面，都体现了不同地域与文化间借鉴交融的特征，如土族建筑文化就是汉、藏以及北方萨满文化交融的典型。土族民居一般以四合院式的居住结构为主（此种结构一般正房与两侧的厢房均为土木结构的平房），入门处一般插放嘛呢旗杆，旗上印有藏文经文，用以驱邪避祟。在庭院中心设有方形的"中宫"，其上培土多当花坛，上置香炉，下埋五谷、珠宝等物。中宫在当地文化中相当于"镇宅石"，能保佑家庭和合、四邻和睦。"镇宅"是中原居住文化的理念，而带有经文的嘛呢杆是藏传佛教文化的内容，两种文化符号同时出现在土族人家居住的庭院中，体现了农牧文化的整合与过渡。不仅民居如此，河湟的宗教建筑中也呈现农、牧文化间过渡融合的特质，闻名遐迩的藏传佛教格鲁派寺院塔尔寺，其就以集汉、藏式的建筑元素于一体的风格著称于世。

河湟地区的海拔由东向西和西南逐步升高，东部和南部主要出产农作物，而西部与北部、西南地区则以畜产品生产为主，地理上呈农业区向牧业区的过渡，体现在饮食文化中，就出现了多样杂糅的特质。河湟地区的饮食取材兼备农业文化和牧业文化两种特征，以引种小麦、青稞、菜籽、蚕豆和加工畜产品（牛羊肉、乳产品）等为主。河湟的饮食习惯秉承了中原文化以面食为主的饮食传统，其间又融合回族、撒拉族等民族的食品加工工艺以及藏族、土族等民族的饮食文化元素，虽然食材单一但馔制技法灵活，具有显著的河湟地方特色。在河湟地区流行的一道小吃叫作麦仁粥（用羊肉汤煮小麦仁，加调味料、羊肉沫等），是河湟东部地区的穆斯林小吃摊中常见的饮食。据考证，这种小吃起源于土族古老农业生产遗俗的"冰祭"，[①] 是土族由游牧生产转向农业生产的重要见证。此外，河湟地方茶饮也独树一帜，体现了河湟地区的过渡特征。如熬茶，茶叶一般选湖南的砖茶，加盐、荆介、花椒等调味品和草药材熬制而成。茶叶本不是当地特产，但因历史上茶马互市贸易繁盛，河湟地区的先民们很早就接受了中原的饮茶习俗。喝熬制的茶是为适应高原气候特征，是由中原饮茶文化改

---

① 李朝：《诗性高原：青藏地区民族文化审美》，民族出版社，2009，第337页。

造而成的地方茶饮文化习俗。

(二) 开放、多元、包容的文化特质

河湟地区以土著古羌文化为基础，经民族迁徙、融合，渐成为多民族、多宗教聚集地区，代表农业文明的汉族儒释道文化与藏、蒙、土等民族的藏传佛教文化融汇并流，其中，多元宗教的共存、交流、互融是河湟农牧交流与共存的典型构成要素。在河湟地区汉族宗教场所之中存在明显的汉族儒道文化对藏传佛教的吸纳借鉴现象，如河湟地区的道观中除香烛等供奉之外，还在殿前设有煨桑炉，民众除烧香膜拜之外，还糅合了煨桑、献哈达等藏文化元素。

在河湟地区的民间文化层面，人们在多元文化与信仰习俗中表现出尊重与认同，促生了河湟多元宗教的共生与涵化。汉之佛道文化与藏传佛教文化之间互相共存、相互融合是河湟民间信仰的典型现象。如二郎神信仰①就是农牧文化共存互动的文化现象，二郎神信仰虽然来自农区，神邸却采用藏地佛教信仰的装饰，形成了土族的特殊民间信仰风格。又如青海湟中徐家寨是具有汉藏、汉蒙聚居历史的社区，宗教信仰以汉族佛道教信仰为主，也有明显的藏传佛教信仰和北方萨满信仰印记。当地藏、汉以及蒙古族信仰同现一处，村庙供奉符合农区信仰习俗的火神与雷祖，同时立有象征牧业信仰的峨博，符合农业审美习俗的红色装饰与象征雪山圣洁的白色装饰共处于同一信仰空间中，将河湟民间信仰的多元、互相融合的特征展现得淋漓尽致。

此种多元包容的文化特质也映现于河湟地区的文化艺术中，诸多河湟文化艺术集中体现了河谷文化贯通东西、通和多元的文化融合特质。尤其在河湟的工艺美术中，各民族以包容和共享模式进行文化的再生产与创造，河湟工艺美术也因此独树一帜。地处牧业和农业区交界地带的青海湟源县丹噶尔皮绣工艺品即典型例证，该皮绣取材自牧区的特产——皮革，工艺深受中原地区刺绣工艺影响。又如湟中是藏传佛教格鲁派名寺塔尔寺所在地，也是历史上茶马互市的重要集散地，在文化上受中原文化、藏传

---

① 文忠祥:《三川土族"纳顿"解读》,《民族研究》2005年第3期。

佛教、牧业文化以及西域文化的共同影响，民间工艺品的色彩和构图受草原牧业文化的影响，也融汇了农区的乡土文化，具有鲜明的地域色彩。

河湟地区民间曲艺中也常有各民族文化交流、融汇的印记，如宴席曲是河湟地区的特有民间艺术形式，是各民族文化交流、融汇、发展的结晶。宴席曲含有西域古歌和蒙古族古调的色彩，同时吸收了中国西部各民族民间音乐元素，其曲调风格几乎涵盖了西北民间音乐的所有特点，并且保留着元、明、清时代西北少数民族歌舞小曲的古老风貌，是中原文化、鲜卑文化和西域文化融合的典型。

（三）尊重、共享的精神气质

河湟文化历史悠久、内容丰富，在于其秉持了开放包容、和而不同以及自强不息的精神价值。这些价值包含农牧文化中的共通因素，并已深达河湟文化的内核。

河湟文化在多元文化环境下生成发展，吸收了众多民族文化因素，以多样态文化并存和发展为主要方式，最终形成多元一体的地域文化结构。这种文化结构的形成要归因于开放包容的河湟文化精神，正是以这种文化精神为纽带，各民族文化共存于同一文化体系内，相互包容，你中有我，我中有你，才在形成、完善的过程中建立了交流融合关系。河湟地区文化的形态始终是开放的，最明显的表现方式就是不排外，并以坦荡的姿态欣然接受外来文化。远古时期，游牧的羌人便坦然接受了来自中原的农耕文化；历史上，来自不同地区的汉族文化、少数民族文化及其宗教文化，都在这块土地上生根发芽；当代，文化的开放性随着社会经济的迅猛发展不断得到加强，各类文化在保持自己文化特征的同时，相互交流、吸纳、包容互补的进程正在加速，深度和广度不断推进，这也使这一独具特色的地域更具文化魅力。

河湟的精神气质以认同、尊重的文化精神为核心，这使农耕文明与牧业文明在历史境迁中虽有争锋对峙，但依然保持了互通、交流、共享与互补的主流。由于处于两种文化的交汇地带，河湟地区在历史上曾经战事频繁。汉时有"征伐四夷，开地广境，北却匈奴，西逐诸羌"的战略行动；十六国及隋代有鲜卑诸部的迁入和立国；唐朝与吐谷浑、吐蕃的战和关系频繁变动；角厮罗以及宋、金、西夏等都曾统治该地区；元、明、清时期中央王朝对河湟流域的控制都以战事作为先声。然而，战争不仅没有阻止文化的交流和发展，相反促成了元明时期土族、回族、撒拉族三个新的民族共同体的形成。同样是在元、明两朝，河湟地区开设了儒学与科举，藏传佛教得到迅速发展，伊斯兰教得以传播。除去政治上的纷争，各民族对各自和彼此的文化都有一种认同和默契，这种深入人心的价值理念，构成了民族凝聚力的核心部分——虽然在一定程度上，它并未被人们所主观认识到，但在客观上这种文化格局体现的正是中华民族和而不同的核心价值观。在全球化背景下，这种形式的文化认同是极具示范价值的。

在漫漫历史长河中，创造河湟文化的各民族人民在艰苦的环境中磨炼出坚韧不拔的性格特点，成为中华民族"天行健，君子以自强不息"精神的重要组成部分，这是牧业文化与农耕文化共有的精神品格。

三 农耕文明与游牧文明互动关系辨析

农耕文明与游牧文明在河湟地区的传播发展的过程中，不断进行调适和变迁，在保持自身传统文化特色的同时，为得到广泛的认同与传播，积极互动交流并创新发展。这一互动过程使两者参与了多元文化的建构，始终保持互动交流关系的主流地位，这也为各族群间的和睦共处提供了有益的关系模式与经验价值，主要体现在以下三个层面。

（一） 多元文化语境下的相互吸纳借鉴

从河湟地区农牧传播历史以及彼此共存互动的事实来看，农业文化与牧业文化长期并存于同一区域内，在多元文化背景下相互影响、相互借鉴。这一方面是传统文化的内容调适与充实整合，两者在共存共享中相互采借，实现自身文化的进步与再生产，形成了河湟地域特色的过渡文化；另一方面是农业文化与游牧文化的互动过程促生了新的文化体系，土族的文化体系就是明显例证。

就农牧文化相互吸纳的动因来讲，这要归功于文化内部要素结构的调整和外部的多元文化语境。在河湟地区的长期发展过程中，农业文化与牧业文化依照新的文化语境不断吸纳、采借其他文化要素，积极改进其内部要素结构，通过文化内容的共享、文化体系的调适改进实现文化功能与生计需求的适应与对接。如果说文化的自我改进调适是农牧文化间的互借关系的内因，那么多元文化环境则是促成这种变迁的根本外因。

（二）民族文化间的认同与尊重促生了河湟文化互动的多层立体结构

多元文化格局的形成是河湟地域文化完善和发展的一个重要方面。在地域文化的建构与发展过程中，农业文明和牧业文明的共存、互动体现了民族文化间的认同。从民族学角度讲，文化认同是指个体对于所属文化及文化群体内化并产生归属感，从而获得、保持与创新自身文化的心理过程，包括社会价值规范认同、宗教信仰认同、风俗习惯认同、语言认同、艺术认同。[①] 比照文化认同的定义与分类，不同生境下产生的两种生计文化作为各族群文化认同的一个方面，在多元文化的形成中发挥着重要作用。可以看到，农牧文化在河湟地区的发展变迁过程中对彼此的要素内容进行采借，表现出对其他民族文化的尊重、理解和认同；而在农牧业文化的各自发展过程中，传统的记忆符号通过适当的方式保留在文化体系之中，折射出文化变迁、进步与再生产中的自我认同。可见，农牧文化在共生与交流中既保持了对本民族文化传统的特征的传承保留以及民族自信心的彰显，又对其他民族文化采取尊重、理解、接纳和认同的态度，从而使本民族文化得到更为广泛的传播，发挥了更大的影响。

以费孝通先生提出的"民族走廊"的定位来看，河湟历史境迁和文化格局呈现多元文化互动的多层立体结构。民族走廊是一个历史的动态概念，阐释了多元文化之间不断互动、交融的关系。以此角度来看，河湟文化是一个立体化的文化体系，其表面是民族走廊中多元族群文化的交往与互动；若自内部辨析，河湟文化又具有内部结构和类型的多元性和层次性。可见，河湟地区的农耕文化与游牧文化既存在整体文化结构上的同质性，又存在内部多元文化特点上的异质性。

---

① 陈世联：《文化认同、文化和谐与社会和谐》，《西南民族大学学报》（人文社科版）2006年第3期。

（三） 民间文化为农业文化与游牧文化的交流与融合提供载体

农牧文化之间的交流与融合是以民间信仰和民俗为载体，通过文化与社会互动实现的。河湟民间文化在多元文化环境下生成发展，吸收了多民族文化因素，形成了多民族文化并存的信仰体系和组织方式，最终形成多元一体的民间文化结构。这些元素共存同一文化体系内，充分融合，你中有我，我中有你。可以说，农耕文化与牧业文化是在河湟民间文化的形成完善过程中建立了交流融合关系。从文化传播与变迁的影响因素来看，农业文化与牧业文化在发展过程中，不但受到其他族群文化的影响，还受到经济、政治等因素的影响。历史上，河湟地区的社会文化长期处于民族迁徙背景之下，民族文化间的共处、交流往来已经成为该地文化生存发展的惯性。农耕文化与牧业文化在河湟的发展过程中也秉承了这种互动交流的自觉性。

四　小结

本文对河湟地区农耕文明与游牧文明之间互动的表现方式进行了分析和梳理。这种梳理和分析是一种表述性和总结性的，其中在对河湟地区农业文化和游牧文化的共存互动表现方式的分析过程中，本文多以两种文化的互动情境作为分析的维度。但事实上，由于河湟各族群分布的分散性和杂居性，很多地方存在农耕与游牧两种文化与其他生计方式下产生的文化形态交错共存的情况，在河湟文化内部形成多文化共存的文化生态结构。

此外，农业文化与牧业文化的互动交流是一个动态过程，是在一定的社会情境下进行的。随着社会文化情境的改变，各种共存互动的表现方式也会随之发生改变。目前，在现代化与全球化的冲击下，诸多传统文化式微，历史传承与现实的文化再生产成为地域文化在社会变迁中艰难的选择。在社会转型的时代背景下，传统文化体系的嬗变会极大影响河湟地区农业文化与牧业文化的共存交流方式，而两种文化互动的形式和方式不是固化的，会随着社会文化情境的改变而发生变迁。因此，应以动态分析的眼光来分辨农业文化与牧业文化的共存交流带来的文化共享与精神价值，为传统文化的现代化转型、促进不同族群和睦共处提供积极的理论价值。

蒙古族本土生态知识体系及其价值探索

包美丽　　次仁卓玛（中央民族大学）

摘　要：蒙古族在长期与牲畜及草原相互适应的过程中建立了一套本土生态知识体系和环境行为。本文在蒙古族宗教信仰、禁忌习俗、文学著作以及传统生计方式等方面，较为全面地揭示了蒙古族本土生态知识，在探索其现代价值的同时简述蒙古族本土生态知识体系瓦解对草原生态失衡的影响。

关键词：蒙古族；本土生态知识；草原退化

关于草原生态的研究是全球化热点讨论的议题，然而少有专家学者从传统的本土知识体系与草原生态之间的关系视角分析草原生态环境问题。本土知识（indigenous knowledge）是从某群体文化内部生长出来的，该群体有权利分享本土知识的获利，① 本文中的"本土生态知识"即属于本土知识的范畴。近十年来，国内外学者对本土、地方或民间知识与生态环境之间的关系的研究日益增多，尤其是人类学、民族学者在研究本土知识和生态环境关系时提出了"地方或传统生态知识""本土环境知识"等概念，以此重点强调本土生态知识与生态平衡之间的密切关系。

蒙古族本土生态知识是游牧民、牲畜与水草三者在长期互动中建立起来的，是游牧民经过长期的对生活环境的认识形成的获取资源应该遵守的规则观念，是对水草资源的整体观认识，是在此基础上形成的一种约定成俗的规范。蒙古族对其生活的环境有高度的依赖性，因此，一套本土生态

---

① 王铭铭主编《中国人类学评论》（第9辑），世界图书出版公司，2009，第184页。

知识对合理利用自然资源有重要的作用。蒙古族日常生活中的宗教信仰、禁忌习俗以及传统的生计方式体现着蒙古族生态知识，然而作为本土知识范畴的本土生态知识被一些经济学家、人类学家及决策者忽略，甚至被视为阻挡社会发展的"障碍"。因此，草原管理、环境保护、畜牧建设等政策往往会忽略该民族的社会、文化背景，导致如今草原退化情况更为加剧。

一 蒙古族文化中的本土生态知识

以往的生态环境研究往往会忽略本民族的生态知识体系，尤其是极度依赖和利用自然资源的游牧生计方式往往成为草原退化的主要因素。1968年，美国经济学家哈丁（G. Hardin）提出"公地悲剧"，将地球资源看作公共拥有的财产，这里的公共拥有是指不存在任何形式的所有权，所有社会公民都可以随意地利用地球资源。他把公共资源比作公有草地，每一个牧民为了获得更好的草地资源不断迁移，付出最少的费用，获取更多的好处，并且总是力图增加畜群的数量——但是谁也不对草原进行建设。这样，随着畜群数量的增加，草原的质量急剧下降，最后草场完全退化，不能再继续放牧，这就是公地悲剧。[1] 公地悲剧在一定的范围和时间内是合理的，如即使是在完全是少数民族生存的地方，由于货币经济的刺激，也造成了对资源的破坏和掠夺。特别是一些从不同生态文化区迁入的移民，其对于资源的利用与当地社会文化传统有着本质上的不同。[2] 哈丁的公地悲剧理论是纯粹的经济学中的利益最大化的观点，忽略了不同民族、文化、社会对公有资源的利用之不同。例如，在蒙古族的宗教信仰、禁忌习俗、传统生计方式中渗透着对水草、山川、牲畜、土地的珍惜和歌颂的生态观。

（一）蒙古族原始信仰、禁忌习俗中的生态观

蒙古族生态观与原始信仰、禁忌习俗有密切的联系。萨满教是蒙古族

---

① Garrett Hardin, "The Tragedy of the Common", *Science*, Vol. 162, 1968, pp. 1243-1248.
② 麻国庆：《游牧的知识体系与可持续发展》，《青海民族大学学报》（社会科学版）2017年第4期。

古老的宗教信仰，在 13 世纪和 16 世纪时藏传佛教两次传入蒙古地区，都得到广大信众的青睐，然而萨满教的信仰仍占据着重要的地位。蒙古族把世间万物都看成有生命、有灵魂、有神灵的，它们具有超自然的属性（力量）。他们出于对自然的畏惧而产生对神灵的信仰崇拜，包括对河流、山川、森林、日月星辰、风雨雷电等的崇拜。

这里以蒙古族的水崇拜和禁忌习俗来看本土生态理念。在仪式中，蒙古族人在河水边把牛奶抛上天，让牛奶洒落在地，这样的一系列行为象征着雨滴，有祈求风调雨顺的寓意。人们信仰这些神灵并虔诚敬奉，恪守禁忌，以求得庇护和帮助，避免触怒神灵而遭到惩罚。《世界征服者史》记载，蒙古人在"春夏两季人们不可以白昼入水，或者在河流中洗手，或者用金银器皿汲水，也不得在原野上晾晒洗过的衣服；他们相信，这些动作增加雷鸣和闪电"。① 因为害怕引来雷电，所以他们不敢擅自入水。由于早期人类对自然认识的局限性，即认为万物有灵，水也是有神灵的，当地人从而对其加以崇拜祭祀，渴望得到水神的保护，使自己免除疾病和灾难的侵袭，所以蒙古族水文化又具有祛病消灾的内涵。

蒙古禁忌把有关环境保护的措施更加具体化和制度化。如，成吉思汗大扎撒中就规定："禁于水中和灰烬上溺尿……禁民人徒手汲水……禁洗濯、洗破穿着的衣服。"在《喀尔喀律令》中规定："故意或戏耍而污浊水源者罚牛、马二只，给证人赏牛。"② 除此之外，《卫拉特法典》《阿拉坦汗法典》《阿拉善蒙古律则》等法典中也确立了诸多保护自然环境的禁忌。

再者，这些信仰和禁忌体现了蒙古族尊重自然、保护自然、维护生态平衡、人与自然和谐共存的文化内涵。蒙古族这些有关水的习俗、法规、禁忌等作为一种社会意识与社会规范，限制了人们对水资源造成的不良影响。这些规范通过人们的观念、宗教禁忌、传统习俗和一些成文或不成文的法规体现出来，规定了人与水之间的种种关系。长期以来，蒙古人对水的使用形成一种原始的合理方式，客观上起到了保护水资源和生态环境的作用，对蒙古族地区的生态平衡起到了积极作用。蒙古族这种关于防止水源污染的禁忌既有宗教信仰的成分，也含有一种水源共享和可持续利用资

---

① 〔伊朗〕志费尼：《世界征服者史》，何高济译，商务印书馆，2004，第 149 页。
② 道润梯步：《喀尔喀律令（蒙古文）》，内蒙古教育出版社，1989，第 219 页。

源的思想。无论是禁止在河中洗澡、洗手、洗衣还是禁止在河中清洗家什器皿，都是在考虑到满足自己生活需要的同时，保持水源的清洁不使其污秽，不妨碍别人使用——比如下游的人或者是后来到此地游牧的人，有效防止人对水源的污染和侵害。

正因为萨满教的万物有灵论，蒙古人往往对自然环境爱护有加，这是蒙古族因对其生存环境的崇拜和敬畏而沉淀形成的生态理念。这种理念反对对草原、森林、湖泊的滥垦、滥伐和污染。正是在这样的本土生态理念的维护之下，形成了蒙古族游牧地带保留至今的草原和游牧文化。萨满教文化的独特的内涵造就了蒙古人弥足珍贵的生态理念，逐渐促成了蒙古族自觉行动。因此可以说这是游牧民族传统的信仰、禁忌与生态理念的融合。

（二）蒙古族史料中的生态观

古往今来，蒙古族大多数文学作品中都包含有人与自然和谐共处的关系及本土生态知识。蒙古文史资料在形象地记载了蒙古人的传统生计方式的同时，也反映了蒙古游牧民族的生态理念、禁忌习俗，表现了其崇尚自然等生态观。

《蒙古秘史》是蒙古族的第一部史传文学著作。这部作品中大量记载了史料，并详细展示了12~13世纪蒙古人的社会生活环境，表达了蒙古游牧民对大自然的崇拜、感激和依赖之情。《蒙古秘史》中记载的诃额伦母亲在最困苦的时期的生活，恰是对上文的印证：在夫死子幼、众叛亲离的情况下，诃额伦不得不拾取杜梨、稠梨的果实，挖掘地榆、狗舌草、山韭、野葱、山丹根来养活孩子们；孩子们则或钓或捞，弄一些小鱼来帮助母亲弥补食物的不足；年龄稍长，铁木真、别勒古台则"猎獭儿、野鼠而食焉"。[①] 因此在最艰难而走投无路的时期，资源丰富的大自然给予人类更多的生活资料和基本的生存条件。因此蒙古人作为大自然的一分子，对于自然万物产生热爱、感激和保护的理念。

蒙古人十分重视对大自然的保护，不随意破坏草场，更不污染水源，

---

① 道润梯步：《新译简注〈蒙古秘史〉》，内蒙古人民出版社，1978，第49页。

同时更加注重保护野生动物。在《蒙古秘史》中，阿阑豁阿之父因原住地禁止捕貂鼠、青鼠，只好别寻他处。这表明蒙古人不会对野兽赶尽杀绝，而是要维护自然生态的平衡。因此在禁止打猎期间，阿阑豁阿之父尽管不大情愿，但还是顺从地离开此地另谋生路去了。成吉思汗虽然重视围猎活动，但是把围猎时间严格限制在冬季，其他时间一律禁止打猎，以此禁止滥捕滥杀行为。正因为如此，在忽必烈时代颁布了"地有禁，取有时""怀羔时节，孕字之时勿捕"①的禁令。

除《蒙古秘史》以外，在蒙古族历史文献中有很多有关生态观的记载，从中可以看出蒙古人注重生态平衡的观念。在整个自然系统中，蒙古人从生态系统的整体利益出发，衡量利与弊来约束自己的活动。这对如今的生态保护仍有显著的积极作用。

（三）传统游牧生计方式中的生态观

转场是游牧生计方式的基础。转场是为了尽可能地合理利用牧草资源，也是适应当地自然环境的生计方式。在一般人看来，游牧民族在广袤的公共草地上肆意放牧，享有无限的草地。然而游牧并不是漫无目的地迁移，牧民会根据气候和天然草地的情况选择放牧地。

牧民与牲畜，年复一年随季节迁移，对转场的路线、草的长势、水源等具有敏锐的观察力。四季转场时以血亲、姻亲或关系友好的几家牧民户为基本单元进行搬迁，德高望重、有经验的年长者为指导，根据气候、草场承受能力或牛羊的生理特征选择转场时间及路线。像南非的努尔人放牛一样，蒙古人根据雨季和旱季在村庄和草地之间进行迁移是为了精巧合理地利用自然资源。在传统的游牧生计方式中，蒙古族对于放牧草地的利用和保护有一套合理的方式。如果停止游牧，那牲畜只吃特定区域的草，这不仅影响牛羊长膘，也会对该草地造成破坏。在四季转场时，"草"和"水"是首先考虑的自然资源。在利用和保护草地时，由于不同季节、不同地形的草的情况不同，因此一般一年中远距离的迁移有四次，称为"春营""夏营""秋营""冬营"。春、秋季营地为过渡地带，相比之下，在

① 王风雷：《论元代法律中的野生动物保护条款》，《内蒙古社会科学》（文史哲版）1996年第3期。

夏营和冬营的居住时间较长。牧民为了更好地利用草地和保护自然环境，他们把四周的草场分为若干个牧场，根据不同牲畜的习性和气候运用不同方向的草场，这种放牧方式称为"满天星"的放牧方式。① 这种划区域放牧方式有利于保护草场，至今内蒙古多处牧区仍用两季轮牧的放牧方式，以此保证草地承受能力。

游牧有其很多合理之处，祖祖辈辈放牧的牧民，在转场的过程中熟知牲畜的生理反应、地形和草场情况等。马吃草最为挑剔，专门选择鲜嫩的草，而牛吃草时需要用舌头卷起草吃，羊则吃草根部，因此一块草地上先放马，再放牛，最后才放羊。而且牲畜有"喜新厌旧"的特性，因此需要不断转场，吃不同牧场的草才能保证长膘。马没有瘤胃，消化系统欠发达，因此在马的粪便中含有多种营养物质，这相当于对草地施肥，因此马粪较多的地方会生长沙葱等营养价值较高的植物；不仅如此，牛羊在缺碱时也会吃马粪来补充营养物质。

马戎等对内蒙古锡林郭勒盟北部纯牧区的研究资料论述了蒙古族这种半游牧半定居的经营与居住方式，如在这个社区，特别注意夏营盘、秋营盘之间的轮牧制度，其目的还是保护草场。②

二　传统本土生态知识体系的瓦解

王明珂在《游牧者的抉择》一书中对游牧生活精辟地总结道，"由于游牧生活有太多的变化、特例与危机，所有的人皆需适时投入任何工作中，以及随时做出行动决策以应付突来的情况。环境多变，灾害频繁，衣食用等物品因陋就简资产自用的状况，造成物质基础十分薄弱。从外界看似简单的游牧，实际上需要牧民高超的生产生活技巧"。游牧民族正是依靠这套本土知识体系才能适应脆弱又灾难频繁的草原环境。

随着社会经济的发展，蒙古族本土生态知识在强大的外部力量和内部

---

① 陈祥军：《阿尔泰山游牧者：生态环境与本土知识》，社会科学文献出版社，2017，第124页。

② 马戎、李鸥：《草原资源的利用与牧区社会发展》，载潘乃谷、周星主编《多民族地区：资源、贫困与发展》，天津人民出版社，1995，第4页。

因素作用之下，其传承机制出现瓦解。"农进牧退""开发草原资源"等经济发展理念忽略了生态环境与本土生态知识体制之间的密切关系，而经济开发非但没有明显的经济效益，更引起了破坏草原的行为。

（一）"农进牧退"是本土生态知识断裂的根本原因

自 1984 年内蒙古自治区政府在牧区全面推进"双权一制"政策以来，牧民已经由传统游牧过渡到定居放牧，并已经完成草场网围栏建设，这使内蒙古游牧生计方式发生了前所未有的巨大变迁。定居化改变了共同所有、共同使用草原牧场，以及随着季节气候的变化以大族群小家庭为单位迁移轮牧的传统生计方式。自从各家各户把固定的草场用铁丝网围栏封起来，放弃了精巧利用和适应生态平衡的迁移方式，牧民本土生态知识也随着定居政策的实施失去了其价值。家畜日复一日、年复一年践踏着固定的围栏内的牧草，牧场失去了其再生喘息之机，逐渐退化，这就是所谓的"蹄灾"。

詹姆斯·斯科特从政治人类学的角度在《国家的视角：那些试图改善人类状况的项目是如何失败的》一书中提出：游牧民族和放牧人（如贝都因人）、狩猎者和采集者、吉卜赛人、流浪汉、无家可归者、逃跑的奴隶、农奴往往成为国家的眼中钉。将这些流动的人口定居下来（定居化）往往成为长期的国家项目。内蒙古地区普遍的"重农轻牧"和"农进牧退"的观念彻底改变了游牧民的生计方式和身份。在国家强大的外部力量作用之下，内蒙古牧区套用了农区的经营模式——主要是农业开发，目的是改变落后的游牧业，力图使牧民摆脱贫困奔向小康。

日本早稻田大学吉田顺一教授和英国剑桥大学 Caroline Humphrey 教授等学者在论及蒙古高原的游牧及其改革时提出"内蒙古的牧业改革可能会导致加快草原退化"的论断。[①] 美国福特基金会的调查证明：定居化的区域的沙尘暴比游牧地区频繁且严重。刘书润先生与国家政策主流观点恰好相反，他认为治理草原退化，就应该回归传统游牧，而不是实行"定居圈养"和"农进牧退"。定居以后，放牧的空间缩小，从而使草原无法得到

---

① 阿拉腾嘎日嘎：《中国游牧环境史研究——以中国社科院国情调研报告为基础资料》，宁夏人民出版社，2017，第 113 页。

合理的利用，进而降低了草原的抵抗能力，加重了环境破坏程度。且在圈养模式下，牧民只能购买饲料、用干草喂养家畜，以此来维持再生产，这又给牧民带来了负担。为了减轻经济压力，牧民通过增加头数或租赁草场等方式扩大再生产，因此在"牧民定居""农进牧退"等外部力量的冲击之下，草畜失衡、草场退化，陷入了无法自救的恶性循环。多数学者的研究表明，定居与草原退化或改善之间并不存在必然的关系，关键的因素是保持传统的游牧生计方式，注重游牧本土生态知识并发挥其价值，在科学合理地利用自然资源的同时恢复自然环境原貌。

（二）"开发草原资源"使本土生态知识体系彻底瓦解

内蒙古自治区是我国的资源大区，凭借这一自然资源优势，近几年内蒙古进入了一个快速增长的时期。进入 21 世纪以来，内地工业不断迁到内蒙古广阔的草原上，由于盲目提倡草原工业化，大片的天然优质草场被划为工业园区开矿、建厂，内蒙古草原面临除"草畜双承包制"和"农进牧退"之后的新一轮的破坏冲击，并且破坏程度更为严重。

锡林郭勒盟白音华煤田处于森林草原向草甸草原的过渡地带，在白音华矿区的总体规划中，共规划了四个露天矿，总面积约 510 平方公里，至达产期，仅 2 号露天矿累计破坏和占用天然草地就达 676.14 平方公里，生物量减少 878.98 吨/年，水土流失面积达 958.30 平方公里。煤炭资源的大面积连片开发，势必对草场造成严重破坏，导致区域景观格局的彻底改变。[①] 工业化除严重破坏草原之外，对草原水资源也产生了严重污染，导致牧区多数牲畜死亡。根据内蒙古自治区经济社会发展报告统计，"在我国，仅煤矸石等固体废渣的排放量就占煤炭产量的十分之一左右。大量煤矸石的排放堆积，不仅占用土地资源，破坏矿区生态环境，部分矸石山的自燃和淋溶水还造成严重的大气和水资源污染。此外，堆放的煤矸石经大气降水和汇水的淋溶和冲刷将煤矸石中的一些有害有毒可溶解部分溶解，形成具有污染性的地表径流，最终进入矿区水系统造成水体污染。据有关资料，平均每开采 1 吨原煤需排放 2 吨污水计算，2005 年底我区生产了

---

① 乐奇主编《内蒙古自治区经济社会发展报告 2006》，内蒙古教育出版社，2007，第 225~226 页。

2.56 亿吨煤，直接排放了 5.12 亿吨污水。这进一步加剧了内蒙古煤炭资源富集区的水资源供给矛盾，严重制约着内蒙古煤炭工业的较快发展"。[①]

伴随工业化的发展，随之而来的是草原游牧环境的极速退化和牧民与工厂之间的纠纷。粗放的发展模式以牺牲自然生态为代价，获取更多的草原资源，而忽略了对当地民族生计方式造成的恶劣影响。面对工业化的冲击，外来资源开发者以利益最大化为首要目标，牧民为防止草原被破坏而进行的抗议行为被压制，从而游牧民族与本土生态知识发生断裂。

三　结论

任何民族的传统文化，都是在其对自然生态的适应和改造过程中创造和形成的，因而各民族由于生存空间的特点、生活方式的不同，其对自然资源的管理利用和文化传统也各具特色。[②] 在蒙古族传统观念中，人是从属于自然的，人不能主宰自然也不能破坏自然。人与动物、植物一样是自然的一部分，自然中的一切都是相互依存的。蒙古族与自然和谐相处，热爱自然，并在宗教信仰、民俗禁忌以及传统生计方式等民族文化的每一个要素中都包含着对保护生态的认识。

国家主导的草原政策对牧民本土生态知识的冲击最大，甚至使得本土生态知识及其传承机制发生了根本性的变化，而且现代科学技术知识以及一系列的专业机构在传统放牧生计中树立了绝对的权威，因此牧民破坏和抛弃了长期沉淀而形成的本土知识。随着游牧本土环境知识体系的瓦解，国家干预的草原管理模式套用农耕经验，并逐渐在内蒙古牧区进行推广，但它忽略了平衡草原生态的牧民自身的生态知识。

在中国经济快速发展的背景之下，一些生计、文化及自然环境等方面存在明显特征的少数民族，其本土知识生态环境所面临的困境已引起学术界的关注。费孝通先生曾经多次强调，在发展过程中要承认各个民族的个

---

① 乐奇主编《内蒙古自治区经济社会发展报告 2006》，内蒙古教育出版社，2006，第253 页。
② 麻国庆：《草原生态与蒙古族的民间环境知识》，《内蒙古社会科学（汉文版）》2001 年第 1 期。

性和特殊情况,继承传统文化和本土知识,反对"千篇一律地使用在某些个民族中行之有效的办法作为公式,到处硬套,强加于其他各族人民"。①麻国庆在研究边疆地区民族和内发型发展理论时提到蒙古游牧民对生态适应的民间环境知识作为一种知识体系,在社会经济发展过程中"仍然是其合理的部分,而寻找民间知识体系与现在知识体系的最佳结合点是今后研究的重点"。② 传统的季节性移动放牧是本土生态知识体系,是经验科学,是牧民从千百年的实践中提炼出来的基于干旱内陆草原生态的生计方式,是使得"人—草—畜"三要素能够保持平衡的合理的模式。因此,在充分摄取其精髓的基础上,利用现代科技管理方式,保护草原牧区,制定出适应当地地理环境、传统文化、民俗民情的可行制度,建立一套内蒙古草原科学发展模式,草原才能有健康可续的未来。

总之,一个地方选择发展,首先要尊重当地人的本土知识体系,否则会出现当地社会与文化生态失衡的情况。目前,整个内蒙古牧区草原退化极其严重,归根结底在于忽略了人文生态和文化生态。我国著名的生物学家刘书润先生强调,保护草原、治理沙漠应该尊重牧民的意见,因为最了解草原的是牧民,牧民是草原生态师。

---

① 费孝通:《费孝通民族研究文集新编》(上卷)(1951-1984),中央民族大学出版社,2006,第38页。
② 麻国庆:《走进他者的世界:文化人类学》,学苑出版社,2001,第207页。

会议简讯

2018 中国民族学学会生态民族学专委会成立暨"生态文明建设的跨学科探讨"高端论坛在内蒙古师范大学召开

祁进玉　郭　跃（中央民族大学）

2018 年 6 月 29 日上午 8 时，2018 中国民族学学会生态民族学专委会成立暨"生态文明建设的跨学科探讨"高端论坛在内蒙古师范大学信息楼报告厅召开。本次大会由中国民族学学会生态民族学专业委员会主办，内蒙古师范大学承办，中国生态学学会民族生态专业委员会、中央民族大学民族学与社会学学院协办。中央民族大学民族学与社会学学院民族学系主任祁进玉教授主持了本次成立大会及开幕式，来自中国社会科学院、中央民族大学、中国人类学民族学学会、黑龙江大学、宁夏大学、兰州大学、青海民族大学、四川大学、陕西师范大学、吉首大学、内蒙古大学、内蒙古师范大学的 100 多位代表出席本次成立大会及开幕式。

大会首先举办了中国民族学学会生态民族学专业委员会（以下简称专委会）成立大会。成立大会的第一项由中国民族学学会副会长齐木德·道尔吉教授代表中国民族学学会宣读了《关于同意成立中国民族学学会生态民族学专业委员会的批复》，代表中国民族学学会表达了对专委会前期工作的肯定和认可，希望专委会可以在学会指导下开展丰富多彩的学术活动。随后，全体与会代表讨论并一致通过了《中国民族学学会生态民族学专业委员会章程》，选举了中国民族学学会生态民族学专业委员会的理事。最后，中国民族学学会生态民族学专业委员会主任、中国社会科学院民族学人类学研究所色音研究员和内蒙古师范大学副校长赵东海教授共同为专委会揭牌。

成立大会结束后，随即召开了"生态文明建设的跨学科探讨"高端论坛开幕式。在开幕式上，内蒙古师范大学副校长赵东海教授首先代表内蒙古师范大学欢迎了来自各个高校和研究机构的领导和学界同仁，随后介绍了内蒙古师范大学生态民族学研究领域的研究历程和相关学科的发展，希望更多的专家学者可以关心内蒙古师范大学的成长和发展。中国人类学民族学研究会副秘书长吴金光代表研究会对专委会的成立表示了祝贺，并希望中国人类学民族研究会与中国民族学学会等国家一级学会增加互动，开展多种形式的交流，相互弥补，共同为有关部门提供学术见解和意见。中央民族大学教务处处长冯金朝教授代表中央民族大学对专委会的成立表示了祝贺，并介绍了中央民族大学的优势学科即民族学的发展和现状，希望通过多学科的互动和交流、多地区个案的互补和对话，激发更多的学术思考。最后，中国民族学学会常务副会长、中国社会科学院民族学人类学研究所色音研究员代表中国民族学学会对专委会的成立表达了祝贺，介绍了学会当前9个分支机构的基本情况，希望专委会能和其他分支机构一同努力，为促进中国民族学会的发展做出贡献。

开幕式的最后，全体与会代表和工作人员移步田家炳教育书院前合影留念。

开幕式后，中国藏学研究中心原副总干事、中国青藏高原研究会副理事长洛桑灵智多杰教授，吉首大学杨庭硕教授，中央民族大学薛达元教授，中央民族大学冯金朝教授分别为大会做主旨发言，由内蒙古师范大学科技处处长乌日陶克套胡主持。洛桑灵智多杰教授以"保护游牧文化，建设生态屏障"为题，并以藏族和蒙古族的游牧生活方式为例，充分肯定了游牧文化在我国文明发展史上的重要地位，阐释了游牧文化崇尚自然，坚持天人合一、人与自然和谐相处之道的本质，同时表示当前草原开垦对草原和游牧文化带来的灾难，希望能在工业化和城镇化发展的大潮中，保护草原生态和草原文化。杨庭硕教授以"生态人类学对生态文明建设的认识与警示"为题，从"四个认识、五个警示"方面阐释了生态文明的本质在于重建人与自然的和谐关系，并通过葛藤、坎儿井等大量案例，说明在生态文明建设中要摒弃偏见，实现人类社会与所处生态系统的兼容。薛达元教授做了关于"民族生态学与生物多样性保护"的发言，首先讨论了民族生态学与生态民族学的学科特点，重点讨论了民族传统知识与生物多样性保护之间的关系，最后表示希望民族生态学与生态民族学共同发展，相互促进，共同致力于生态文明建设。冯金朝教授的发言题目为《民族生态文化多样性保护》，他提出生态文化是现代生态文明建设的基础，提高生态文化认识，需要自然科学知识和人文科学知识的合作，并通过大量数据和量表说明传统知识是民族生态文化的重要组成部分，只有提高对民族传统文化的认识，才有可能实现对民族生态文化多样性的保护。

6月29日下午到30日上午，大会将按照议题分为三个会场进行分组讨论，与会代表进行了充分的学术交流和学术讨论。第一会场的主题为"社会变迁与生态移民"，发言代表分别介绍了贵州水电站建设移民和敖鲁古雅生态移民的具体案例，也讨论了灌溉农田和草原牧场的变迁。第二会场主要讨论了"环境保护的地方性知识"，发言代表分享了新疆绿洲农业、鄂伦春狩猎、畲族生态伦理等不同的地方性环保知识。第三会场主要讨论了"生态文明与环境保护"，发言代表介绍了宁夏的生态文明建设、江苏海洋文化产业、科尔沁沙地半农半牧的开发的具体案例。

6月30日上午，大会闭幕式在内蒙古师范大学信息楼报告厅召开，闭幕式由中央民族大学民族学与社会学学院民族学系主任祁进玉教授主持。闭幕式首先邀请内蒙古师范大学科技处处长乌日陶克套胡发言，他向与会代表表示了感谢，并希望可以经常来内蒙古师范大学进行学术交流。随后，中国生态学会民族生态学专委会主任薛达元表示通过社会科学和自然科学的对话，可以更好地拓展思路与研究视野，产生更多的学术精品。最后，由中国民族学学会生态民族学专委会主任色音做总结发言。在发言中，色音主任回顾了专委会的筹办过程，并向大会报告了专委会的年度工作计划，希望各位会员可以多多支持专委会的工作，共同为生态文明建设贡献力量。

本次研讨会圆满完成了预计的各项议程，从不同学术领域、不同年龄层、不同地域视角，对"生态民族学"进行了充分的学术讨论，为我国生态学与民族学的有机结合提供了原则与方案，为解决生态问题提供了理论与实践相结合的建议与措施。同时，专委会的成立必将为生态民族学的发展提供更广阔的舞台。

图书在版编目（CIP）数据

生态民族学评论. 第二辑／祁进玉主编. -- 北京：
社会科学文献出版社，2020.12
ISBN 978-7-5201-6159-6

Ⅰ.①生… Ⅱ.①祁… Ⅲ.①民族生态学-文集
Ⅳ.①Q988-53

中国版本图书馆 CIP 数据核字（2020）第 026350 号

生态民族学评论（第二辑）

主　　编／祁进玉

出 版 人／王利民
组稿编辑／宋月华
责任编辑／周志静
文稿编辑／杨鑫磊

出　　版／社会科学文献出版社·人文分社（010）59367215
　　　　　地址：北京市北三环中路甲 29 号院华龙大厦　邮编：100029
　　　　　网址：www.ssap.com.cn
发　　行／市场营销中心（010）59367081　59367083
印　　装／三河市尚艺印装有限公司

规　　格／开　本：787mm×1092mm　1/16
　　　　　印　张：18.75　字　数：293 千字
版　　次／2020 年 12 月第 1 版　2020 年 12 月第 1 次印刷
书　　号／ISBN 978-7-5201-6159-6
定　　价／138.00 元